U0192695

国家出版基金项目
NATIONAL PUBLICATION FOUNDATION

聚集诱导发光丛书

唐本忠　总主编

有机室温磷光材料

李　振　杨　杰　谢育俊等　著

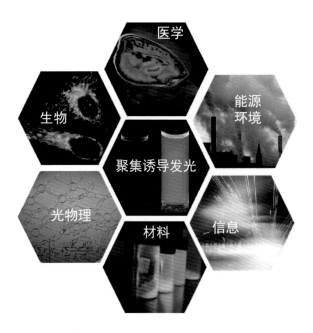

科学出版社

北　京

内 容 简 介

室温磷光是指在室温下，停止光激发后仍然能够产生光发射的现象。有机室温磷光材料由于长的发光寿命和高的激子利用率等特点，在信息防伪、生物成像和光电器件等方面具有广阔的应用前景。本书系统、全面地介绍了纯有机室温磷光的研究背景、现状、机制、主要室温磷光体系及其应用举例。全书共分8章：第1章绪论，简单阐述了有机室温磷光的基本概念及研究历史和背景；第2章详细总结了单组分有机室温磷光体系；第3章具体展示了多组分有机室温磷光体系；第4章概述了有机室温磷光聚合物；第5章简述了非芳香有机室温磷光化合物；第6章系统介绍了刺激响应有机室温磷光化合物；第7章列举了有机室温磷光材料在生物成像方面的应用；第8章描述了有机室温磷光材料在光电子器件中的应用。

本书是近年来纯有机室温磷光材料研究原创性研究成果的系统归纳和总结，对该领域的发展具有重要的推动意义和学术参考价值，可供高等院校及科研单位从事有机光电功能材料研究与开发的相关科研人员使用，也可作为高等院校化学、材料、物理、生物及相关专业的研究生参考教材。

图书在版编目（CIP）数据

有机室温磷光材料 / 李振，杨杰，谢育俊等著. —北京：科学出版社，2023.9

（聚集诱导发光丛书 / 唐本忠总主编）

国家出版基金项目

ISBN 978-7-03-076256-6

Ⅰ. ①有⋯ Ⅱ. ①李⋯ ②杨⋯ ③谢⋯ Ⅲ. ①发光材料－研究 Ⅳ. ①TB34

中国国家版本馆 CIP 数据核字（2023）第 160528 号

丛书策划：翁靖一

责任编辑：翁靖一 高 微 / 责任校对：杜子昂
责任印制：师艳茹 / 封面设计：东方人华

科学出版社 出版
北京东黄城根北街 16 号
邮政编码：100717
http://www.sciencep.com

河北鑫玉鸿程印刷有限公司 印刷

科学出版社发行 各地新华书店经销

*

2023 年 9 月第 一 版 开本：B5（720 × 1000）
2023 年 9 月第一次印刷 印张：14
字数：280 000

定价：168.00 元
（如有印装质量问题，我社负责调换）

聚集诱导发光丛书

编 委 会

◆◆ 总　　序 ◆◆

　　光是万物之源，对光的利用促进了人类社会文明的进步，对光的系统科学研究"点亮"了高度发达的现代科技。而对发光材料的研究更是现代科技的一块基石，它不仅带来了绚丽多彩的夜色，更为科技发展开辟了新的方向。

　　对发光现象的科学研究有将近两百年的历史，在这一过程中建立了诸多基于分子的光物理理论，同时也开发了一系列高效的发光材料，并将其应用于实际生活当中。最常见的应用有：光电子器件的显示材料，如手机、电脑和电视等显示设备，极大地改变了人们的生活方式；同时发光材料在检测方面也有重要的应用，如基于荧光信号的新型冠状病毒的检测试剂盒、爆炸物的检测、大气中污染物的检测和水体中重金属离子的检测等；在生物医用方向，发光材料也发挥着重要的作用，如细胞和组织的成像，生理过程的荧光示踪等。习近平总书记在 2020 年科学家座谈会上提出"四个面向"要求，而高性能发光材料的研究在我国面向世界科技前沿和面向人民生命健康方面具有重大的意义，为我国"十四五"规划和2035 年远景目标的实现提供源源不断的科技创新源动力。

　　聚集诱导发光是由我国科学家提出的原创基础科学概念，它不仅解决了发光材料领域存在近一百年的聚集导致荧光猝灭的科学难题，同时也由此建立了一个崭新的科学研究领域——聚集体科学。经过二十年的发展，聚集诱导发光从一个基本的科学概念成为了一个重要的学科分支。从基础理论到材料体系再到功能化应用，形成了一个完整的发光材料研究平台。在基础研究方面，聚集诱导发光荣获 2017 年度国家自然科学奖一等奖，成为中国基础研究原创成果的一张名片，并在世界舞台上大放异彩。目前，全世界有八十多个国家的两千多个团队在从事聚集诱导发光方向的研究，聚集诱导发光也在 2013 年和 2015 年被评为化学和材料科学领域的研究前沿。在应用领域，聚集诱导发光材料在指纹显影、细胞成像和病毒检测等方向已实现产业化。在此背景下，撰写一套聚集诱导发光研究方向的丛书，不仅可以对其发展进行一次系统地梳理和总结，促使形成一门更加完善的学科，推动聚集诱导发光的进一步发展，同时可以保持我国在这一领域的国际领先优势，为此，我受科学出版社的邀请，组织了活跃在聚集诱导发光研究一线的十几位优秀科研工作者主持撰写了这套"聚集诱导发光丛书"。丛书内容包括：聚集诱导发光物语、聚集诱导发光机理、聚集诱导发光实验操作技术、力刺激响应聚集诱导发光材料、有机室温磷光材料、聚集诱导发光聚合物、聚集诱导发光之簇发光、手性聚集诱导发光材料、聚集诱导发光之生物学应用、聚集诱导发光之光电器件、聚集诱导荧光分子的自组装、聚集诱导发光之可视化应用、聚集诱导发光之分析化学和聚集诱导发光之环境科学。从机理到体系再到应用，对聚集诱导发光研究进行了全方位的总结和展望。

历经近三年的时间，这套"聚集诱导发光丛书"即将问世。在此我衷心感谢丛书副总主编彭孝军院士、田禾院士、于吉红院士、秦安军教授、王东教授、张浩可研究员和各位丛书编委的积极参与，丛书的顺利出版离不开大家共同的努力和付出。尤其要感谢科学出版社的各级领导和编辑，特别是翁靖一编辑，在丛书策划、备稿和出版阶段给予极大的帮助，积极协调各项事宜，保证了丛书的顺利出版。

材料是当今科技发展和进步的源动力，聚集诱导发光材料作为我国原创性的研究成果，势必为我国科技的发展提供强有力的动力和保障。最后，期待更多有志青年在本丛书的影响下，加入聚集诱导发光研究的队伍当中，推动我国材料科学的进步和发展，实现科技自立自强。

唐本忠

中国科学院院士
发展中国家科学院院士
亚太材料科学院院士
国家自然科学奖一等奖获得者
香港中文大学（深圳）理工学院院长
Aggregate 主编

前　言

　　室温磷光是一种在室温下缓慢发光的光致发光现象，当激发光停止后，发光仍能持续存在，与夜明珠类似，因此室温磷光材料也被称为夜明珠材料。自古以来，夜明珠作为一种稀有的宝石，一直吸引着人们去探索其中的奥秘，在我国古代关于夜明珠的记载中常常伴随着有趣的神话传说，这使其更添神秘色彩。例如，晋代王嘉在《拾遗记》中记载，上古时期大禹凿开龙门治水的时候，"有兽状如豕，衔夜明之珠，其光如烛"。直到 1866 年，伴随掺杂型硫化锌类化合物的出现，夜明珠的神秘面纱才被逐渐揭开，其室温磷光现象被发现来自其中的微量杂质及其形成的陷阱。经过多年的发展，室温磷光材料已逐步被应用于工业与商业领域，例如人造夜明珠，具有夜间指示功能的夜光跑道、夜光遥控器、钟表夜间指示等。然而这些材料几乎都是基于无机物，制备相对困难，且具有潜在的毒性，而与之相对应的纯有机室温磷光材料虽能很好地克服这些问题，但发展缓慢。

　　究其原因，主要由两方面所致：①有机化合物中激子高度局域化，且易于复合，这对于磷光这种长寿命过程非常不利；②磷光的产生需要克服分子本身的自旋禁阻与无辐射跃迁的限制。因此，目前有机发光材料大部分都是发射荧光。然而，磷光材料相比于传统的荧光分子具有发光寿命长、激子利用率高等优势，极具实际应用潜力。特别是生物成像中，生物体存在背景荧光，这会对普通的荧光成像结果造成严重的干扰，而室温磷光材料由于具有超长的发光寿命，可以通过停止激发后收集磷光信号的方法过滤背景光，最终实现超高对比度的生物成像。因此，纯有机室温磷光材料的发展兼具理论研究价值和实际应用价值。

　　实际上，早在 18 世纪就有关于有机室温磷光的记载：Becchari 观察到手在太阳光照射后再置于黑暗条件时能产生微弱的发光。但这一现象并未引起足够关注。1933 年，Hoshijima 才进一步研究了人体的骨骼、牙齿、软骨、指甲和干燥的肌腱等在石英汞灯照射后的磷光行为。此后，也有零星其他有机室温磷光现象的报道，但大多发光很弱或重现性较差，难以进行深入研究。直到 2010 年，一些具有高效室温磷光发射的有机晶体材料被报道，才开始引起人们对这一研究领域的重视。特别是 2015 年以来，一系列具有超长余辉特性的有机室温磷光材料被开发出来，并在防伪、显示与生物成像等方面展示出诱人的前景，更进一步引爆了人们的研究热情，从而越来越多的科学工作者投身这一领域，并获得了许多突破性的进展。目前，对于纯有机室温磷光的探索，中国在国际上处于领先位置。然而，目前关于纯有机室温磷光的文章多为具体的研究工作报道与英文综述，缺少中文书籍为对本领域感兴趣的普通读者与初入门的科研人员提供参考。基于此，我们总结了近几年来纯有机室温磷光的研究进展，通过本书全面而系统地介绍了纯有机室温磷光的研究背景、机理、主要室温磷光体系及其应用举例。本书共分 8 章：第 1 章绪论，介绍了有机室温磷光的基本概念以及研究背景；第 2 章介绍了单组分有机室温磷光体系；第 3 章介绍了多组分有机室温磷光体系；第 4 章介绍了有机室温磷光聚合物；第 5 章介绍了非芳香有机室温磷光化合物；第 6 章介绍了刺激响应有机室温磷光化合物；第 7 章介绍了有机室温磷光材料在生物成像方面的应用；第 8 章介绍了有机室温磷光材料在光电子器件中的应用。

最后，由于作者水平有限以及目前基于纯有机室温磷光的知识体系不够完善，书中不妥之处以及一些内容的疏漏在所难免，恳请读者批评指正。

著　者

2023 年 4 月

目 录

绪　论

1.1 ▶ 引言

近年来，长余辉有机室温磷光（room-temperature phosphorescence，RTP）材料以其长寿命的发光特性，在光电器件、信息加密、防伪与生物组织成像等方面展现出巨大的应用前景。然而，有机化合物普遍存在自旋轨道耦合系数小、激子高度局域化、无辐射运动强等特点，室温下通常难以观察到磷光。近年来，研究者发现在聚集态下，在有机晶体、高分子、有机碳点、主客体掺杂等体系可以实现高效率室温磷光，其发光性能几乎可以与无机长寿命磷光材料媲美。然而，聚集态下有机分子的排列方式、堆积模式、分子内及分子间相互作用等因素对光物理性能的影响极为复杂，高性能有机室温磷光材料的获取依然存在巨大的挑战。因此，有必要从分子结构的层面揭示有机室温磷光的内在发光机制，探讨分子结构、分子聚集态行为与材料光物理性质之间的构性关系。本章简要介绍长余辉发光材料的发展历史，从单组分晶体、多组分结构角度探讨有机室温磷光的发展脉络和发光机制，为后续各章提供理论基础。

1.2 ▶ 长寿命磷光材料简史

1.2.1 无机长寿命磷光材料

室温磷光也被称为余辉，指在室温条件下关闭激发源后仍能持续相对较长时间（数秒甚至数天）的长余辉发光，是一种非常奇特的长寿命磷光发射现象。这种发光现象具有非常悠久而绚丽的历史，在我国古代就有众多关于夜明珠的记载，留下许多有趣的神话传说，充满了引人入胜的神秘色彩。例如，晋代王嘉在《拾遗记》中记载，上古时期大禹凿开龙门治水时，有猪状兽"衔夜明之珠，其光如烛"。意思是，大禹治水的时候，有长相似猪的动物口衔夜明珠而来，夜明珠的光亮如烛火，为大禹指引前路。东晋故事集《搜神记》里也有一个关于夜明珠的故事：隋国国君"隋侯"救治了一条大蛇，"岁余，蛇衔明珠以报之。珠盈径寸，纯白，而夜有光，明如月之照，可以烛室。故谓之隋侯珠……"。北宋僧人文莹所著的野史《湘山野录》记载，徐知谔得到一幅画牛图，"昼则啮草栏外，夜则归卧栏中" [图 1-1（a）]。当时人们对这种现象难以理解，只有知识渊博的高僧赞宁解释为"南倭海水或减，则滩碛微露，倭人拾方诸蚌，胎中有余泪数滴者，得之和色著物，则昼隐而夜显"。这幅画所用的特殊"夜视"墨水可能就是天然生成的具有长余辉性质的珍珠贝壳。

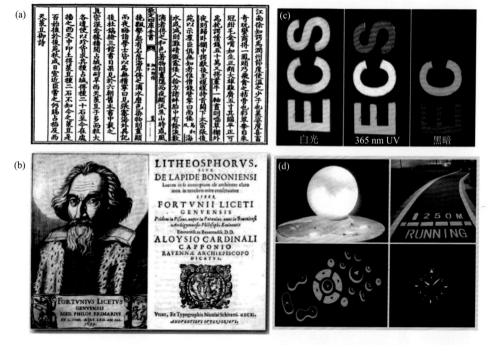

图 1-1 （a）文莹所著《湘山野录》关于夜光材料的记载；（b）F. Licetvs 所著的 *Litheosphorvs Sive De Lapide Bononiensi*；（c）蓝光、绿光与红光无机长余辉磷光材料在日光、365 nm 紫外光（UV）与黑暗环境下的照片；（d）基于无机长余辉磷光材料的人造夜明珠、夜光跑道、夜光遥控器和夜光手表

西方典籍在此方面的记载颇为详细，1634 年和 1640 年，O. Montalbani 所著的 *De Illuminabili Lapide Bononiensi Epistola* 和 F. Licetvs 所著的 *Litheosphorvs Sive De Lapide Bononiensi*［图 1-1（b）][1]，以科学报告的方式报道了第一个"夜视"物质：博洛尼亚石（Bologna stone，硫酸钡，重晶石矿物），这种石料经白天太阳暴晒后可

以在夜晚发光。1602 年，意大利鞋匠与炼金术士 V. Cascariolo 通过煅烧的方法合成了重晶石硫酸钡，标志着现代发光材料的开端。然而，这块石头能够发光的秘密直到 2012 年才被 J. Hölsä 和 M. Bettinelli 等利用现代实验工具破解，发光来源于过渡金属杂质——单价 Cu^+ 的 $3d^94s^1 \rightarrow 3d^{10}$ 跃迁[2]。由于具有在夜间照明的作用，长余辉化合物引起人们浓厚的兴趣，但由于这种发光现象超出了当时人们的认知范围，缺乏合理的解释，在几百年的时间内只出现一些零星报道，并未引起广泛关注。

1866 年，伴随着掺杂型硫化锌（ZnS）类化合物的出现，长余辉材料的神秘面纱才被逐渐揭开。法国科学家 T. Sidot 通过升华的方法得到 ZnS 微晶，在黑暗中表现出惊人的余辉发射。ZnS 的化学成分与发光机制最终被 P. Lenard 等澄清，发光来源于材料中微量的铜（Cu^+）。类似结构的碱土硫化物，如 CaS、SrS、$(Ca_{1-x}Sr_x)S$ 掺杂的 Bi^{3+}、Eu^{2+} 与 Ce^{3+} 等也被陆续开发出来，同样表现出长余辉性质。为了进一步提高长余辉材料的发光性能，20 世纪 90 年代，日本科学家开发出另一类高性能绿光长余辉材料：$SrAl_2O_4$：Eu^{2+}-Dy^{3+}[3]。这种镧系元素掺杂的铝酸盐具有非常优异的发光性能：首先，其在黑暗环境下发光亮度高，余辉持续时间长，能够以 $0.32 \ mcd/m^2$ 的亮度持续发光超过 30 h，亮度是黑暗环境中人眼敏感度的 100 倍；其次，这类材料的绿光发射峰值在 520 nm 处，与人类的可见光视觉匹配良好；最后，Eu^{2+} 的 $4f^7 \rightarrow 4f^65d^1$ 跃迁具有较大的吸收截面，激发波段较宽，化学与物理稳定性高，能够通过普通的荧光灯激发。因此，掺杂型的硫化锌与铝酸盐，以及基于它们的各种衍生物构成了无机长余辉化合物的主体，蓝光、绿光与红光 [图 1-1（c）] 等各种发光波长的长余辉材料均可通过调节掺杂离子实现[4]。长余辉化合物也逐步应用于工业与商业领域，如人造夜明珠，具有夜间指示功能的夜光跑道、夜光遥控器、夜光手表 [图 1-1（d）] 等。

1.2.2 有机室温磷光材料

相比于无机化合物，有机化合物在很长一段时间被认为无法产生长寿命的室温磷光（RTP）。从磷光产生机制考虑，含有过渡金属元素的无机化合物中，金属元素存在极为复杂的分子轨道（含有 d、f 轨道成分），并且其较强的自旋轨道耦合（spin-orbit coupling，SOC）作用，使单线态激子可以通过系间窜越（intersystem crossing，ISC）转变为三线态激子。无机化合物存在的一些缺陷结构，能够形成势能陷阱捕获三线态激子，允许其可以缓慢跃迁回到基态，从而实现极长磷光寿命。然而，有机化合物通常不具备这些条件，其所含原子序数通常较小，自旋轨道耦合作用较弱，也难以形成与无机化合物类似的紧密分子排列、能带与缺陷结构。

在过去的二十年，得益于有机光电子学的爆发式发展，多种新颖的有机发光机制陆续被提出，有机发光理论迅速发展。与此同时，高性能发光材料的研发不断拓展传统理论的认知，特别是有机分子的电子能级结构对发光机制的影响得到深入研究，单线态（S）与三线态（T）之间的相互作用对发光机制具有决定性影响。例如：当 S_1 与 T_1 能级差很小（<约 0.3 eV)时，T_1 向 S_1 的反系间窜越（reverse intersystem crossing，RISC）作用增强，三线态激子在热能辅助下转变为单线态激子并以荧光的形式发光，形成热活化延迟荧光（thermally activated delayed fluorescence，TADF）[5]；单线态与三线态高激发态能级之间的系间窜越作用造成三线态-三线态湮灭（triplet-triplet annihilation，TTA）[6]；同时具有局域激发（locally excited，LE）与电荷转移（charge transfer，CT）激发态的分子利用 LE 成分实现较强的荧光发射，并通过 CT 成分实现三线态激子向单线态激子的转化，获得了高发光效率的杂化局域和电荷转移（hybridized local and charge transfer，HLCT）激发态发光[7]。在这些发光机制中，有机化合物的电子能级结构对发光性质具有决定性作用。另外，在聚集态的有机分子构象与分子排列方式对发光性能同样具有重要影响。与溶液中的光物理过程相比，处于聚集态的分子振动、转动等无辐射跃迁受到抑制，使无辐射速率降低；同时，聚集使分子间距离减小，分子之间的弱相互作用，如分子间电荷转移、分子间氢键、库仑相互作用等得到增强。因此，有机发光分子在聚集态会发生一些较为奇特的发光现象。例如，许多荧光分子在稀溶液中的发光强度很高，但在浓溶液与聚集态时荧光效率急剧下降。2001 年，唐本忠等发现具有扭曲分子构象的噻咯（silole）、四苯乙烯（tetraphenylethylene，TPE）在溶液中几乎没有荧光，而在聚集态下，分子内运动受到抑制，荧光效率大幅度提高，表现出聚集诱导发光（aggregation-induced emission，AIE）性质[8]。

事实上，早在 1939 年，Clapp 发现固态四苯基甲烷与四苯基硅烷及其衍生物在紫外光照射后能够产生明亮的蓝绿色余辉，在室温下持续时间长达 23 s；温度越高，余辉持续时间越短。Clapp 认为余辉是由化合物中微量的三苯基甲烷杂质引起的[9]。但由于缺乏明确的分子设计策略，对磷光产生的机制缺乏认识，在很长一段时间内有机室温磷光化合物并未引起广泛关注。尽管有报道采用固体基质吸附、环糊精诱导磷光、胶束增敏磷光等方法实现了有机室温磷光，并建立了室温磷光分析方法[10]，但获得的磷光寿命仍然为毫秒级，长寿命的纯有机室温磷光分子鲜有报道，使其实际应用受到极大限制。

目前，在科学家的不断努力之下，很多发光性能优异的有机室温磷光材料被陆续报道，室温磷光发光机制日益完善，磷光寿命与发光效率都达到媲美无机材料的水平[11, 12]。有机室温磷光材料的结构可调性、较低的制备成本、良好的生物相容性、丰富的发光颜色也体现出独特的优势。从发光机制上看，有机室温磷光也属于有机分子在聚集态的发光现象,利用聚集态分子之间的电子相互作用稳定三线态激子,产生长寿命的磷光发射。目前报道的长寿命室温磷光现象大多数在聚集态产生。有机室温磷光材料的来源多种多样,如单组分有机分子形成的有机单晶、多组分的有机主客体体系、有机高分子、碳点、金属有机骨架(metal-organic frameworks,MOFs)材料等。2010 年,唐本忠等发现二苯甲酮衍生物的晶体能够产生颜色丰富的室温磷光[13],磷光寿命达到毫秒级,开始从分子层面探究室温磷光产生机制。2011 年,Kim 等报道将具有三线态产生能力的醛基与具有重原子效应的溴原子引入分子中,在晶体中获得了寿命为毫秒级、量子效率高达 55% 的室温磷光[14];2015 年,黄维等发现晶体中 H 聚集体有利于增强分子间的耦合作用,稳定三线态激子,从而获得寿命长达 1.35 s 的室温磷光[15]。2017 年,Adachi 等采用熔融的方法制备了主客体掺杂激基复合物,通过电荷分离态的发光机制实现持续超过 30 min 的余辉[16]。当前,长寿命有机室温磷光由于独特的长发射寿命、高信噪比、大斯托克斯(Stokes)位移等优点,在信息安全、生物成像、显示、光存储和氧传感器等领域得到了广泛的应用。

1.3 有机室温磷光发光机制

1.3.1 有机室温磷光产生过程

对于有机化合物,长寿命的磷光发射通过三线态激子的辐射跃迁实现。根据量子态自旋选律,电子具有自旋取向,分子轨道中两个电子自旋取向相反称为单线态(singlet state,S),而电子自旋取向相同则称为三线态(triplet state,T)。有机发光分子具有结构可调性高,激发态能级结构复杂,分子发光过程中的电子跃迁过程较为复杂的特点。荧光与磷光的过程可以用 Jablonski 能级图表示(图 1-2),其中,基态(S_0)电子受到激发跃迁到激发单线态(S_n,$n = 1, 2, 3, \cdots$)。根据卡莎(Kasha)规则,高能级激子会经内转换(internal conversion,IC)过程快速跃迁到最低激发态($S_n \rightarrow S_1$)。S_1 态激子进而通过辐射跃迁回到基态而产生荧光($S_1 \rightarrow S_0$),此过程是自旋允许的,寿命较短(范围在 $10^{-9} \sim 10^{-8}$ s),因此,激发光源移除后,荧光会立即消失。三线态激子的产生则需要单线态激子在自旋轨道耦合作用辅助下,克服自旋禁阻后经系间窜越到达三线态(T_n,$n = 1, 2, 3, \cdots$)。三线态激子到基态之间的辐射跃迁($T_1 \rightarrow S_0$)是自旋禁阻过程,如果能够跃迁就会产生磷光,此跃迁过程比较慢,因此磷光寿命比较长,可达到几毫秒甚至数秒。根据三线态激子辐射跃迁的光物理过程,磷光寿命可以表示为

$$\tau_P = \frac{1}{k_r + k_{nr} + k_P}$$

其中，τ_P 为磷光寿命；k_r 为磷光的辐射速率常数；k_{nr} 为分子内运动引起的无辐射跃迁速率常数；k_P 为环境中的氧气、水、晶体缺陷等因素导致三线态激子猝灭的速率常数。因此，要实现长寿命磷光，k_r、k_{nr} 与 k_P 均需保持较小的数值。由于自旋禁阻，有机化合物的磷光辐射速率通常较小，在 $10^{-1} \sim 10^2\ s^{-1}$ 量级。对于寿命长达秒级的室温磷光，三个速率常数之和需要保持在 $10^0 \sim 10^{-1}\ s^{-1}$ 水平；此外，为了提高磷光发射效率，分子的无辐射运动与三线态激子猝灭等也需要尽可能减弱。相应地，有机室温磷光化合物的设计需要满足这些要求。

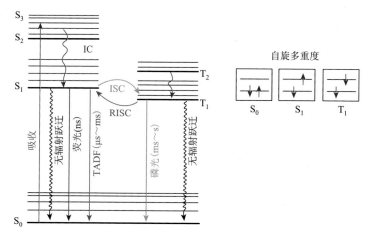

图 1-2　荧光、热活化延迟荧光与磷光发光的电子跃迁能级图

　　然而，在室温下往往难以观察到纯有机化合物的磷光，这也导致此领域的发展长期处于相对沉寂状态，近些年才有快速发展。首先，相比于含有过渡金属元素的无机化合物与金属有机化合物，纯有机化合物的自旋轨道耦合作用通常较小，单线态激子难以克服自旋禁阻产生三线态激子；然后，三线态激子极易被空气中的氧气猝灭（$T_1 + {}^3O_2 \longrightarrow S_0 + {}^1O_2$），或通过三线态湮灭（$T_1 + T_1 \longrightarrow S_0 + S_1$）等过程转变为单线态激子；最后，三线态激子能够通过强烈的分子内振动与转动等无辐射跃迁过程回到基态，磷光辐射速率难以与其竞争。因此，有机化合物的磷光通常需要在特定的环境下才能产生，例如，降低温度至液氮温度、置于惰性气体环境中，或者通过主客体掺杂方法掺杂到刚性高分子主体、环糊精等分子笼中等方法，均可以有效抑制无辐射运动，隔绝氧气，实现有机化合物的磷光发射。但是，有机化合物中激子高度局域化，三线态激子在产生后极易复合，还会通过辐射跃迁与无辐射跃迁快速耗散，对长寿命的发光过程非常不利，因此，获得寿命超过 0.1 s 的长寿命室温磷光分子仍然面临很大的挑战。基于此，保持三线态激子的稳定性与复合速率是长寿命磷光产生的关键。

所幸在研究者的不懈努力下，已经发现多种获得长寿命有机室温磷光的方法，促进了有机室温磷光从理论走向现实。对于有机化合物，首先需要提高分子的自旋轨道耦合强度。磷光的产生需要电子克服自旋禁阻，实现单线态与三线态之间的系间窜越。如图 1-3 所示，根据 El-Sayed 规则，只有在跃迁前后发生轨道类型改变时，系间窜越才能高效进行。这是由于单线态-三线态之间的系间窜越发生了电子自旋翻转，为补偿翻转所导致的动量改变，必须有电子在相互垂直轨道上的跳跃平衡这种动量改变。根据轨道类型，有机化合物中易发生跃迁的电子轨道包括 p 轨道与 n 轨道，分别对应 π 电子与孤对电子，两者具有不同的轨道取向。在系间窜越发生时，仅有 n 轨道参与的 $^1(\pi, \pi^*) \rightarrow {}^3(n, \pi^*)$、$^1(n, \pi^*) \rightarrow {}^3(\pi, \pi^*)$ 跃迁是自旋允许，而相同成分轨道之间的 $^1(n, \pi^*) \rightarrow {}^3(n, \pi^*)$、$^1(\pi, \pi^*) \rightarrow {}^3(\pi, \pi^*)$ 跃迁均为自旋禁阻。因此，有机室温磷光分子中通常会引入含有氧、硫、氮、磷等含有孤对电子原子的基团，如羰基、醛基、氧醚、硫醚、三苯胺、三苯基膦等促进电子的自旋翻转，引入 Br、I 等重原子提高自旋轨道耦合强度。此外，有机室温磷光分子通常会采用晶体培养、主客体掺杂、掺入高分子基质等方法减小分子的无辐射跃迁。并且空气中的氧气、水等三线态激子猝灭因素也可通过这些方法予以隔绝，从而提高三线态激子的稳定性。根据产生机制，长寿命室温磷光可以分为：单组分晶体结构诱导室温磷光、多组分主客体掺杂诱导室温磷光。两种机制产生的长寿命室温磷光具有各自独特的发光特点，从不同角度揭示有机室温磷光的发光机制，下面将分别讨论。

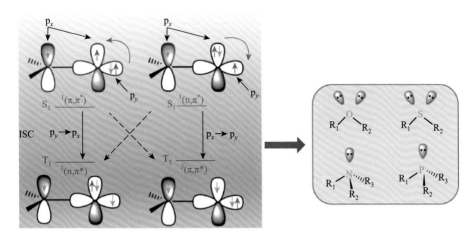

图 1-3 El-Sayed 规则下的系间窜越途径

1.3.2 单组分晶体结构诱导室温磷光

有机室温磷光晶体通常为单组分的磷光分子或有机共晶体系等，可以通过晶体解析获得精确的分子结构，这为探究分子的空间构象和晶态分子排列方式提供了巨大便利。同时，这也是单组分有机磷光分子的优势所在，较为明确的构效关系有利于揭示有机化合物长寿命室温磷光的产生机制。晶体的紧密堆积对分子的运动产生巨大限制，有效抑制分子的振动与转动，减小无辐射跃迁速率。晶体中分子的排列方式对磷光的影响尤为显著，大量实验已经证实，当晶体结构被破坏后，有机分子的室温磷光大幅减弱甚至消失。从产生机制上看，有机分子在晶体中形成有序的紧密堆积，分子间的电子轨道发生空间重叠，使三线态激子发生离域，从而降低激子能量，稳定三线态激子[17]。也有观点认为，有机晶体对三线态激子的稳定作用与无机材料相似，即晶体结构中存在的缺陷或者势阱等能够束缚三线态激子，通过减缓激子复合速率从而延长磷光寿命。例如，黄维等提出 H 聚集能够有效稳定三线态激子，促进长寿命室温磷光的产生[15]。然而，分子在聚集态时三线态激子的存在形式、不同分子之间的轨道相互作用、分子聚集体的轨道能级等极为复杂，相关的理论研究还处于探索阶段，尚需进一步研究。

如图 1-4 所示，单组分有机体系长寿命室温磷光的产生过程可以总结为：①晶体中处于基态（S_0）的分子被激发到激发单线态（S_1）；②通过自旋轨道耦合作用，单线态激子经系间窜越转化为三线态激子（T_1）；③三线态激子在分子间共轭产生的作用下形成稳定的三线态激子（T_1^*）；④稳定的三线态激子回到基态，发出长寿命室温磷光。即：

$$S_1 \rightarrow T_1 \rightarrow T_1^* \rightarrow S_0 + RTP$$

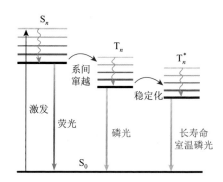

图 1-4　单组分有机体系长寿命室温磷光产生过程

单组分室温磷光体系中，杂原子除了通过 n 轨道增强自旋轨道耦合作用外，由杂原子产生的分子间氢键能够增强分子间的相互作用，促进分子轨道的离域化与激子的稳定。目前，已经有很多单组分有机化合物被报道具有室温磷光性质。一方面，单组分体系清晰的构效关系为探索室温磷光机制提供了便利，为高效室温磷光体系的设计奠定了理论基础；另一方面，单组分有机室温磷光分子的磷光强度对分子排列规整性极为依赖，难以在薄膜态保持磷光发射，并且磷光寿命只能达到秒级，难以进一步提升，与其他类型的有机室温磷光材料及无机材料相比，寿命仍然较短，不利于室温磷光的实际应用。

值得注意的是，单组分有机室温磷光体系的磷光量子效率通常较低，因此需要特别关注样品的纯度。含量极为微小的杂质也可能与有机分子形成主客体体系产生室温磷光，从而对单组分体系的分析产生误导甚至导致完全错误的结果。例如，2020 年，新加坡国立大学刘斌等[18]发现含咔唑基团有机化合物的室温磷光来源于咔唑中的微量杂质。这些杂质难以通过常规的纯化手段除去，即使浓度低至0.5 mol%（摩尔分数，后同），仍然能观察到显著的室温磷光。2021 年，中国科学技术大学张国庆等[19]发现在邻苯二甲酰亚胺衍生物中掺入微量的萘酰亚胺衍生物，即可产生红色的室温磷光，其掺杂浓度甚至可以低至亿分之一。

1.3.3　多组分主客体掺杂诱导室温磷光

在无机化合物中，几乎所有的长寿命磷光都来源于主客体掺杂体系，表明微量客体产生的电子相互作用对磷光发射具有独特作用。前面也提到，单组分有机体系中微量杂质会诱导产生显著的室温磷光，尽管这给有机室温磷光的研究造成困扰，但也提供了产生长寿命有机室温磷光的有效途径。实际上，多组分主客体掺杂是长寿命有机室温磷光产生的主要方法，主体材料提供的刚性基质不仅能有效抑制客体的分子振动与转动等无辐射跃迁，也能隔绝空气中水蒸气、氧气等三线态激子猝灭因素，增强室温磷光。但也有研究认为，主客体掺杂体系中的电子相互作用更为关键。2017 年，日本九州大学 Adachi 等报道了一种多组分体系，采用强电子给体 N, N, N', N', -四甲基联苯胺（TMB）和强电子受体 2, 8-双（二苯基磷酰基）二苯并噻吩（PPT），采用熔铸法以 PPT 为主体，TMB 以 1 mol%的比例掺入，在氮气环境下制备薄膜，300 K 时发光能持续 30 min 以上[16]。Adachi 等认为，PPT 自由基阴离子通过电荷跳跃扩散到所有的 PPT 分子中，从而导致 TMB 自由基阳离子与对应的PPT 自由基阴离子分离开，形成稳定的电荷分离态，随后两者重新组合产生激基复合物（exciplex）并产生长寿命的发光［图 1-5（a）］。其他有机多组分主客体掺杂体系的研究也表明，只有特定的主体与客体分子才能产生长寿命磷光，证明主客体分子之间的电子相互作用对磷光性能的影响。然而，在不同的主客体掺杂体系中，其发生机制不尽相同，相关理论有待进一步研究。在另一些主客体掺杂有机室温磷光体系中，主体材料为惰性高分子，如聚甲基丙烯酸甲酯（PMMA）[20]。主体只能提供刚性化的环境，主客体之间的电子相互作用极为微弱。如图 1-5（b）所示，将吩噻嗪衍生物 PM-3 以 0.1 wt%（质量分数，余同）的比例掺入 PMMA 薄膜中，在紫外光照射后会产生较强的磷光。其发光机制是，光照射提高了三线态激子的活性，消耗掉主体高分子内残留的氧气，使三线态激子不再被猝灭，从而产生磷光。

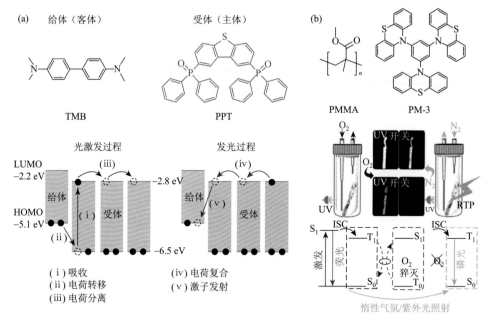

图 1-5 （a）化合物 TMB 和 PPT 的分子结构与长寿命发光机制，给受体掺杂产物经光激发后形成稳定的电荷分离态，产生基于激基复合物的长寿命磷光；（b）高分子 PMMA 与吩噻嗪衍生物 PM-3 的分子结构，将 PM-3 掺杂到 PMMA 薄膜在氧气环境下不能产生磷光，在充入氮气后产生磷光，磷光的发光机制是三线态基态（T_0）氧气被消耗掉之后，三线态激子不再被猝灭，能够发射磷光

1.4 ▶ 总结与展望

目前，有机室温磷光正处于蓬勃发展阶段，各种类型的有机室温磷光化合物陆续被报道，极大地拓展了有机发光材料研发，对有机电子学的发展产生深远影响[21-25]。有机室温磷光材料的磷光寿命已经突破秒级，持续发光时间达到小时级，颠覆了传统发光理论对有机室温磷光的认知。有机室温磷光材料这种长寿命发光的特性在光电子器件、信息防伪、光学记录、生物组织成像等领域表现出巨大的应用前景。同时，也应该认识到，目前高亮度、高发光效率与长寿命的有机室温磷光材料仍然非常稀少，开发更加高效的有机室温磷光材料仍然任重道远。通过对有机室温磷光的研究，研究者可以更深入地了解聚集态激子相互作用的过程和机制，这对于有机光电材料的发展具有重要意义，相关成果将推动有机发光理论的变革和长余辉发光材料的兴起。

（谢育俊 李 振）

参 考 文 献

[1] Xu J, Tanabe S. Persistent luminescence instead of phosphorescence: history, mechanism, and perspective. Journal of Luminescence, 2019, 205: 581-620.

[2] Lastusaari M, Laamanen T, Malkamäki M, et al. The Bologna stone: history's first persistent luminescent material. European Journal of Mineralogy, 2012, 24 (5): 885-890.

[3] Matsuzawa T, Aoki Y, Takeuchi N, et al. A new long phosphorescent phosphor with high brightness. Journal of the Electrochemical Society, 1996, 143: 2670-2673.

[4] Hölsä J. Persistent luminescence beats the afterglow: 400 years of persistent luminescence. Electrochemical Society Interface, 2009, 18: 42-45.

[5] Uoyama H, Goushi K, Shizu K, et al. Highly efficient organic light-emitting diodes from delayed fluorescence. Nature, 2012, 492: 234-238.

[6] Chiang C J, Kimyonok A, Etherington M K, et al. Ultrahigh efficiency fluorescent single and bi-layer organic light emitting diodes: the key role of triplet fusion. Advanced Functional Materials, 2013, 23: 739-746.

[7] Wang C, Li X L, Gao Y, et al. Efficient near-infrared (NIR) organic light-emitting diodes based on donor-acceptor architecture: an improved emissive state from mixing to hybridization. Advanced Optical Materials, 2017, 5: 1700441.

[8] Luo J, Xie Z, Lam J W Y, et al. Aggregation-induced emission of 1-methyl-1, 2, 3, 4, 5-pentaphenylsilole. Chemical Communications, 2001, 1740-1741.

[9] Clapp D B. The phosphorescence of tetraphenylmethane and certain related substances. Journal of the American Chemical Society, 1939, 61: 523-524.

[10] Díaz-García J, Costa-Fernández J M, Bordel-García N, et al. Room-temperature phosphorescence fiber-optic instrumentation for simultaneous multiposition analysis of dissolved oxygen. Analytica Chimica Acta, 2001, 426 (1): 55-64.

[11] Xu S, Chen R, Zheng C, et al. Excited state modulation for organic afterglow: materials and applications. Advanced Materials, 2016, 28 (45): 9920-9940.

[12] Hirata S. Recent advances in materials with room-temperature phosphorescence: photophysics for triplet exciton stabilization. Advanced Optical Materials, 2017, 5 (17): 1700116.

[13] Yuan W Z, Shen X Y, Zhao H, et al. Crystallization-induced phosphorescence of pure organic luminogens at room temperature. Journal of Physical Chemistry C, 2010, 114 (13): 6090-6099.

[14] Bolton O, Lee K, Kim H J, et al. Activating efficient phosphorescence from purely organic materials by crystal design. Nature Chemistry, 2011, 3: 205-210.

[15] An Z, Zheng C, Tao Y, et al. Stabilizing triplet excited states for ultralong organic phosphorescence. Nature Materials, 2015, 14: 685-690.

[16] Kabe R, Adachi C. Organic long persistent luminescence. Nature, 2017, 550: 384-387.

[17] Li Q, Tang Y, Hu W, et al. Fluorescence of nonaromatic organic systems and room temperature phosphorescence of organic luminogens: the intrinsic principle and recent progress. Small, 2018, 14 (38): 1801560.

[18] Chen C, Chi Z, Chong K C, et al. Carbazole isomers induce ultralong organic phosphorescence. Nature Materials, 2020, 20: 175-180.

[19]   Chen B，Huang W，Nie X，et al. An organic host-guest system producing room-temperature phosphorescence at the parts-per-billion level. Angewandte Chemie International Edition，2021，60（31）：16970-16973.

[20]   Wang Y，Yang J，Fang M，et al. New phenothiazine derivatives that exhibit photoinduced room-temperature phosphorescence. Advanced Functional Materials，2021，31（40）：2101719.

[21]   Gu J，Li Z，Li Q. From single molecule to molecular aggregation science. Coordination Chemistry Reviews，2023，475：214872.

[22]   Yang J，Fang M，Li Z. Stimulus-responsive room temperature phosphorescence materials：internal mechanism，design strategy，and potential application. Accounts of Materials Research，2021，2：644-654.

[23]   Huang A，Li Q，Li Z. Molecular uniting set identified characteristic（MUSIC）of organic optoelectronic materials. Chinese Journal of Chemistry，2022，40：2359-2370.

[24]   Fang M，Yang J，Li Z. Light emission of organic luminogens：generation，mechanism and application. Progress of Materials Science，2022，125：100914.

[25]   Li Q，Li Z. Molecular packing：another key point for the performance of organic and polymeric optoelectronic materials. Accounts of Chemical Research，2020，53：962-973.

第2章

单组分有机室温磷光体系

2.1 引言

　　单组分有机室温磷光体系通常以有机单晶产生磷光。相比于其他有机室温磷光体系，有机单晶中，分子的精细结构及分子的空间排列方式能够通过 X 射线衍射精准确定，从而建立单分子结构、聚集态堆积方式与室温磷光之间的构效关系，对室温磷光发光机制的探索和高效有机室温磷光材料的设计具有指导作用。在有机单晶结构中，通过引入含孤对电子的基团等方法有效增强分子的自旋轨道耦合强度，增加三线态激子产生的效率；有序的分子排列则有利于形成稳定的分子间相互作用，使三线态激子通过分子轨道的离域化得到稳定。此外，晶体中分子的紧密堆积产生的空间限制效应能抑制有机分子的振动，降低无辐射跃迁速率。而且，包裹在晶体内部的分子可以免受环境中三线态氧等干扰因素的影响，避免了三线态激子的猝灭。目前，很多有机单晶被报道具有室温磷光性质，极大丰富了有机室温磷光的种类。本章根据有机芳香化合物官能团的种类，将单组分有机室温磷光体系分为芳基硼化合物、芳基胺类化合物、芳香硫醚化合物、芳香酮/羰基化合物、有机/芳香碲化合物、酰亚胺类化合物、噻蒽类化合物、芳香稠环类化合物。

2.2 单组分有机室温磷光体系发光机制

　　现代科技对发光材料的性能提出了越来越高的要求，其中有机发光材料由于发光颜色丰富、结构易于调节、成本相对低廉、环境友好等特点而备受青睐，是光电功能材料的重要组成部分。如图 2-1 所示，根据分子轨道理论，基态（ground state，S_0）分子受到光激发后，电子吸收能量跃迁至高能级，分子轨道中的电子自旋取向保持不变，形成激发单线态（S_n，$n \geqslant 1$）。高能级激发态通过内转换（IC）过程，经振动能级弛豫到更稳定的 S_1 态，形成单线态激子。S_1 态激子可以通过分子的热运动以无辐射跃迁（non-radiative transition）的方式，或者通过辐射跃迁以荧光（fluorescence，F）的方式回到基态。其中，具有较强的自旋轨道耦合（SOC）作用的有机化合物，单线态激子能够克服自旋限制，通过系间窜越（ISC）形成三线态激子（T）。三线态激子辐射跃迁回到基态的过程中发出的光称为磷光（phosphorescence，P）。因此，荧光是自旋允许的，产生速度非常快，寿命通常为纳秒级（10^{-9} s，ns）；而磷光则经历了更多路径，是自旋禁阻过程，寿命较长，一般为毫秒级（10^{-3} s，ms），少数可以达到秒级。

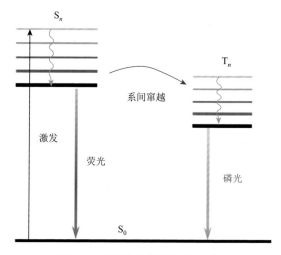

图 2-1　有机化合物磷光产生过程

在以往的认知中，磷光通常只能在含有过渡金属原子的无机化合物中观察到，金属原子极为复杂的分子轨道产生较强的自旋轨道耦合效应，使单线态激子可以通过系间窜越作用转变为三线态激子[1]。无机化合物中存在的一些缺陷结构，能够形成陷阱捕获三线态激子，允许其缓慢跃迁回到基态，从而达到秒级的磷光寿命。相比而言，纯有机化合物的自旋轨道耦合系数较小，分子热运动与空气中氧气等猝灭强烈，磷光难以产生[2]。因此，有机化合物的磷光通常需要在低温条件，或者惰性气氛（如氮气、氩气）、主客体体系等环境中才能顺利产生。保持三线态激子的稳定是长寿命磷光产生的关键，室温下寿命超过 0.1 s 的室温磷光分子的设计面临巨大的挑战。

近期的研究表明，有机分子的聚集态形式对发光性能有重要影响。很早之前人们就已经发现，荧光分子在稀溶液中的发光很强，但在浓溶液或聚集态下其荧光发光效率急剧下降。研究表明，有机化合物在聚集态的光物理性质与在溶液中存在极大的区别：聚集使有机分子的振动与转动等无辐射跃迁过程受到抑制，无辐射跃迁速率降低；同时聚集态有机分子之间的距离减小，分子之间弱相互作用，如分子间电荷转移、分子间氢键、库仑相互作用等得到增强[3,4]。因此，有机分子在聚集态会表现一些较为奇特的发光现象。2001 年，唐本忠等发现具有扭曲结构的有机化合物在溶液中几乎没有荧光，而在聚集态下，分子内运动受到抑制，荧光效率大幅度提高[5]。室温磷光也属于聚集态发光现象，目前报道的超长磷光现象大多数是在聚集态产生，其已经在数据防伪、生物组织成像、显示、传感等领域表现出巨大的应用价值。经过多年的探索，研究者已经总结了许多获取有机室温磷光的方法，如通过结晶、主客体掺杂、引入刚性高分子基质等方法可以实现秒级室温磷光[6]。从产生机制上看，磷光来源于三线态激子的辐射跃迁，实现长寿命磷光，需要磷光辐射与无辐射跃迁速率均保持较小的数值，这也是有机室温磷光材料的设计原则。

　　由于自旋禁阻，有机化合物的磷光辐射速率通常较小，在 $10^{-1} \sim 10^2 \, \text{s}^{-1}$ 量级。为了促进三线态激子的产生，单一组分的有机磷光体系往往需要提高分子的自旋轨道耦合强度。根据 El-Sayed 规则，只有在涉及跃迁轨道类型改变时，系间窜越才能有效发生。如图 2-2 所示，孤对电子所在的 n 轨道与 π 轨道具有不同的轨道取向，在跃迁发生时，不同轨道成分的 $^1(n, \pi^*) \rightarrow {}^3(\pi, \pi^*)$ 或 $^1(\pi, \pi^*) \rightarrow {}^3(n, \pi^*)$ 跃迁是自旋允许，而相同成分轨道的 $^1(n, \pi^*) \rightarrow {}^3(n, \pi^*)$ 或 $^1(\pi, \pi^*) \rightarrow {}^3(\pi, \pi^*)$ 跃迁均为自旋禁阻。因此，有机磷光分子中通常会引入羰基、氧原子、溴原子及氮原子等含有 n

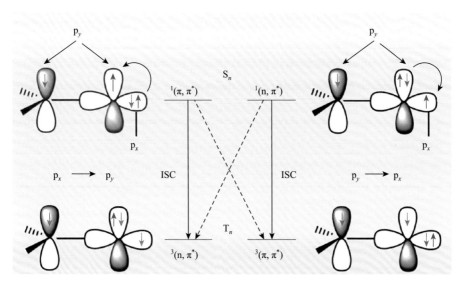

图 2-2　单线态与三线态之间的系间窜越过程中，轨道类型发生改变的跃迁是允许的，相同的轨道类型之间跃迁禁阻

轨道的原子或基团，以利于系间窜越过程中电子的自旋翻转。单组分有机磷光体系通常为有机单晶，通过晶体解析可以获得晶体中分子的精确空间结构，为了解分子的构型与排列方式及分子间相互作用提供了巨大便利。这也是单组分有机磷光材料研究的优势所在，可以获得较为明确的构效关系，特别是分子聚集态结构，为揭示长寿命磷光的产生机制提供了很好的研究模型。

晶体中，分子的运动受到极大限制，从而有效抑制分子的振动与转动，减小无辐射跃迁速率。很多实验已经证实，当有机晶体的结构被破坏转变为无定形态时，尽管分子仍处于固态，其磷光也大幅减弱甚至消失，表明晶体中有序的分子堆积结构对三线态激子的稳定具有重要作用[7]。晶体中，有机分子有序排列，其分子轨道发生空间重叠，使三线态激子在晶体中产生离域作用，而且，轨道的重叠还可以降低激子能量，增强三线态激子的稳定性。也有观点认为，有机晶体对三线态激子的稳定作用与无机材料类似，即晶体结构中存在的缺陷与势阱等能够束缚三线态激子，通过减缓激子复合速率来延长磷光寿命。例如，黄维等提出 H 聚集能有效稳定三线态激子，促进长寿命室温磷光的产生[8]。

单组分有机磷光体系中长寿命磷光的产生过程可以总结为：首先，晶体中处于基态（S_0）的分子被激发到激发单线态（S_1）；其次，在自旋轨道耦合作用下，单线态激子经系间窜越转化为三线态激子（T_1），在分子间相互作用下，三线态激子得到稳定并形成较为稳定的三线态激子（T_1^*）；最后，三线态激子回到基态，发出长寿命磷光。聚集态分子轨道的重叠也能提高最高占据分子轨道（highest occupied molecular orbit，HOMO）能级，降低最低未占分子轨道（lowest unoccupied molecular orbit，LUMO）能级，降低跃迁能，使发光红移。单组分室温磷光体系中，杂原子除了通过 n 轨道增强自旋轨道耦合作用外，由杂原子产生的分子间氢键也能够增强分子间的相互作用，形成稳定的分子聚集体，促进分子轨道的离域化，实现激子的稳定。本章关注单组分有机室温磷光体系，并根据杂原子的种类及基团类型，分为芳基硼化合物、芳基胺类化合物、芳香硫醚化合物、芳香酮/羰基化合物、有机/芳香碲化合物、酰亚胺类、噻蒽类及其他单组分有机室温磷光材料。对于含有多种不同基团的化合物，根据主要结构特点予以细分。本章将对不同种类化合物展开论述，讨论其结构特点，阐述单组分有机化合物室温磷光的发光机制，探讨"单分子化学结构-聚集态堆积方式-室温磷光性能"之间的关系。

2.3 芳基硼化合物

硼（B）是ⅢA族元素，其价电子结构为 $2s^2 2p^1$。当硼原子采用 sp^2 杂化方式成键形成三配位化合物时，会出现一个空的 p 轨道，表现出缺电子特征。芳基硼化合物中，硼原子的 p 轨道与相邻的 π 共轭体系产生 p-π 共轭作用，使有机硼化合物表现出非常独特的化学性质。由于硼原子的缺电子特性，三芳基硼具有较强的吸电子能力，在有机化合物中可以作为电子受体，产生从电子给体到硼原子的电荷转移。例如，三芳基硼作为受体在热活化延迟发光材料领域表现出高发光效率[9]。此外，三配位有机硼化合物围绕着硼中心呈三角平面结构，空的 p 轨道位于垂直平面，容易受到亲核试剂的进攻，转变为化学稳定性更高的四配位结构。有机硼化合物的这些电子结构特点使其在有机光电功能材料领域受到广泛关注，很多有机硼化合物表现出优异的室温磷光性能。按照分子结构，具有室温磷光性质的有机硼化合物主要分为两类：一类是三配位有机硼化合物，主要包括芳基硼酸化合物、芳基硼酸酯化合物及三芳基硼化合物；另一类是四配位有机硼化合物，主要是二氟硼基化合物。

2.3.1 芳基硼酸化合物

苯硼酸及其衍生物是典型的路易斯酸，在有机硼化合物中结构最为简单，数量也极为丰富。苯硼酸结构中，两个硼羟基提供了丰富的氢键来源。因此，往往可以从苯硼酸衍生物中观察到相邻分子的硼羟基相互接近，产生强烈的分子间氢键。如果苯硼酸的取代基也能与硼羟基产生氢键相互作用，则晶体中会形成网格状的分子间氢键，增强整体的氢键强度，促进分子轨道的离域化，增强其磷光性能。然而，从溶解性角度考量，硼羟基属于强极性基团，易溶于高极性溶剂，而苯基属于非极性基团，在连接烷基或芳基取代基后非极性进一步增强。苯硼酸衍生物的溶解性会随着取代基尺寸的增大而减小，导致在有机溶剂中难以结晶。因此，取代基增大后，苯硼酸衍生物难以形成有序的分子排列，从而难以产生室温磷光。目前报道的具有室温磷光性质的苯硼酸衍生物通常分子量较小，取代基尺寸也往往较小。

2017 年，Yuasa 等报道了苯硼酸的室温磷光现象[10]，如图 2-3（a）所示，尽管苯硼酸的芳香基团很小，但硼酸基团之间强烈的氢键使分子间相互作用增强，形成了二聚体，导致发光红移。由于很强的结晶性，室温下 P1 为无色晶体，在 254 nm 紫外光激发下发出深蓝色荧光，紫外灯关闭后能够观察到青色磷光，磷光量子效率达到 18%，磷光寿命长达 1.2 s。向苯基引入两个硼酸基团后，分子间氢键进一步增强，发光红移，发光效率提高。在紫外光下，P2 也发出深蓝色荧光，磷光发射波长为 494 nm，磷光量子效率提高到 66%，寿命为 0.95 s。苯硼酸衍生物的化学修饰主要是在苯基上引入极性基团，以利于形成分子间氢键。2017 年，李振等在苯硼酸的对位引入卤素原子 F（P3）、Cl（P4）、Br（P5）、I（P6），发现室温磷光寿命逐渐缩短[11]。F 原子能形成较强的 C—H…F 氢键作用，磷光寿命达到 1.34 s，C—H…Cl 氢键强度较弱，Br 原子与 I 原子无法形成有效氢键，它们的室温磷光寿命依次降低，I 取代产物 P6 几乎观察不到磷光发射。鉴于 F 原子表现出对室温磷光的巨大促进作用，改变 F 原子的取代位置或者取代数量是否能进一步增强室温磷光？

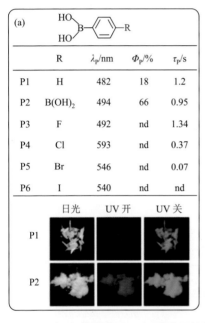
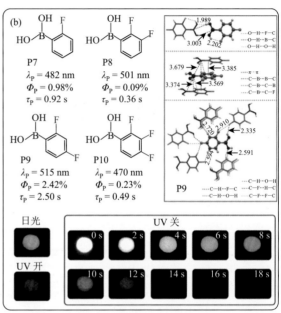

图 2-3 （a）苯硼酸 P1～P6 的分子结构、磷光发射波长（λ_P）、磷光量子效率（Φ_P）、磷光寿命（τ_P），化合物 P1 与 P2 在日光、354 nm 紫外灯开启与关闭后的照片，nd 代表未检测出；（b）化合物 P7～P10 的分子结构与室温磷光性能，氢键键长单位为 Å，P9 晶体结构中分子堆积与室温磷光随时间变化照片

2019 年，黄维等在苯硼酸的邻位、间位与对位引入数量不等的 F 原子，得到 P7～P10［图 2-3（b）］[12]。结果表明，仅仅增加 F 原子的数量并不能有效提升室温磷光的寿命与量子效率，F 原子的取代位置更为重要。邻位 F 取代的 P7 磷光量子效率仅为 0.98%，寿命达到 0.92 s，间位与对位增加 F 原子后的产物 P8 与 P10 的磷光量子效率与寿命都下降很多。磷光性能最好的是邻位与对位取代的 P9，室温磷光为绿光（λ_P = 515 nm），磷光量子效率达到 2.42%，磷光寿命长达 2.50 s，是目前报道单组分有机室温磷光化合物中寿命最长的。从晶体结构也可以看出，P9 形成了分子间交联的氢键网络结构，硼酸基团之间、硼酸与 F 原子均形成了较强的氢键，这种结构能有效稳定三线态激子，抑制分子的运动与无辐射跃迁，增强其室温磷光。

当将吸电子的醛基、羰基与羧基引入苯硼酸［图 2-4（a）］，随着吸电子能力的降低，P11、P12 与 P13 的荧光与磷光发射波长依次蓝移，磷光寿命均逐渐提高[13]。此外，在苯硼酸对位引入酰胺基团的 P14 实现了较高磷光量子效率（6.04%），磷光寿命为 370.9 ms［图 2-4（b）］。酰胺基团甲基化产物 P15 与 P16 的磷光光谱与 P14 相似，P15 的磷光量子效率降低到 4.50%，磷光寿命延长到 431.5 ms，而 P16 的磷光性能变得极差，磷光量子效率极低，寿命降低到 0.4 ms。考虑到氨基的存在有利于分子间氢键的形成，甲基的引入减弱了氢键强度，造成室温磷光强度减小。

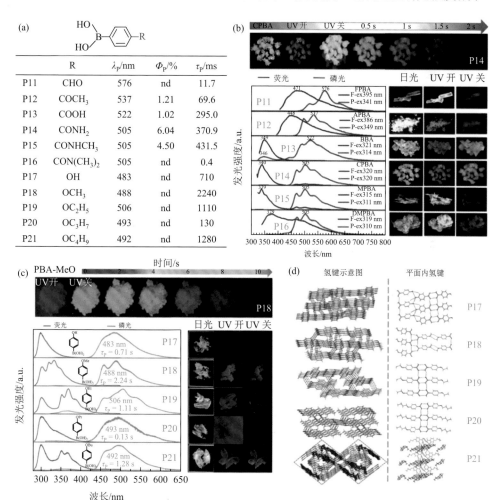

图 2-4 （a）苯硼酸 P11～P21 的分子结构与室温磷光性能；（b）P14 随时间变化的室温磷光照片，P11～P16 的荧光与室温磷光光谱，晶体在日光与紫外灯关闭前后的照片；（c）P18 随时间变化的室温磷光照片，P17～P21 的荧光与室温磷光光谱，晶体在日光与紫外灯关闭前后的照片；（d）P17～P21 晶体结构中的分子排列与氢键结构

除了卤素原子，O 原子与 N 原子也能够产生很强的氢键相互作用。2017 年，李振等研究了羟基与一系列烷氧基在苯硼酸对位的化合物 P17～P21[11]。如图 2-4（c）所示，这些化合物在 254 nm 紫外灯下发出深蓝色荧光，紫外灯关闭后发出绿色磷光。值得注意的是，随着烷基链增长，磷光寿命并不是单调变化，甲氧基取代产物 P18 表现出最佳的磷光性能，寿命长达 2.24 s，丙氧基取代产物 P20 的寿命最短，为 0.13 s。在晶体结构中，硼酸基团之间形成丰富的氢键作用，P17 晶体中羟基之间也产生了丰富的氢键作用，P18 晶体中甲氧基之间也形成了紧密的氢键作用 [图 2-4（d）]。烷基链进一步增长后，烷氧基之间的氢键相互作用减弱。得益于氢键作用，5 个化合物在晶体中形成了层状结构，有利于提高三线态激子的稳定性。P21 晶体中层状结构被破坏，但苯基分布更加集中，增强了分子间共轭程度，对磷光具有增强效应，磷光寿命达到 1.28 s。

2.3.2　芳基硼酸酯化合物

苯硼酸的两个羟基极易与片呐醇结构化合物发生反应生成五元环酯，引起分子结构与极性的巨大变化。硼酸酯最常见的醇结构是 2,3-二甲基-2,3-二丁醇，羟基脱水成环后，硼酸酯的醇基端形成四个甲基。酯基极大地改善了苯硼酸衍生物的溶解性，使化学结构较为复杂的硼酸酯也具有良好的溶解性，非常有利于结晶，形成有序的分子排列。然而，在分子堆积中，四个甲基产生了极大的空间位阻，阻碍芳香基团形成紧密堆积，削弱了分子之间的相互作用，不利于三线态激子的稳定。因此，具有室温磷光性质的硼酸酯在化学结构上并不局限于苯基衍生物，芳香基团更加复杂的硼酸酯也能产生室温磷光，但由于难以形成紧密的分子堆积，室温磷光的发光效率与寿命均逊于相应的苯硼酸衍生物。

具有室温磷光性质的硼酸酯以苯硼酸酯衍生物为主，同时存在少量的结构变体。如图 2-5（a）所示，苯硼酸酯晶体 P22 在 254 nm 紫外灯照射下发出磷光，最大波长为 465 nm，磷光寿命长达 1.79 s[10]。基于苯硼酸酯衍生物的结构变化主要是对位引入取代基，例如，甲氧基取代后的 P23 磷光红移到 502 nm，磷光寿命也达到 1.39 s，而引入氰基后的 P24 磷光进一步红移到 519 nm，但磷光寿命减小到 0.44 s。Yuasa 等也研究了卤素取代苯硼酸酯的室温磷光性能[10]，P25、P26、P27、P28 分别是 F、Cl、Br、I 取代苯硼酸酯后的产物 [图 2-5（b）]，它们的室温磷光性能与苯硼酸的卤素取代产物性质相似，F 取代产物能产生更强的氢键相互作用，磷光发射波长为 488 nm，寿命长达 1.7 s，随着卤素原子序数的增大，磷光进一步红移，而寿命逐渐减小，P28 的磷光寿命缩短到 0.02 s。这种变化趋势同样表明增强分子间氢键能提高硼酸酯类化合物的磷光性能。

(a)	R	λ_P/nm	τ_P/s
P22	H	465	1.79
P23	CH_3O	502	1.39
P24	CN	519	0.44

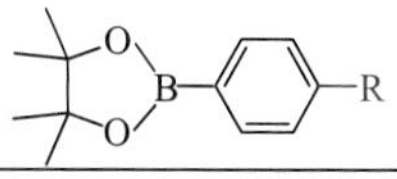

(b)	R	λ_P/nm	τ_P/s
P25	F	488	1.7
P26	Cl	498	0.25
P27	Br	501	0.18
P28	I	558	0.02

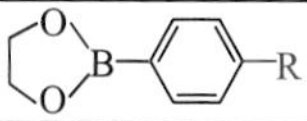

(c)	位点	λ_P/nm	τ_P/s
P29	Para-	500	1.85
P30	Meta-	469/500	1.57
P31	Ortho-	500	1.73

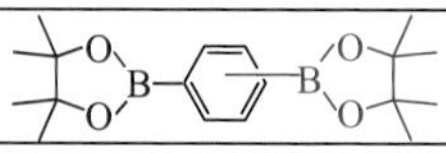

(d)	R	λ_P/nm	τ_P/s
P32	CH_3	478	0.49
P33	OCH_3	480	0.69
P34	CN	473	0.42

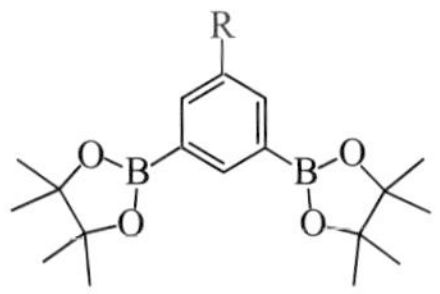

(e)	R	λ_P/nm	τ_P/s
P35	F	507	0.56
P36	CH_3	528	nd
P37	OCH_3	514	nd
P38	CF_3	456	nd

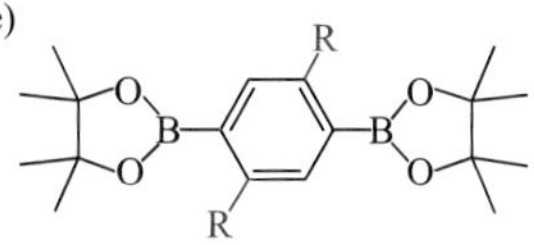

(f)	R	λ_P/nm	τ_P/s
P39	H	494	0.16
P40	F	500	1.96
P41	Cl	512	0.25
P42	Br	480	0.17
P43	I	520	nd
P44	OH	486	0.58
P45	OCH_3	503	0.71
P46	OC_2H_5	500	nd
P47	OC_3H_7	492	nd
P48	OC_4H_9	444	nd

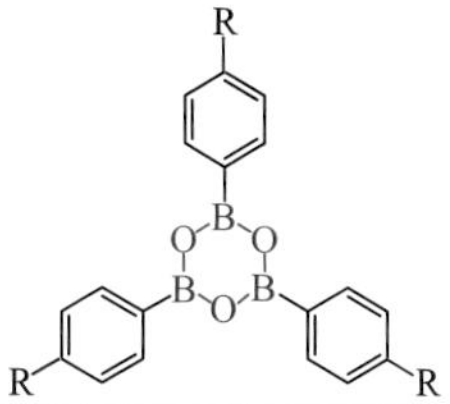

图 2-5 对位取代苯硼酸酯 P22~P24（a），P25~P28（b），对位、间位、邻位二取代苯硼酸酯 P29~P31（c），间位二取代苯硼酸酯 P32~P34（d），对位二取代苯硼酸酯 P35~P38（e），三元苯硼酸酐 P39~P48（f）的分子结构与室温磷光性能

由于溶解性的改善，苯硼酸酯衍生物中出现很多二取代苯硼酸酯化合物。Nakai 等系统研究了这类化合物的室温磷光性质[14]，发现对位、间位与邻位的二取代苯硼酸酯中，对位产物 P29 具有最佳磷光量子效率（$\Phi_P = 2\%$）与最长的磷光寿命（1.85 s），邻位取代产物次之（P31，$\tau_P = 1.73$ s），间位取代产物磷光寿命最短（P30，$\tau_P = 1.57$ s）[图 2-5（c）]。间位二取代苯硼酸酯的进一步取代产物 P32、P33 与 P34 在甲基、甲氧基与氰基取代后磷光发光效率均大幅减弱，寿命降低（$\tau_P = 0.49$ s、0.69 s、0.42 s）[图 2-5（d）]。对位二取代苯硼酸酯的取代产物仅在 F 取代后的 P35 具有 0.56 s 的磷光寿命 [图 2-5（e）]，而甲基、甲氧基与三氟甲基取代后磷光发光效率急剧下降，磷光寿命太短而无法测出。

除了形成硼酸酯外，苯硼酸衍生物的硼羟基极易在加热的过程中发生脱水缩合，三个苯硼酸形成六元环的酸酐结构。如图 2-5（f）所示，苯硼酸酐 P39 可以通过苯硼酸缩合得到，六元环的结构较为稳定，呈现平面结构，具有较好的室温磷光性能。李振等系统研究了卤素原子与烷氧基对苯硼酸酐磷光性能的影响，发现磷光的变化规律与相应苯硼酸较为相似[11]。苯硼酸酐 P39 的磷光发射波长为 494 nm，磷光寿命达到 0.16 s。引入 F 后，P40 的磷光性能显著提高，磷光红移到 500 nm，磷光寿命大幅提高到 1.96 s。P40 晶体中分子形成有序的层状堆积结构，分子间存在极为丰富的 C—H⋯F 氢键，有利于分子间轨道重叠，提高了三线态激子的稳定性与室温磷光性能。引入 Cl 与 Br 后，P41 与 P42 的磷光性能急剧下降，引入 I 后的 P43 磷光寿命短到检测不出。此外，羟基与甲氧基取代苯硼酸酐中，P44 与 P45 均表现出较好的室温磷光性能，磷光寿命分别达到 0.58 s 与 0.71 s。随着取代基烷氧基链的增长，乙氧基（P46）、丙氧基（P47）与丁氧基（P48）取代产物晶体中分子间氢键的形成受到阻碍，使分子间共轭减弱，磷光蓝移，磷光寿命下降，均无法测出。

2017 年，李振等报道了第一例有机力致磷光分子 P49（图 2-6）[15]，分子结构由三联苯与硼酸酯组成。P49 在光激发下发出深紫外荧光，发射波长为 350 nm。然而，在力刺激条件下，P49 发出荧光-磷光双重发射的力致发光。力致发光光谱与 77 K 发光光谱一致，其中，350 nm 处发光为荧光，而 450 nm 处发光归属于磷光。

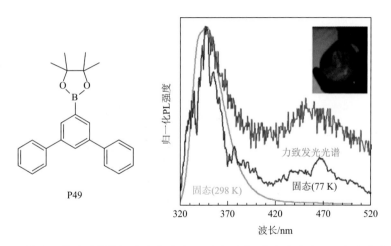

图 2-6　P49 的分子结构及其常温发光光谱（298 K）、低温发光光谱（77 K）和力致发光光谱

插图：力致发光照片

2.3.3　三芳基硼化合物

相比于苯硼酸与苯硼酸酯，三芳基硼化合物中硼原子与三个芳香基团相连，硼原子空的 p 轨道能充分与芳香基团的 π 轨道形成 p-π 共轭，提高发光效率。2020 年，赵翠华等报道了三苯基硼衍生物 P50 [图 2-7（a）][16]，其高度扭曲的空间结构及给体二甲基氨基的引入，能够有效分离 HOMO 与 LUMO，降低 S_1 态与 T_1 态能隙（ΔE_{ST}）。溴原子的引入则能进一步增强自旋轨道耦合效应，从而提高系间窜越速率。分子中的 N 原子与 B 原子能形成 B—N 配位键，增强分子的刚性并抑制无辐射跃迁，粉末态 P50 的磷光量子效率高达 36%。同年，Marder 等通过改变苯环上甲基的数目与位置，设计了三芳基硼化合物 P51 与 P52 [图 2-7（b）][17]。他们发现，晶态时化合物 P51 能够产生绿色的室温磷光（$\lambda_P = 524$ nm，$\tau_P = 0.68$ s，$\Phi_P = 0.3\%$），而 P52 产生黄色的室温磷光（$\lambda_P = 524$ nm/575 nm，$\tau_P = 0.48$ s，$\Phi_P = 1.2\%$）。这两个化合物也是第一例不含重原子与孤对电子的室温磷光化合物。理论研究表明，与 $^1(n, \pi^*) \rightarrow {}^3(\pi, \pi^*)$ 跃迁促进系间窜越过程类似，从（σ, Bp）到（π, Bp）的跃迁也能够提高系间窜越速率。

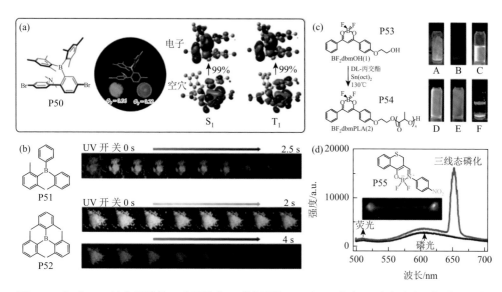

图 2-7 （a）P50 的分子结构、空间构象、磷光照片、S_1 与 T_1 态电子-空穴分布；（b）P51 与 P52 的分子结构及其随时间变化的室温磷光照片；（c）P53 与 P54 分子结构，A、B、C 分别为 P53 在固态荧光、77 K 磷光、CH_2Cl_2 溶液中的荧光照片，D、E、F 分别为 P54 短寿命荧光、长寿命磷光、荧光颗粒分散在水溶液中 45 天后的照片；（d）P55 的分子结构，纳米线的光谱（黑）与发光照片，三线态磷光激光光谱（红）

2.3.4 二氟硼基化合物

当硼原子从三配位转变为四配位时，硼原子的杂化方式从 sp^2 变为 sp^3，分子构型也由平面三角形变为四面体形。四配位二氟硼基化合物的分子结构通常为硼原子连接两个氟原子，再与氧或者氮原子组成的配体络合成四配位结构。由于硼的吸电子性，四配位二氟硼基化合物表现出电子受体的性质，ISC 过程能高效进行，磷光量子效率较高，但磷光寿命较短。2007 年，Fraser 等报道了具有室温磷光、热活化延迟发光与荧光性能的二氟硼基化合物 P53，以及与聚乳酸相连的聚合物 P54[图 2-7（c）][18]，二者对多种刺激（如温度与氧气）均具有响应性能。

2017 年，付红兵等通过硫取代的二氟硼基化合物 P55 [图 2-7（d）] 开发出具有激光性能的有机室温磷光纳米线[19]。分子结构中硝基与硫原子诱导产生了强的分子内电荷转移（intramolecular charge transfer，ICT）态，使 S_1 态 (n, π^*) 到 T_1 态 (π, π^*) 的 ISC 效率极高（$\Phi_{ISC} = 100\%$）。因此，P55 能够受激成为磷光型有机固态激光发射器，其磷光激光发射峰位于 650 nm。

2.4 芳基胺类化合物

根据 El-Sayed 规则，具有孤对电子的 N 原子能够增强自旋轨道耦合效应，提高系间窜越效率，从而获得单组分的有机室温磷光分子。芳基胺类化合物中，N 原子拥有一对孤对电子，能够通过 p-π 共轭的方式使电子离域化，降低电荷密度。此外，N 原子的电负性较大，对电子的束缚能力较强。因此，芳基胺类化合物的化学性质较为活泼，容易产生丰富的分子间相互作用，对紫外光敏感，具有多种光物理性质，如光致发光、光致变色、室温磷光、力致发光等。根据化学结构，本节将芳基胺类化合物分为咔唑类、吩噻嗪类、三苯胺类等，分别讨论其单组分有机室温磷光性质。

2.4.1 咔唑类化合物

咔唑（carbazole，Cz）具有较高的三线态能级和较强的给电子能力，通过引入不同的推拉电子基团可以调节其 HOMO 与 LUMO 的重叠程度。咔唑还具有较强的自旋轨道耦合效应，在室温下产生黄色的磷光发射[20]。很多基于咔唑的化合物被报道具有优异的室温磷光性能，使咔唑成为磷光材料设计的研究热点分子。以平面结构的咔唑为基础，引入两个亚甲基得到的咔唑类似物亚氨基二苄 [图 2-8（a）] 打破了原本咔唑的电子共轭结构，提高了 T_1 态能级，扭曲的分子结构也使其发射波长和寿命发生改变[20]。由于亚氨基二苄中亚甲基 C—C 的键扭动使其发生强烈的无辐射跃迁，磷光寿命要短于咔唑，表明平面结构的咔唑分子有利于形成紧密的分子堆积，从而抑制无辐射跃迁过程。为了进一步提高咔唑分子的自旋轨道耦合效应，增强单线态到三线态之间的系间窜越，实现单组分高效的有机室温磷光性能，多种含不同取代基的咔唑磷光衍生物被合成。然而，2020 年，刘斌等报道商业化咔唑中含有极为微量的咔唑异构体 $1H$-苯并[f]吲哚 [$1H$-benzo[f]indole，Bd，图 2-8（b）]，难以通过常规的重结晶、柱层析等方法提纯[21]。他们在实验室重新合成咔唑后，发现咔唑的室温磷光消失，按照之前报道重新合成咔唑衍生物的室温磷光性质也消失。这些结果表明咔唑衍生物的室温磷光性质来源于微量杂质与咔唑衍生物主体之间的主客体相互作用。但已报道咔唑类室温磷光化合物关于光物理性质的讨论对其他磷光化合物性质的探究有重要参考意义，本章仍然探讨基于咔唑的室温磷光性质。

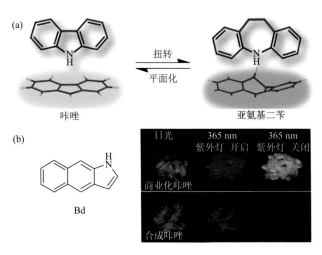

图 2-8 （a）咔唑和亚氨基二苄的化学结构和分子构象；（b）商业化咔唑中杂质 **Bd** 的分子结构，商业化咔唑和实验室合成咔唑在日光、365 nm 紫外灯开启与关闭下的照片

提高咔唑衍生物的自旋轨道耦合效应是增强室温磷光性能的有效方法，而溴原子具有极为显著的重原子效应，引入溴原子成为有机室温磷光分子设计的重要方法。黄维等将溴原子与苯基咔唑（Cz1）结合，设计合成了一系列单组分室温磷光分子 Cz2、Cz3 和 Cz4（图 2-9）[22]。利用氮原子和溴原子的协同作用，成功地激发了分子的 S_0-T_1 跃迁，显著改善了化合物的磷光性能，实现了高效长寿命的室温磷光。其中，含有两个咔唑基团的 Cz5 晶体具有 217.3 ms 的磷光寿命与高达 38.1% 的绝对磷光量子效率（图 2-9）[23]。实验和理论研究表明，分子内重原子效应提高了单线和三线激发态之间的自旋轨道耦合，增强了系间窜越，确保室温磷光能够产生。张勇等发现在邻位溴原子取代的基础上引入额外的溴原子或甲氧基（Cz6 和 Cz7）可以显著促进 S_1 态与 T_n 态之间的轨道耦合作用，提高系间窜越速率（图 2-9）[24]。第二个溴原子的引入形成了丰富的分子间卤素键，而甲氧基则可以平衡磷光寿命和磷光量子效率之间的内在竞争，使分子表现出长的磷光寿命和高的磷光量子效率。此外，分子内三线态-三线态能量转移是重要的光物理过程，通常发生在分子间或分子内的片段之间。当两个交换片段距离较短时，就会发生这种能量转移过程。利用此方法将易形成但寿命短的给体三线态激子转移到难以形成但寿命长的受体上，成为提高室温磷光效率的一种策略。唐本忠等将溴代苯并呋喃引入咔唑中，促进了分子内的三线态与三线态间的能量转移，填充咔唑的最低三线态，从而产生高效的磷光[25]。Cz8（图 2-9）的磷光量子效率高达 41.2%，寿命为 0.54 s。

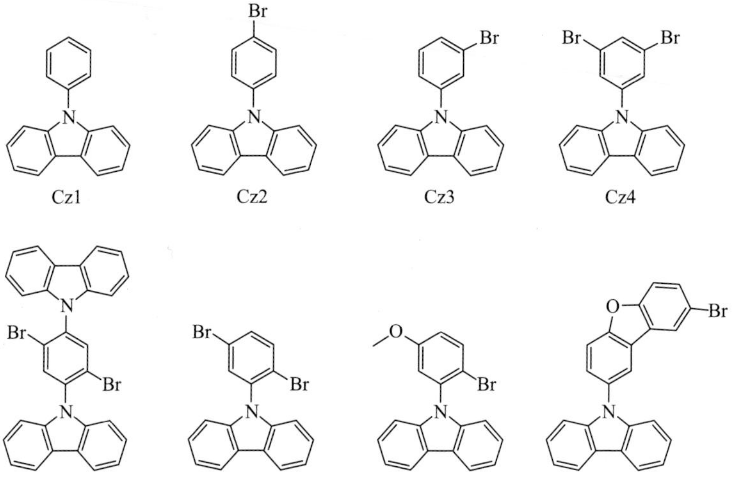

图 2-9　Cz1～Cz8 的分子结构

　　除了增强自旋轨道耦合效应，分子间的紧密堆积也有利于提高分子间的电子轨道耦合，稳定三线态激子，延长磷光寿命与提高发光效率。氰基是拟卤素基团，能通过 n-π* 跃迁实现高的系间窜越速率。黄维等以氰基取代咔唑衍生物为基础，定量研究了分子堆积结构与室温磷光性质之间的关系[26]。通过在苯基咔唑上引入拟卤素氰基，对应化合物 Cz9～Cz12 的磷光光谱与量子效率、寿命如图 2-10 所示。四个化合物室温磷光的寿命和效率与晶体中分子的激子分裂能密切相关，H 聚集的室温磷光发射是由于允许的高能态跃迁到禁阻的低能态，通过辐射跃迁产生。较大的激子分裂能产生长的磷光寿命，而较小的激子分裂能会造成较短的磷光寿命与较高的磷光量子效率。

　　类似地，氮杂环化合物中氮原子有利于促进 n-π* 跃迁，实现单线态到三线态的系间窜越，产生三线态激子。因此，氮杂环类基团也被广泛应用于有机室温磷光材料的分子设计。黄维等将咔唑与三嗪基团连接得到磷光寿命长达 1.06 s 的分子 Cz13（图 2-11）[8]。晶体结构分析发现，三嗪类化合物能通过 H 聚集产生紧密的 π-π 堆积，具有较大的跃迁偶极矩，能够形成稳定的三线态激子。然而，由于单线态与三线态之间弱的自旋轨道耦合，以及分子运动引起的三线态激子无辐射跃迁，磷光效率较低。在 Cz13 分子结构基础上在不同取代位置引入溴原子（Cz14、Cz15 和 Cz16，图 2-11），能够增强分子的自旋轨道耦合效应[27]。由于溴原子的取代位置不同，溴原子与发色团之间的分子间相互作用也不同，因此分子的磷光量子效率也不相同。结合单晶结构和理论计算，Cz15 呈现面对面的 π-π 堆积，促进了强的 π 电子自旋轨道耦合，磷光量子效率达到了 13%。这一结果为提高具有超长发光的纯有机磷光材料的磷光量子效率提供了一条途径。

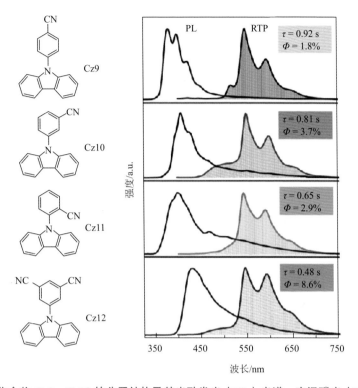

图 2-10　化合物 Cz9～Cz12 的分子结构及其光致发光（PL）光谱、室温磷光（RTP）光谱

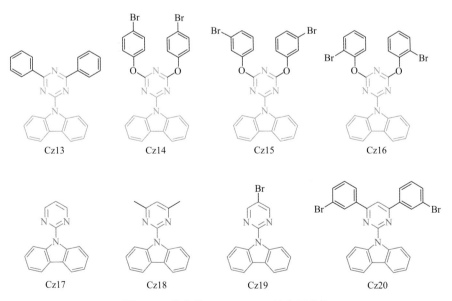

图 2-11　化合物 Cz13～Cz20 的分子结构

  嘧啶单元同样是一种氮杂环类受体分子，当作为 n 单元与咔唑（π 单元）结合时，也可以展现出明显的室温磷光性能。卢灿忠等设计合成了三个基于咔唑-嘧啶类分子 Cz17、Cz18 和 Cz19（图 2-11）[28]。咔唑和嘧啶之间存在强烈的分子内氢键，分子呈现平面结构，限制了分子的振动和旋转弛豫，从而抑制了三线态激子的无辐射跃迁。分子间显著的 π-π 堆积使激发态分子形成稳定的三线态二聚体，增强了系间窜越效率。协同的分子内和分子间相互作用，实现了 23.6%的磷光量子效率和长达 1.37 s 的磷光寿命。通过对分子结构进行修饰，不仅可以调节磷光量子效率和磷光寿命，还可以调节化合物的发光颜色。Matsumoto 等引入溴苯基团合成了具有不同发光性质的多晶相化合物 Cz20（图 2-11）。溴原子的引入增强了磷光量子效率，并通过外部刺激实现了化合物的荧光和磷光双重发射调节，获得了单分子白光[29]。

  羰基或砜基带有活性非键 n 电子，具有强的自旋轨道耦合效应，有利于提高系间窜越效率。在晶体中，极性的羰基或砜基能够产生分子间氢键，可以在很大程度上固定分子构象，抑制分子振动，减少三线态激子的无辐射失活。赵娟等将咔唑与二苯甲酮基团通过对位与邻位连接，设计合成了 Cz21 与具有折叠构象的分子 Cz22（图 2-12）[30]。Cz22 中给体和受体单元在空间上非常接近，因此分子内电荷转移可以通过空间电子云重叠和化学键同时发生，从而增强了分子内电荷转移程度，减小了单线态和三线态之间的能隙。基于更强的电荷转移特性和三线态激子捕获能力，Cz22 在移除近红外激发光源后，表现出量子效率高达 16.6%、寿命长达 0.84 s 的磷光发射。李振等基于咔唑得到一系列酰胺化合物 Cz23、Cz24 与 Cz25，在固态显示出差异很大的室温磷光性质（图 2-12）[7]。它们的晶体结构表明，紧密的面对面堆积是室温磷光强度和寿命的关键点，具有最佳面对面堆积方式的 Cz23 拥有最高的磷光量子效率（3.17%）与最长的磷光寿命（748 ms）。随着面对面堆积程度的下降，磷光量子效率和磷光寿命也逐渐降低。Cz24 的磷光量子效率和磷光寿命分别是 1.98%和 340 ms，Cz25 分别是 0.51%和 114 ms。黄维等将卤原子引入 Cz23 中，合成了化合物 Cz26 和 Cz27（图 2-12）[31]。它们表现出良好的室温磷光性质，这主要是由于晶体中分子的 H 聚集稳定了三线态激子。Cz26 的室温磷光可以被可见光激发,磷光量子效率与寿命分别达到 8.3%与 0.84 s。

Cz21   Cz22   Cz23

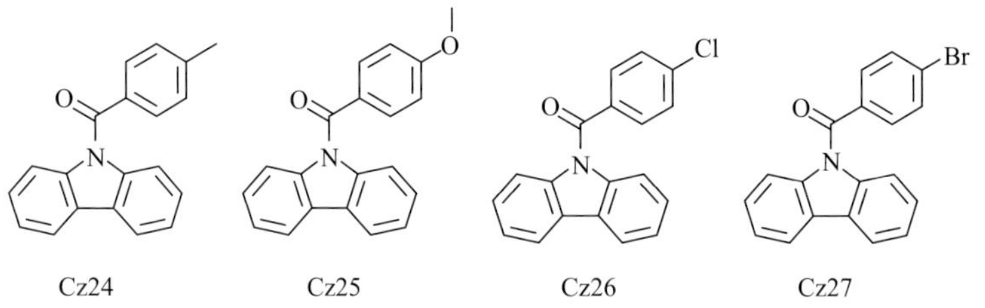

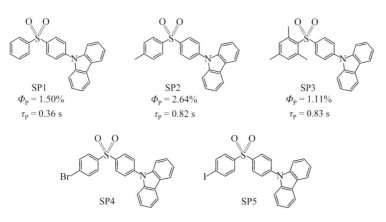

图 2-12　化合物 Cz21～Cz27 的分子结构

池振国等设计合成了以砜基为受体的化合物 SP1、SP2 和 SP3，探究分子中甲基化效应对室温磷光性能的影响（图 2-13）[32-34]。与 SP1 相比，含有一个和三个甲基的化合物 SP2 和 SP3 显示出长寿命磷光，磷光寿命分别为 0.82 s 和 0.83 s。此外，SP2 的磷光量子效率提高到 2.64%。他们认为，这是由于甲基有效减少晶格内的自由体积分数，抑制了受激结构弛豫的无辐射衰变途径。然而，过度甲基化扩大了单线态-三线态能级分裂，使磷光量子效率降低。因此，适当的甲基化程度可以提供良好的平衡来提高长寿命磷光材料的综合性能。基于 SP1，引入溴原子能增大自旋轨道耦合效率，相应化合物 SP4 的磷光量子效率达到 6%，磷光寿命为 0.12 s（图 2-13）。采用重原子效应更加显著的碘原子替换溴原子，所得化合物 SP5 展现了机械刺激的荧光-磷光双重发射颜色的线性调节性能。SP5 的荧光峰与磷光峰分别位于 383 nm 与 559 nm 处，寿命分别为 0.37 ns 和 19 ms。通过研磨调节荧光和磷光的发射强度，可实现从橙色到紫色大范围的颜色调节，并且以直线形式穿过色度坐标中的白光区域。

图 2-13　SP1～SP5 的分子结构，SP1～SP3 的磷光量子效率与寿命

酰亚胺是有机光电功能材料和超分子材料非常重要的构筑单元，其结构中的羰基有利于促进系间窜越，获得高的三线态产生效率[35]。由于其缺电子性质，当

与给体结合时，会因为空间分离产生 CT 态，有助于获得小的单线态-三线态能级差，实现磷光发射。George 等将咔唑单元与 1, 4, 5, 8-萘四甲酸二酰亚胺连接合成了 NDI1 和 NDI2，可分别产生热活化延迟发光和室温磷光 [图 2-14（a）][36]。掺杂在 PMMA 薄膜中，NDI1 和 NDI2 的热活化延迟发光和室温磷光寿命分别为 50 μs、20 ms 和 0.5 ms、20 ms。理论研究发现，在激发态，分子的给、受体基团相互垂直，形成稳定扭曲的分子内电荷转移态，使空穴和电子波函数在空间上完全分离。在聚集态，紧密堆积导致分子内给体和受体之间的共轭增强，从而产生局部激发三线态。陈传峰等发现，基于邻苯二甲酰胺"D-A"型分子具有较小的单/三线态能级差，可促进有效的系间窜越，产生室温磷光[37, 38]。AI1、AI2、AI3、AI4 和 AI5 [图 2-14（b）] 的磷光寿命分别为 602 ms、1 ms、19 ms、1.9 ms 和 775 ms。黄维等合成了一系列烷基连接的咔唑和邻苯二甲酰亚胺室温磷光化合物 [图 2-14（c）][39]。通过调节给-受体间烷基链的长度，实现了由绿色到橙色的室温磷光。化合物中烷基链的长度不同使其晶态分子扭曲程度、分子堆积形式发生改变，从而导致其发光颜色和磷光寿命不同。AI6、AI7、AI8 和 AI9 的磷光寿命分别为 762 ms、605 ms、222 ms 和 603 ms。这是第一个通过烷基工程实现多色室温磷光的分子体系。

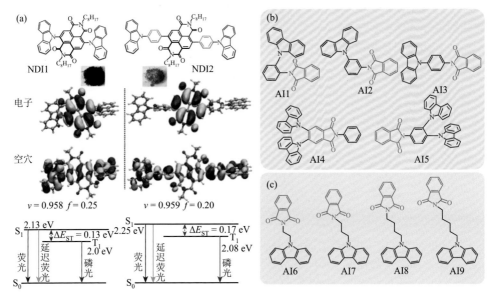

图 2-14 （a）化合物 NDI1 和 NDI2 的分子结构、电子-空穴分布和能级示意图；（b）化合物 AI1～AI5 的分子结构；（c）化合物 AI6～AI9 的分子结构

袁望章等通过二元醇的硼酯化反应，制备了一系列基于咔唑和芳基硼酸酯的

室温磷光化合物 B1、B2、B3 和 B4 [图 2-15 (a)][40]。不同结构的硼酸酯化合物在晶体结构中具有不同的分子堆积模式和分子间相互作用，因此表现出不同的室温磷光性能。B1 和 B2 的室温磷光寿命较短，分别为 7.2 ms 和 0.21 ms。形成鲜明对比的是，B3 和 B4 粉末显示出长磷光寿命，分别达到 264 ms 和 430 ms。黄维等在苯并噻二唑基团上引入两个溴原子，通过重原子效应促进系间窜越增强磷光发射 [BT1，图 2-15 (b)][41]。两个邻位刚性连接的咔唑单元能够抑制因聚集引起的无辐射跃迁和浓度猝灭，而空间位阻效应则阻碍了晶体中的三线态-三线态湮灭（TTA），得到磷光量子效率高达 14.6%、寿命达到 504.6 μs 的红色室温磷光。何刚等报道了一系列由氧族原子（氧、硫、硒、碲）和咔唑结合的室温磷光材料 E1、E2、E3 和 E4 [图 2-15 (b)][42]。单晶结构表明它们具有相似的分子构象和几乎相同的晶体堆积结构。E1、E2、E3 和 E4 的磷光量子效率分别为 0.3%、0.7%、7% 和 0.03%，磷光寿命分别为 423 ms、753 ms、380 ms 和 7 ms。氧族元素原子大小不同造成 n 电子和 π 单元之间不同程度的分子内电子耦合，这是室温磷光可调的主要原因。

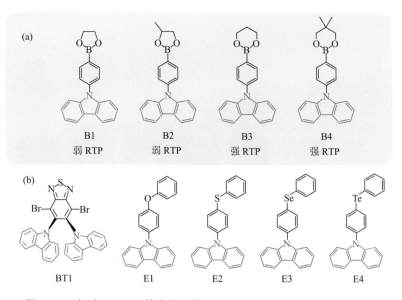

图 2-15　(a) B1～B4 的分子结构；(b) BT1 和 E1～E4 的分子结构

2.4.2　吩噻嗪类化合物

吩噻嗪是含有 N 与 S 原子的杂环化合物，孤对电子的存在有利于 n-π* 跃迁，促进系间窜越。李振等选择吩噻嗪基团作为主要构建单元，设计 PT1 和 PT2 两个结构简单的有机发光分子，它们同时具有室温磷光和荧光性质［图 2-16（a）］[43]。PT2 晶体在室温下呈现两个不同的发射峰（426 nm 和 497 nm），在 497 nm 处的磷光寿命为 4.59 ms。通过研磨固体样品，可以观察到明亮的蓝色力致磷光，其与光致发光光谱一致，但是磷光寿命缩短至 1.59 ms，量子效率也从 8.1%降至 3.6%，证明了有序的分子排列对于室温磷光的重要性。PT1 晶体具有类似的现象，然而由于其发光量子效率较低，仅有 3.0%，研磨后的量子效率降为 2.1%。李振等进一步将吩噻嗪氧化，以吩噻嗪-5, 5-二氧化物基团作为给体，间苯二甲酸二甲酯作为受体得到化合物 PT3［图 2-16（a）］[44]，其主要的磷光发射峰位于 430 nm、460 nm

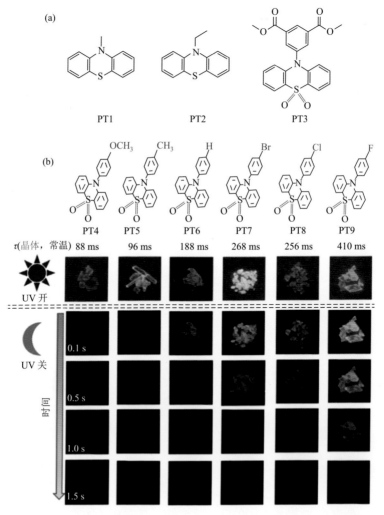

图 2-16 （a）PT1～PT3 的分子结构；（b）PT4～PT9 的分子结构与晶体磷光照片

和 490 nm，磷光寿命分别为 91 ms、87 ms 和 86 ms。基于氧化吩噻嗪，通过调节取代基开发出六种吩噻嗪衍生物，发现固态下强的 π-π 相互作用可以提高长寿命室温磷光性能 [图 2-16（b）][45]。随着苯基上的取代基从甲氧基、甲基到氢原子、溴原子、氯原子、氟原子的调整，相应晶体的室温磷光寿命从 88 ms（PT4）、96 ms（PT5）增加到 188 ms（PT6）、268 ms（PT7）、256 ms（PT8）和 410 ms（PT9），因此吸电子取代基的引入有利于增强聚集态时分子间的 π-π 相互作用，从而稳定三线态激子。

2.4.3　三苯胺类化合物

　　三苯胺在有机光电材料领域是应用非常广泛的构筑单元。三苯胺中氮原子含有一对孤对电子，能够与苯环形成 p-π 共轭，较高的电荷密度使三苯胺衍生物在光激发下产生很多奇特的光电现象。同时，三苯胺分子的螺旋桨结构在晶体中可形成紧密堆积，能够减小无辐射跃迁，使三苯胺衍生物表现出独特的室温磷光性质。2019 年，李振等将硼酸酯引入三苯胺得到化合物 TPA1，获得了光诱导室温磷光 [图 2-17（a）][46]。初始状态下的 TPA1 晶体中观察不到室温磷光，但在紫外光照射 20 min 后，就能观察到持续时间超过 1 s 的黄色余辉。随着磷光强度增强，磷光寿命从 5.32 ms 增加到 211.13 ms。光诱导产生室温磷光的性质在样品放置 100 min

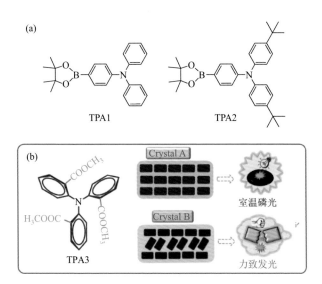

图 2-17　（a）TPA1 与 TPA2 的分子结构；（b）TPA3 的分子结构，Crystal A 与 Crystal B 分别具有室温磷光与力致发光性能

后会回到初始状态，表明 TPA1 晶体的室温磷光性质可以通过光诱导和弛豫过程进行反复循环。光诱导室温磷光现象归因于 TPA1 分子在光照下能够在晶体中运动，再次验证了该课题组于 2018 年首次报道的纯有机光诱导室温磷光现象[45]。梁国栋等也报道了一种基于三苯胺的室温磷光分子 TPA2 [图 2-17 (a)]，其具有不对称的非共面 D-π-A 骨架，避免了分子间芳香环的 π-π 堆积[47]。TPA2 分子以首尾相连的方式排列，分子间芳香环并排排列，存在多个 D-A、D-π、A-π 相互作用，增强了分子间相互作用。在真空中，TPA2 晶体表现出 13% 的高量子效率和长达350 ms 的磷光寿命。李振等进一步以三苯胺为核，通过在邻位引入 3 个酯基构建了化合物 TPA3 [图 2-17 (b)] [48]。该分子因结构中大的空间位阻而呈现扭曲的分子构型，苯基单元的旋转易形成不同的分子构象，因此具有同质多晶现象。通过晶体培养得到的 Crystal A 具有室温磷光性质，表现出 27.06% 的量子效率和33 ms 的磷光寿命；而 Crystal B 的量子效率为 32.33%，并具有力致发光性质。这一结果充分表明聚集态有机分子的堆积结构对材料性能有巨大的影响。

2.5 芳香硫醚化合物

芳香硫醚化合物中硫原子的孤对电子也有利于促进系间窜越，产生室温磷光性能。张国庆等合成了一系列硫醚化合物 SE1～SE5 [图 2-18 (a)]，其中氰基取代的化合物 SE3 的量子效率达到 20%，具有黄色长余辉发射，在 524 nm 处磷光寿命为 82.5 ms[49]。与氰基取代相比，喹啉和吡啶取代的化合物 SE4 和 SE5 都没有室温磷光性质，但是在经过盐酸或乙酸熏蒸后，质子化产物表现出与 SE3 类似的磷光发射，磷光寿命分别为 58 μs 和 10.2 μs，量子效率分别为 5.7% 和 10.7%，磷光的产生可能是质子化之后更强的分子内电荷转移引起的。丰慧等合成了基于苯硫醚的化合物 SE6、SE7 与 SE8，其中，SE6 表现出聚集诱导磷光行为，聚集态磷光寿命为 0.4 μs [图 2-18 (b)] [50]。SE7 也表现出聚集诱导磷光增强的性质，磷光寿命从溶液中的 0.7 μs 增加到聚集态的 8.4 μs。而当只引入 2 个对映体巯基苯酚时，所合成的化合物 SE8 在溶液和聚集态下都具有明亮的荧光发射。相对于 SE6和 SE7，SE8 的刚性结构导致完全不同的光物理性质。Ceroni 等以六巯基苯为核合成了两个化合物 SE9 与 SE10，其中以苯基取代的 SE9 表现出聚集诱导磷光性质，固体粉末状态下具有非常高的磷光量子效率（80%），寿命为 3 μs [图 2-18 (c)] [51]。SE9 中存在大量的分子间 C—H…π 作用，而异丙基替代苯基的 SE10 缺乏 C—H…π作用而未表现出类似的性质。朱亮亮等将 6 个酰胺基修饰到六苯巯基苯上，得到化合物 SE11 [图 2-18 (d)] [52]。固态 SE11 存在多种分子间氢键及 π-π 相互作用，产生了结晶诱导自组装性质。SE11 具有双发射性质，在 433 nm 处荧光寿命为 1.12 ns，550 nm 处磷光寿命为 16.43 μs。通过调节分子堆积方式，SE11 的荧光-磷光比例会发生改变，能够实现发光颜色的调节。此外，分子内的多个硫原子可以促进系间窜越，而星型分子结构可以抑制分子运动和聚集态的无辐射衰减。朱亮亮等进一步通过增加氧族元素拓宽了这种星型结构化合物，得到分别含氧、硫和硒的化合物 SE12、SE13 和 SE14［图 2-18（e）］[53]。由于缺少重原子效应，氧取代化合物 SE12 只具有荧光发射性能。硫原子与硒原子都能增强系间窜越，促进磷光发射。三个化合物在固态时的发光量子效率分别为 8%、42% 和 21%，SE13 的磷光发射峰位于 523 nm（$\tau_P = 7.05$ μs），而 SE14 的双重磷光发射峰分别位于 542 nm（$\tau_P = 2.91$ μs）和 622 nm（$\tau_P = 2.60$ μs）。SE14 的双重磷光分别来自化合物的本征 n-π* 跃迁和 Se-Se 相互作用时产生二聚体相连的 n-π* 跃迁。

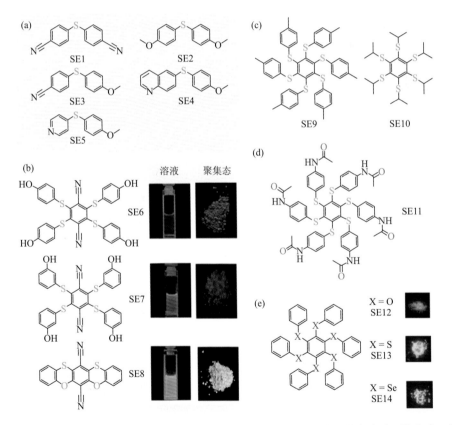

图 2-18　（a）SE1～SE5 的分子结构；（b）SE6～SE8 的分子结构及其在溶液和聚集态下的发光照片；（c）SE9 与 SE10 的分子结构；（d）SE11 的分子结构；（e）SE12～SE14 的分子结构与聚集态荧光照片

2.6 芳香酮/羰基化合物

羰基是设计有机室温磷光分子的一类十分常用且重要的基团，其特征的 $n-\pi^*$ 跃迁可以促进激发单线态到激发三线态间的系间窜越。迄今为止，已报道的有机室温磷光化合物大部分含有羰基。前面已详细介绍了部分含羰基的芳香胺类化合物，在此不再赘述，这里主要对非芳香胺类羰基化合物予以介绍。

2010 年，袁望章等在单组分纯有机室温磷光方面开展了具有里程碑式的工作，报道了一系列具有"结晶诱导磷光"（crystallization-induced phosphorescence，CIP）性质的化合物（图 2-19）[54]。他们对芳香酮衍生物 CB1～CB7 进行了详细研究，发现在溶液状态、吸附在薄层硅胶板上或者掺杂到聚合物薄膜中，这些化

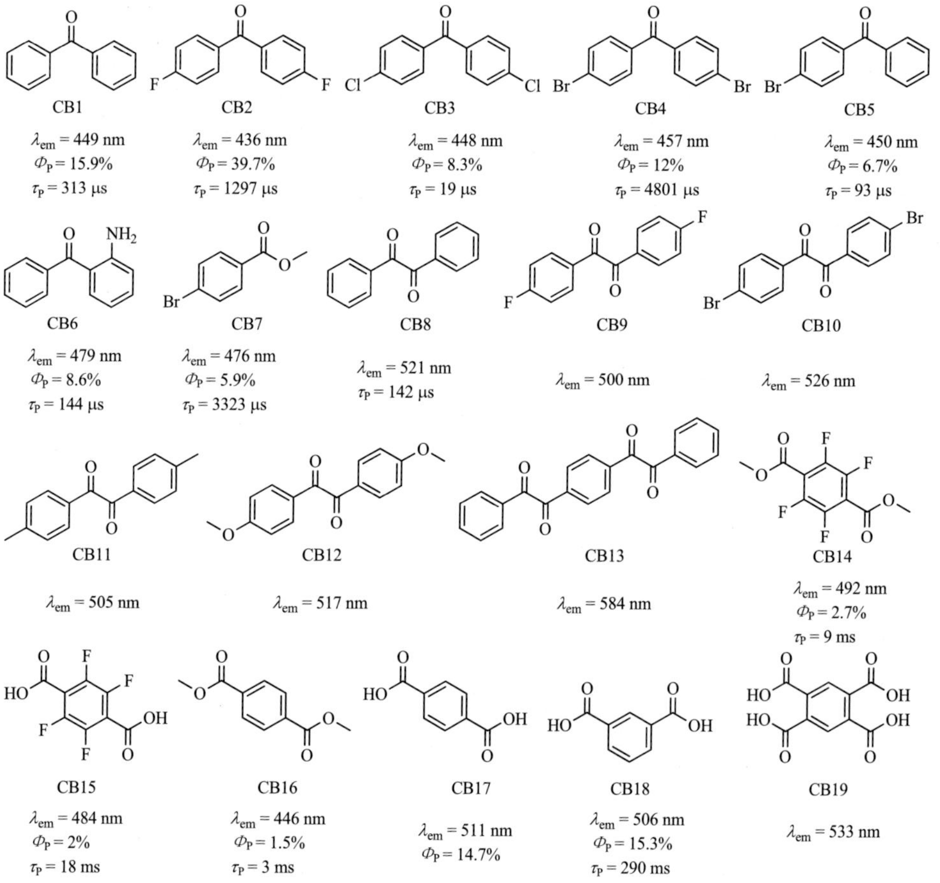

图 2-19　CB1～CB19 的分子结构和磷光性能

合物均不发光或只具有极其微弱的光；与之相反，这些化合物在晶体状态下表现出明亮的发光现象，且寿命可以达到微秒甚至毫秒级别（归属于磷光发射）。单晶结构分析表明：丰富的分子间氢键可以有效地抑制分子内运动，从而降低无辐射失活，最终实现最低激发三线态的磷光发射。2013 年，他们进一步对偶苯酰衍生物 CB8～CB13 进行了研究，证实了偶苯酰衍生物同样具有 CIP 的特性[55]。2015 年，他们发现芳香酸（酯）衍生物 CB14～CB18 也具有 CIP 现象[56]。同年，Hideya 与 Yuasa 等也在晶态芳香酸 CB17～CB19（图 2-19）中发现了 CIP 现象，进而提出了自由基离子对（radical ion pair，RIP）的发光机制[57]。通过上述研究案例的介绍，可以发现 CIP 现象并不是特定的孤例，而是在有机分子中普遍存在的现象。因此，结晶化也成为构筑单组分有机室温磷光材料最有效和广泛运用的手段之一。

如何对室温下磷光发射的寿命和量子效率进行调节从而获得长寿命、高磷光量子效率的有机室温磷光材料具有很大的挑战。针对此问题，唐本忠等在 2016 年提出可以通过合理的分子设计来调节 n 轨道和 π 轨道的比例，从而调节系间窜越速率和磷光辐射速率。采用此策略，他们通过对羰基化合物中芳香单元进行调节，有效地改变了三线态激子能级大小和轨道特性，实现了磷光量子效率和磷光寿命的平衡，得到了全色域的纯有机磷光分子 CB20、CB21、CB22 和 CB24（图 2-20）。其中 CB22 的磷光量子效率为 34.5%，磷光寿命也可达到 0.23 s[58, 59]。该策略为设计合成高磷光量子效率和长寿命室温磷光分子明晰了方向，而且有利于加深对室温磷光光物理过程的理解。他们还进一步通过调节 CB24 分子中的卤原子，制备了化合物 CB23、CB25、CB26。其中 CB25 显示了罕见的高能和低能磷光双发射，最终表现出白光发光，色度坐标为（0.33，0.35）[60]。

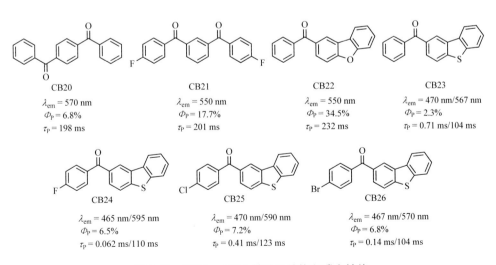

图 2-20　CB20～CB26 的分子结构和磷光性能

一般而言，有机分子的发光遵从卡莎规则，即光发射通常只来自给定自旋多重度的最低激发态，而与用于电子激发的光子能量无关。因此，有机分子的发光一般不具有激发依赖的特性。然而有些有机分子，如甘菊蓝、硫酮及多烯类，它们在非碰撞状态或者在稀溶液中展现出反卡莎规则特性。迄今为止，在固态下实现反卡莎规则高能级荧光与磷光发射仍然是十分具有挑战的课题。针对于此，吴骊珠等报道了三个结构简单的对称二苯乙烯衍生物CB27～CB29（图2-21），它们在室温下展现出荧光-磷光双重发射的性质[61]。通过对这三种化合物光物理性质、单晶结构及理论计算的详细研究，发现室温下荧光/磷光的双发射归因于较大的高能级和低能级的能级差（S_2 和 S_1 及 T_2 和 T_1），同时，分子内和分子间氢键能够抑制高能级到低能级的内转换过程。此研究不仅提供了简单的具有反卡莎规则特性的分子模型，也为其他单组分、多发射、固态有机材料的设计开辟了新途径。

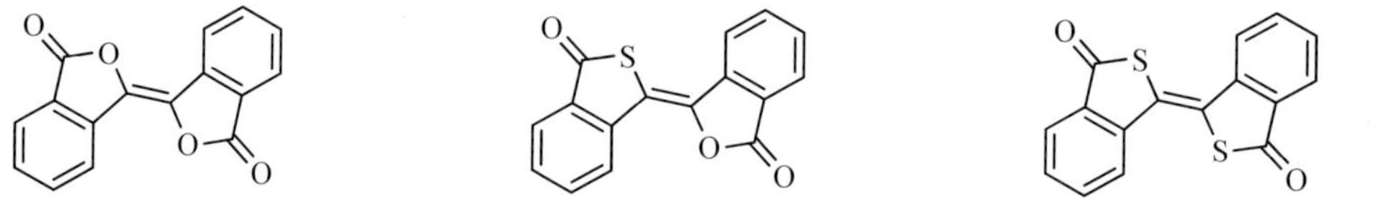

CB27
λ_{em} = 391 nm, τ_P = 17.2 ns/104 μs*
λ_{em} = 451 nm, τ_P = 3.2 ns
λ_{em} = 453 nm, τ_P = 1.4 ns
λ_{em} = 548 nm, τ_P = 1.0 ms

CB28
λ_{em} = 393 nm, τ_P = 9.2 ns/108 μs*
λ_{em} = 502 nm, τ_P = 3.5 ns
λ_{em} = 457 nm, τ_P = 9.3 ms

CB29
λ_{em} = 395 nm, τ_P = 13.7 ns/107 μs*
λ_{em} = 526 nm, τ_P = 4.2 ns
λ_{em} = 458 nm, τ_P = 7.9 ms

图 2-21　CB27～CB29 的分子结构和磷光性能

* 瞬时荧光寿命和延迟荧光寿命

此外，关于有机室温磷光分子的设计，长久以来人们主要关注于核心构筑片段，即芳香基团的设计，而对于外围取代基的影响研究甚少。2020 年，李振等报道了一类全新的室温磷光分子，9,9-二甲基氧杂蒽类化合物 CB30～CB33（图 2-22）。通过改变母核 9,9-二甲基氧杂蒽上的取代基团，实现了磷光寿命从 52 ms 到 601 ms 的调节[62]。取代基在这里作为功能基团来调节分子间相互作用和分子构型，进而对分子的堆积产生重要的影响。这些化合物的分子间非化学键相互作用对室温磷光性能具有关键作用，实现了对这类化合物室温磷光性能的调节。无独有偶，杨兵等在 2020 年也报道了噻吨酮系列衍生物 CB34～CB38（图 2-22）。通过对烷氧基取代基的调节，实现了荧光和磷光的同时增强。难得的是，CB34、CB35 及 CB38 实现了单分子的白光发射[63]。通过单晶分析，他们发现取代基的不同可以对化合物分子间非键相互作用（包括分子间氢键及分子间 π-π 堆积）进行调节，进而影响化合物的室温磷光性能。这也进一步证实了取代基策略作为调节室温磷光性能

的可行性和普适性，为人们设计合成新型的有机室温磷光分子及对它们的磷光性
能予以调节提供了新的思路和方法。

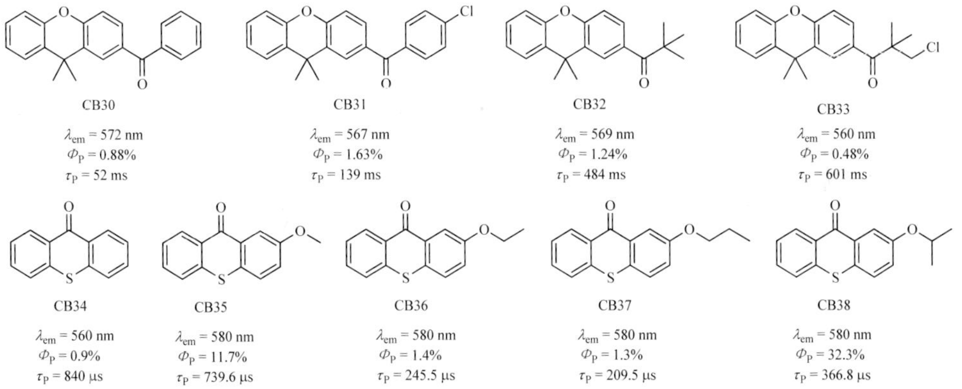

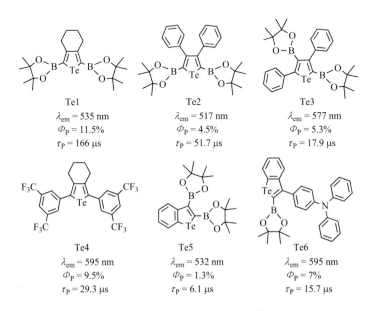

CB30
$\lambda_{em} = 572$ nm
$\Phi_P = 0.88\%$
$\tau_P = 52$ ms

CB31
$\lambda_{em} = 567$ nm
$\Phi_P = 1.63\%$
$\tau_P = 139$ ms

CB32
$\lambda_{em} = 569$ nm
$\Phi_P = 1.24\%$
$\tau_P = 484$ ms

CB33
$\lambda_{em} = 560$ nm
$\Phi_P = 0.48\%$
$\tau_P = 601$ ms

CB34
$\lambda_{em} = 560$ nm
$\Phi_P = 0.9\%$
$\tau_P = 840$ μs

CB35
$\lambda_{em} = 580$ nm
$\Phi_P = 11.7\%$
$\tau_P = 739.6$ μs

CB36
$\lambda_{em} = 580$ nm
$\Phi_P = 1.4\%$
$\tau_P = 245.5$ μs

CB37
$\lambda_{em} = 580$ nm
$\Phi_P = 1.3\%$
$\tau_P = 209.5$ μs

CB38
$\lambda_{em} = 580$ nm
$\Phi_P = 32.3\%$
$\tau_P = 366.8$ μs

图 2-22　CB30～CB38 的分子结构和磷光性能

2.7　有机/芳香碲化合物

何刚等发现具有取代基的含碲五元杂环化合物 Te1～Te4 及苯并含碲五元杂
环化合物 Te5 和 Te6（图 2-23）具有室温磷光的特性[64-66]。Te1 展现了聚集诱导磷

Te1
$\lambda_{em} = 535$ nm
$\Phi_P = 11.5\%$
$\tau_P = 166$ μs

Te2
$\lambda_{em} = 517$ nm
$\Phi_P = 4.5\%$
$\tau_P = 51.7$ μs

Te3
$\lambda_{em} = 577$ nm
$\Phi_P = 5.3\%$
$\tau_P = 17.9$ μs

Te4
$\lambda_{em} = 595$ nm
$\Phi_P = 9.5\%$
$\tau_P = 29.3$ μs

Te5
$\lambda_{em} = 532$ nm
$\Phi_P = 1.3\%$
$\tau_P = 6.1$ μs

Te6
$\lambda_{em} = 595$ nm
$\Phi_P = 7\%$
$\tau_P = 15.7$ μs

图 2-23　Te1～Te6 的分子结构和磷光性能

光特性，Te2 和 Te3 在薄膜态下分别发射绿色和橙黄色的室温磷光。研究表明，含碲五元杂环对这些化合物的室温磷光性能非常重要，而且在这一系列有机/芳香碲化合物中，硼酸酯并非关键基团。这些发现将促进不含硼酸酯基团有机/芳香碲化合物的开发及其室温磷光性能的优化。

2.8 基于酰亚胺的有机室温磷光材料

研究者针对光、电激发的纯有机室温磷光材料进行了大量的研究，并取得了许多成果，但设计合成力致磷光材料仍然十分具有挑战。力致磷光材料的开发不仅有利于深入理解力致发光和室温磷光的独特光物理过程，而且能扩展室温磷光材料的应用范围。2018 年，许炳佳等设计了两个力致磷光化合物 ID1 与 ID2（图 2-24），通过选择晶态具有压电效应的非中心对称空间群来产生较大的偶极矩，以保证力致发光的产生，利用丰富的分子间氢键固定分子构象，减少三线态激子的无辐射失活。在分子结构中，以 *N*-（4-三氟甲基苯基）邻苯二甲酰亚胺作为母体，引入溴原子增强自旋轨道耦合，促进激发单线态到激发三线态的系间窜越，保证三线态激子的产生。ID2 在室温光激发下产生白光发射（蓝色荧光和黄色磷

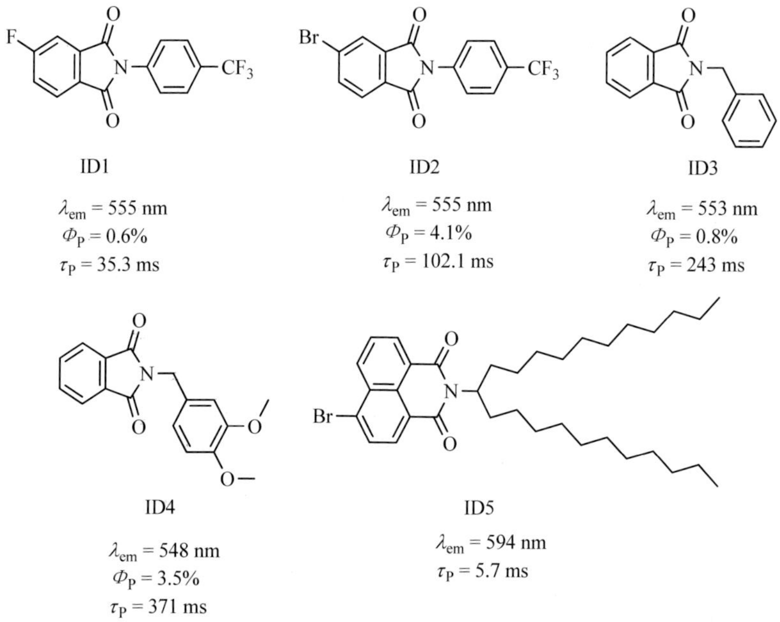

ID1
$\lambda_{em} = 555$ nm
$\Phi_P = 0.6\%$
$\tau_P = 35.3$ ms

ID2
$\lambda_{em} = 555$ nm
$\Phi_P = 4.1\%$
$\tau_P = 102.1$ ms

ID3
$\lambda_{em} = 553$ nm
$\Phi_P = 0.8\%$
$\tau_P = 243$ ms

ID4
$\lambda_{em} = 548$ nm
$\Phi_P = 3.5\%$
$\tau_P = 371$ ms

ID5
$\lambda_{em} = 594$ nm
$\tau_P = 5.7$ ms

图 2-24　ID1～ID5 的分子结构和磷光性能

光），而且在光和力刺激下均可以产生持久性的磷光发射[67]。2019 年，张国庆等报道了一类新的以甲基作为连接基团的 AIE-RTP 材料体系：一方面，σ 键连接基团允许分子的自由旋转，导致溶液态不产生发光；另一方面，"类四面体"的分子结构相对于"平面分子"更有利于降低无辐射失活。他们所制备的化合物 ID3 和 ID4（图 2-24）在室温下均展现出明显的磷光发射，其中化合物 ID4 的磷光量子效率为 3.5%，寿命可达 371 ms[68]。三线态激子的无辐射失活主要归因于分子的振动、转动及空气中氧气的猝灭。因此在除去氧气的溶液、晶体及到刚性基质中可以有效地抑制三线态激子的无辐射失活，实现磷光发射。然而，有机液态化合物是否可以在室温空气中展现出磷光发射呢？对于这个问题，Sukumaran 等进行了探索。他们合成了化合物 ID5（图 2-24），长烷基链的引入可以有效地改变化合物的物理状态，使其在室温下保持液体状态，而磷光特性依然得到保持。在 25℃，其磷光发射峰位于 594 nm，寿命为 5.7 ms[69]。

2.9　基于螺芴的有机室温磷光材料

芴是一种多环芳烃类，在有机光电领域具有广泛而重要的应用。近年来，关于芴衍生物的有机发光材料得到了长足的发展，尤其是在有机发光二极管领域。然而，关于该类物质的室温磷光性质研究较少。这里对具有室温磷光性质的代表性芴衍生物进行简要介绍。

2013 年，Masayuki 等报道了室温下 Flu1～Flu4（图 2-25）的氯仿溶液在氩气气氛中的磷光发射现象，其最大磷光量子效率可以达到 5.9%[70]。他们研究溴、甲酰基团取代的芴主要是基于两方面考虑：一方面是芴的刚性结构可以有效抑制无辐射失活，另一方面是溴、甲酰基可以促进激发单线态到激发三线态的系间穿越，确保磷光的产生。在氯仿稀溶液中，化合物 Flu3 在氩气气氛和空气气氛中表现出明显不同的发光特征，证实了隔绝氧气是实现磷光发射十分重要的手段。2018 年，李振等详细地研究了不同位置与数量溴取代的芴衍生物 Flu5～Flu8（图 2-25）的光物理性能。化合物 Flu7 在光与机械力激发下，均具有荧光-磷光双重发射特征，磷光量子效率可以达到 4.56%[71]。更令人兴奋的是，Flu7 的力致发光过程中还观察到三色发射现象：在刚开始研磨时，观察到青色力致发光；研磨一段时间后可以观察到蓝色力致发光；停止研磨后则可以观察到绿白色的磷光发射。单晶分析和理论计算结果表明，这种独特的光物理性质是由溴-溴强相互作用的存在所致。该研究证实了强卤素键构筑同时具有室温磷光和力致发光材料的可行性，为该类材料的发展提供了新的途径。

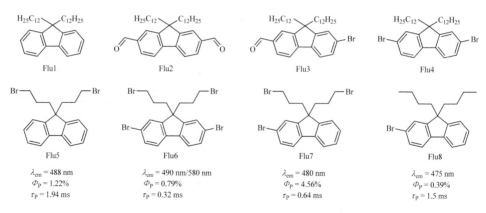

图 2-25 Flu1～Flu8 的分子结构；Flu5～Flu8 的磷光性能

2.10 其他单组分有机室温磷光材料

除了前面介绍的一些主要有机室温磷光化合物外，还有一些其他的新型有机室温磷光分子。虽然相关研究不多，但它们独特的性能、新颖的分子设计理念带来了很多启示。在这里挑选其中的部分代表性工作予以介绍。噻蒽及其衍生物的室温磷光特性很早就有文献报道，但缺乏内在发光机制的探究。2018 年，杨兵课题组详细研究了 TA1、TA2 和 TA3（图 2-26）三个化合物，提出了折叠诱导自旋轨道耦合增强的机制[72]。如图 2-26 所示，在刚性环境中，S 原子的非成键 p_z 轨道

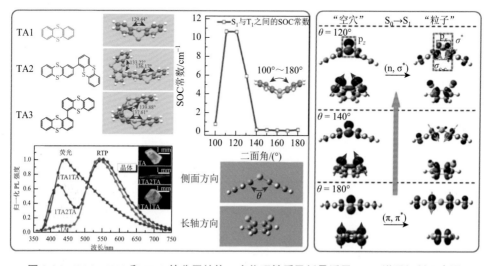

图 2-26 TA1、TA2 和 TA3 的分子结构、光物理性质及折叠诱导 SOC 增强机制示意图

和苯环的 π 轨道之间的正交性导致在弯曲处形成（n，σ*）跃迁构型，因此沿 S-S 轴的折叠显著增强了自旋轨道耦合。该研究为探究含硫杂环化合物的室温磷光性质提供了新的视角。

　　大部分报道的有机室温磷光分子均具有平面共轭结构，然而具有非平面结构的化合物是否具有室温磷光性质？2019 年，多个不同的课题组都在此方面进行了研究。袁望章等合成了空间共轭的化合物 AN-MA（图 2-27），培养得到不同晶型，其中最长寿命接近 1.6 s[73]，证实了空间共轭策略的可行性。Ivan 等合成了不含杂原子的纯碳氢化合物 CB1（图 2-27），其晶体为高度对称的三角形晶体，且分子间无范德瓦耳斯相互作用。在室温状态下，其磷光寿命为 0.38 s，量子效率为 5.6%，在 412 nm 处还观察到了寿命为 0.11 s 的 P 型延迟荧光[74]。Hirata 对四苯基甲烷、四苯基硅烷及四苯基锗烷（即 TP1、TP2 及 TP3，图 2-27）进行了详细的研究。这几个化合物在晶态具有绿色磷光发射，寿命最长可达 1.26 s，最高磷光量子效率可以达到 17%[75]。通过电子结构分析发现，这几个化合物优异的室温磷光性能是由于三线态激子的猝灭被阻止，而非对其分子振动的抑制。进一步研究表明：在立体和高度对称共轭晶体结构中，π 轨道简并会导致 HOMO 的局域化，导致分子间 HOMO 的重叠降低，进一步抑制激发三线态激子的迁移，从而实现减小三线态激子的缺陷猝灭作用。基于此，他们提出：通过对分子电子结构进行设计，确保磷光辐射速率大于无辐射跃迁速率，这是实现室温下高效磷光发射的关键。

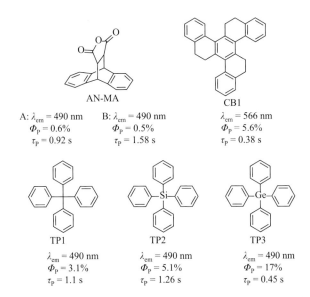

图 2-27　非平面分子 AN-MA、CB1、TP1～TP3 的分子结构与磷光性能

　　2019 年，黄维等报道了随着激发波长变化，余辉颜色可调的三嗪衍生物 TZ1～

TZ4（图 2-28）[76]。研究发现，之所以会有激发依赖的余辉发射，是因为在不同的激发波长下单分子磷光和聚集态磷光所占比例不同。随着激发波长逐渐红移，聚集态磷光成为主要的磷光发射来源。一般而言，化合物单分子磷光在室温下由于无辐射等因素很难被观察到。他们通过单晶分析发现：化合物存在层内及层间的相互作用，其中层内相互作用有利于抑制分子的无辐射失活，实现单分子磷光发射；而层间的 H 聚集则有利于稳定三线态激子，实现聚集态磷光发射。此工作激发了具有激发依赖性的有机室温磷光材料研究的热潮，丰富了人们对于磷光产生过程的理解，更加扩展了有机室温磷光材料的应用范围。

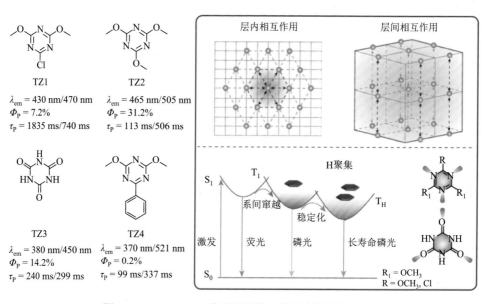

图 2-28　TZ1～TZ4 的分子结构、磷光性能及发光机制

2.11　总结与展望

目前，有机室温磷光正处于蓬勃发展阶段，各种类型的有机室温磷光化合物陆续被报道，极大地拓展了有机发光材料的应用范围，必将对有机电子学的发展产生深远影响。有机室温磷光材料的磷光寿命已经突破秒级，颠覆了传统发光理论对有机磷光的认知。相比于其他有机室温磷光体系，单组分有机室温磷光体系通常以晶体的形式发光。晶体中分子的精细结构及分子在空间的排列方式可以通过 X 射线衍射确定，从而能够建立分子结构、聚集态堆积方式与室温磷光之间的构效关系，对室温磷光发光机制与高效有机室温磷光材料的设计具有很好的指导作用。目前，多种不同类型的单组分有机室温磷光分子被报道，含孤对电子的杂原子

能有效增强分子的自旋轨道耦合强度，而晶体的刚性环境与有序分子堆积能稳定三线态激子，降低无辐射跃迁速率。在探究晶体光电子性能过程中，室温磷光也能从激发态能级结构与聚集态分子堆积模式的角度提供独特的视角。但单组分有机室温磷光体系也面临晶体依赖性、无法成膜，并且磷光寿命目前最长只能达到 2 s 左右，不利于室温磷光的实际应用。尽管如此，单组分有机室温磷光体系对探究磷光发光机制、聚集态光物理过程、特殊的室温磷光材料等方面具有独特的意义。

（李晓宁　谢育俊　李振）

参考文献

[1] Xu J, Tanabe S. Persistent luminescence instead of phosphorescence: history, mechanism, and perspective. Journal of Luminescence, 2019, 205: 581-620.

[2] Hirata S. Recent advances in materials with room-temperature phosphorescence: photophysics for triplet exciton stabilization. Advanced Optical Materials, 2017, 5 (17): 1700116.

[3] Chiang C J, Kimyonok A, Etherington M K, et al. Ultrahigh efficiency fluorescent single and bi-layer organic light emitting diodes: the key role of triplet fusion. Advanced Functional Materials, 2013, 23 (6): 739-746.

[4] Li Q, Tang Y, Hu W, et al. Fluorescence of nonaromatic organic systems and room temperature phosphorescence of organic luminogens: the intrinsic principle and recent progress. Small, 2018, 14 (38): 1801560.

[5] Luo J, Xie Z, Lam J W Y, et al. Aggregation-induced emission of 1-methyl-1, 2, 3, 4, 5-pentaphenylsilole. Chemical Communications, 2001 (18): 1740-1741.

[6] Xu S, Chen R, Zheng C, et al. Excited state modulation for organic afterglow: materials and applications. Advanced Materials, 2016, 28 (45): 9920-9940.

[7] Xie Y, Ge Y, Peng Q, et al. How the molecular packing affects the room temperature phosphorescence in pure organic compounds: ingenious molecular design, detailed crystal analysis, and rational theoretical calculations. Advanced Materials, 2017, 29 (17): 1606829.

[8] An Z, Zheng C, Tao Y, et al. Stabilizing triplet excited states for ultralong organic phosphorescence. Nature Materials, 2015, 14 (7): 685-690.

[9] Lim H, Cheon H J, Woo S J, et al. Highly efficient deep-blue OLEDs using a TADF emitter with a narrow emission spectrum and high horizontal emitting dipole ratio. Advanced Materials, 2020, 32 (47): 2004083.

[10] Kuno S, Kanamori T, Zhao Y J, et al. Long persistent phosphorescence of crystalline phenylboronic acid derivatives: photophysics and a mechanistic study. ChemPhotoChem, 2017, 1 (3): 102-106.

[11] Chai Z, Wang C, Wang J, et al. Abnormal room temperature phosphorescence of purely organic boron-containing compounds: the relationship between the emissive behavior and the molecular packing, and the potential related applications. Chemical Science, 2017, 8 (12): 8336-8344.

[12] Li M, Ling K, Shi H, et al. Prolonging ultralong organic phosphorescence lifetime to 2.5 s through confining rotation in molecular rotor. Advanced Optical Materials, 2019, 7 (10): 1800820.

[13] Chen X, Liu Z F, Jin W J. The effect of electron donation and intermolecular interactions on ultralong phosphorescence lifetime of 4-carnoyl phenylboronic acids. Journal of Physical Chemistry A, 2020, 124(14):

2746-2754.

[14] Shoji Y, Ikabata Y, Wang Q, et al. Unveiling a new aspect of simple arylboronic esters: long-lived room-temperature phosphorescence from heavy-atom-free molecules. Journal of the American Chemical Society, 2017, 139（7）: 2728-2733.

[15] Yang J, Ren Z, Xie Z, et al. AIEgen with fluorescence-phosphorescence dual mechanoluminescence at room temperature. Angewandte Chemie International Edition, 2017, 56（3）: 880-884.

[16] Ma J L, Liu H, Li S Y, et al. Metal-free room-temperature phosphorescence from amorphous triarylborane-based biphenyl. Organometallics, 2020, 39（23）: 4153-4158.

[17] Wu Z, Nitsch J, Schuster J, et al. Persistent room temperature phosphorescence from triarylboranes: a combined experimental and theoretical study. Angewandte Chemie International Edition, 2020, 59（39）: 17137-17144.

[18] Zhang G, Chen J, Payne S J, et al. Multi-emissive difluoroboron dibenzoylmethane polylactide exhibiting intense fluorescence and oxygen-sensitive room-temperature phosphorescence. Journal of the American Chemical Society, 2007, 129: 8942-8943.

[19] Yu Z, Wu Y, Xiao L, et al. Organic phosphorescence nanowire lasers. Journal of the American Chemical Society, 2017, 139（18）: 6376-6381.

[20] Sun C, Ran X, Wang X, et al. Twisted molecular structure on tuning ultralong organic phosphorescence. Journal of Physical Chemistry Letters, 2018, 9（2）: 335-339.

[21] Chen C, Chi Z, Chong K C, et al. Carbazole isomers induce ultralong organic phosphorescence. Nature Materials, 2020, 20: 175-180.

[22] Yuan J, Chen R F, Tang X, et al. Direct populating triplet excited states through singlet-triplet transition for visible-light excitable organic afterglow. Chemical Science, 2019, 10（19）: 5031-5038.

[23] Shi H, Song L, Ma H, et al. Highly efficient ultralong organic phosphorescence through intramolecular-space heavy-atom effect. Journal of Physical Chemistry Letters, 2019, 10（3）: 595-600.

[24] Li B, Gong Y, Wang L, et al. Highly efficient organic room-temperature phosphorescent luminophores through tuning triplet states and spin-orbit coupling with incorporation of a secondary group. Journal of Physical Chemistry Letters, 2019, 10（22）: 7141-7147.

[25] Zhao W, Cheung T S, Jiang N, et al. Boosting the efficiency of organic persistent room-temperature phosphorescence by intramolecular triplet-triplet energy transfer. Nature Communications, 2019, 10（1）: 1595.

[26] Yuan J, Wang S, Ji Y, et al. Invoking ultralong room temperature phosphorescence of purely organic compounds through H-aggregation engineering. Materials Horizons, 2019, 6（6）: 1259-1264.

[27] Cai S, Shi H, Tian D, et al. Enhancing ultralong organic phosphorescence by effective π-type halogen bonding. Advanced Functional Materials, 2018, 28（9）: 1705045.

[28] Li X N, Yang M, Chen X L, et al. Synergistic intra-and intermolecular noncovalent interactions for ultralong organic phosphorescence. Small, 2019, 15（45）: 1903270.

[29] Ishii T, Tanaka H, Park I S, et al. White-light emission from a pyrimidine-carbazole conjugate with tunable phosphorescence-fluorescence dual emission and multicolor emission switching. Chemical Communications, 2020, 56（29）: 4051-4054.

[30] Mao Z, Yang Z, Xu C, et al. Two-photon-excited ultralong organic room temperature phosphorescence by dual-channel triplet harvesting. Chemical Science, 2019, 10（31）: 7352-7357.

[31] Cai S, Shi H, Li J, et al. Visible-light-excited ultralong organic phosphorescence by manipulating intermolecular

interactions. Advanced Materials，2017，29（35）：1701244.

[32]　Yang Z，Mao Z，Zhang X，et al. Intermolecular electronic coupling of organic units for efficient persistent room-temperature phosphorescence. Angewandte Chemie International Edition，2016，55（6）：2181-2185.

[33]　Mao Z，Yang Z，Mu Y，et al. Linearly tunable emission colors obtained from a fluorescent-phosphorescent dual-emission compound by mechanical stimuli. Angewandte Chemie International Edition，2015，54（21）：6270-6273.

[34]　Mao Z，Yang Z，Fan Z，et al. The methylation effect in prolonging the pure organic room temperature phosphorescence lifetime. Chemical Science，2019，10（1）：179-184.

[35]　Yushchenko O，Licari G，Mosquera-Vazquez S，et al. Ultrafast intersystem-crossing dynamics and breakdown of the Kasha-Vavilov's rule of naphthalenediimides. Journal of Physical Chemistry Letters，2015，6（11）：2096-2100.

[36]　Kuila S，Ghorai A，Samanta P K，et al. Red-emitting delayed fluorescence and room temperature phosphorescence from core-substituted naphthalene diimides. Chemistry：A European Journal，2019，25（70）：16007-16011.

[37]　Zhang L，Li M，Hu T P，et al. Phthalimide-based "D-N-A" emitters with thermally activated delayed fluorescence and isomer-dependent room-temperature phosphorescence properties. Chemical Communications，2019，55（81）：12172-12175.

[38]　Zhang L，Li M，Gao Q Y，et al. An ultralong room-temperature phosphorescent material based on the combination of small singlet-triplet splitting energy and H-aggregation. Chemical Communications，2020，56（31）：4296-4299.

[39]　Wang X，Ma H，Gu M，et al. Multicolor ultralong organic phosphorescence through alkyl engineering for 4D coding applications. Chemistry of Materials，2019，31（15）：5584-5591.

[40]　Zhang K，Sun Q，Tang L，et al. Cyclic boron esterification：screening organic room temperature phosphorescence and mechanoluminescence materials. Journal of Materials Chemistry C，2018，6（32）：8733-8737.

[41]　Shi H，Zou L，Huang K，et al. A highly efficient red metal-free organic phosphor for time-resolved luminescence imaging and photodynamic therapy. ACS Applied Materials & Interfaces，2019，11（20）：18103-18110.

[42]　Xu L，Li G，Xu T，et al. Chalcogen atoms modulated persistent room-temperature phosphorescence through intramolecular electronic coupling. Chemical Communications，2018，54（66）：9226-9229.

[43]　Yang J，Gao X，Xie Z，et al. Elucidating the excited state of mechanoluminescence in organic luminogens with room-temperature phosphorescence. Angewandte Chemie International Edition，2017，56（48）：15299-15303.

[44]　Wang Y，Yang J，Tian Y，et al. Persistent organic room temperature phosphorescence：what is the role of molecular dimers? Chemical Science，2020，11（3）：833-838.

[45]　Yang J，Zhen X，Wang B，et al. The influence of the molecular packing on the room temperature phosphorescence of purely organic luminogens. Nature Communications，2018，9（1）：840.

[46]　Dang Q，Hu L，Wang J，et al. Multiple luminescence responses towards mechanical stimulus and photo-induction：the key role of the stuck packing mode and tunable intermolecular interactions. Chemistry：A European Journal，2019，25（28）：7031-7037.

[47]　Zhou Y，Qin W，Du C，et al. Long-lived room-temperature phosphorescence for visual and quantitative detection of oxygen. Angewandte Chemie International Edition，2019，58（35）：12102-12106.

[48]　Wang J，Chai Z，Wang J，et al. Mechanoluminescence or room-temperature phosphorescence：molecular packing-dependent emission response. Angewandte Chemie International Edition，2019，58（48）：17297-17302.

[49]　Huang L，Chen B，Zhang X，et al. Proton-activated "off-on" room-temperature phosphorescence from purely organic thioethers. Angewandte Chemie International Edition，2018，57（49）：16046-16050.

[50] Xi W, Yu J, Wei M, et al. Photophysical switching between aggregation-induced phosphorescence and dual-state emission by isomeric substitution. Chemistry: A European Journal, 2020, 26 (17): 3733-3737.

[51] Bergamini G, Fermi A, Botta C, et al. A persulfurated benzene molecule exhibits outstanding phosphorescence in rigid environments: from computational study to organic nanocrystals and OLED applications. Journal of Materials Chemistry C, 2013, 1 (15): 2717-2724.

[52] Wu H, Hang C, Li X, et al. Molecular stacking dependent phosphorescence-fluorescence dual emission in a single luminophore for self-recoverable mechanoconversion of multicolor luminescence. Chemical Communications, 2017, 53 (18): 2661-2664.

[53] Weng T, Baryshnikov G, Deng C, et al. A Fluorescence-phosphorescence-phosphorescence triple-channel emission strategy for full-color luminescence. Small, 2020, 16 (7): 1906475.

[54] Yuan W Z, Shen X Y, Zhao H, et al. Crystallization-induced phosphorescence of pure organic luminogens at room temperature. Journal of Physical Chemistry C, 2010, 114 (13): 6090-6099.

[55] Gong Y, Tan Y, Li H, et al. Crystallization-induced phosphorescence of benzils at room temperature. Science China Chemistry, 2013, 56 (9): 1183-1186.

[56] Gong Y, Zhao L, Peng Q, et al. Crystallization-induced dual emission from metal-and heavy atom-free aromatic acids and esters. Chemical Science, 2015, 6 (8): 4438-4444.

[57] Kuno S, Akeno H, Ohtani H, et al. Visible room-temperature phosphorescence of pure organic crystals via a radical-ion-pair mechanism. Physical Chemistry Chemical Physics, 2015, 17 (24): 15989-15995.

[58] Zhao W, He Z, Lam J W Y, et al. Rational molecular design for achieving persistent and efficient pure organic room-temperature phosphorescence. Chem, 2016, 1 (4): 592-602.

[59] Ceroni P. Design of phosphorescent organic molecules: old concepts under a new light. Chem, 2016, 1 (4): 524-526.

[60] He Z, Zhao W, Lam J W Y, et al. White light emission from a single organic molecule with dual phosphorescence at room temperature. Nature Communications, 2017, 8 (1): 416.

[61] Wu Y H, Xiao H, Chen B, et al. Multiple-state emissions from neat, single-component molecular solids: suppression of Kasha's rule. Angewandte Chemie International Edition, 2020, 59 (25): 10173-10178.

[62] Liao Q, Gao Q, Wang J, et al. 9,9-Dimethylxanthene derivatives with room-temperature phosphorescence: substituent effects and emissive properties. Angewandte Chemie International Edition, 2020, 59 (25): 9946-9951.

[63] Wen Y, Liu H, Zhang S, et al. Achieving highly efficient pure organic single-molecule white-light emitter: the coenhanced fluorescence and phosphorescence dual emission by tailoring alkoxy substituents. Advanced Optical Materials, 2020, 8 (7): 1901995.

[64] He G, Torres Delgado W, Schatz D J, et al. Coaxing solid-state phosphorescence from tellurophenes. Angewandte Chemie International Edition, 2014, 53 (18): 4587-4591.

[65] He G, Wiltshire B D, Choi P, et al. Phosphorescence within benzotellurophenes and color tunable tellurophenes under ambient conditions. Chemical Communications, 2015, 51 (25): 5444-5447.

[66] Torres Delgado W, Braun C A, Boone M P, et al. Moving beyond boron-based substituents to achieve phosphorescence in tellurophenes. ACS Applied Materials & Interfaces, 2018, 10 (15): 12124-12134.

[67] Li J A, Zhou J, Mao Z, et al. Transient and persistent room-temperature mechanoluminescence from a white-light-emitting AIEgen with tricolor emission switching triggered by light. Angewandte Chemie International Edition, 2018, 57 (22): 6449-6453.

[68] Chen B，Zhang X，Wang Y，et al. Aggregation-induced emission with long-lived room-temperature phosphorescence from methylene-linked organic donor-acceptor structures. Chemistry：An Asian Journal，2019，14（6）：751-754.

[69] Goudappagouda，Manthanath A，Wakchaure V C，et al. Paintable room-temperature phosphorescent liquid formulations of alkylated bromonaphthalimide. Angewandte Chemie International Edition，2019，58（8）：2284-2288.

[70] Xu J，Takai A，Kobayashi Y，et al. Phosphorescence from a pure organic fluorene derivative in solution at room temperature. Chemical Communications，2013，49（76）：8447-8449.

[71] Wang J，Wang C，Gong Y，et al. Bromine-substituted fluorene：molecular structure，Br-Br interactions，room-temperature phosphorescence，and tricolor triboluminescence. Angewandte Chemie International Edition，2018，57（51）：16821-16826.

[72] Liu H，Gao Y，Cao J，et al. Efficient room-temperature phosphorescence based on pure organic sulfur-containing heterocycle：folding-induced spin-orbit coupling enhancement. Materials Chemistry Frontiers，2018，2（10）：1853-1858.

[73] Zhang T，Zhao Z，Ma H，et al. Polymorphic pure organic luminogens with through space conjugation and persistent room temperature phosphorescence. Chemistry：An Asian Journal，2019，14（6）：884-889.

[74] Salla C A M，Farias G，Rouzières M，et al. Persistent solid-state phosphorescence and delayed fluorescence at room temperature from a twisted hydrocarbon. Angewandte Chemie International Edition，2019，58（21）：6982-6986.

[75] Hirata S. Roles of localized electronic structures caused by π degeneracy due to highly symmetric heavy atom-free conjugated molecular crystals leading to efficient persistent room-temperature phosphorescence. Advanced Science，2019，6（14）：1900410.

[76] Gu L，Shi H，Bian L，et al. Colour-tunable ultra-long organic phosphorescence of a single-component molecular crystal. Nature Photonics，2019，13（6）：406-411.

第3章

多组分有机室温磷光体系

3.1 引言

室温磷光（RTP）材料由于具有发光寿命长、激子利用率高、斯托克斯位移大等优点，受到越来越多的关注[1]。与无机或金属配合物磷光材料相比，纯有机室温磷光材料具有成本低、毒性小、结构多样等优点[2, 3]，在有机发光二极管、生物成像、防伪、传感器、信息加密等领域具有广泛的应用[4-20]。

在有机化合物中，荧光和磷光的发光机制如图 3-1 所示。首先，电子在光激发下从基态 S_0 跃迁到激发单线态 S_n（$n \geq 1$）。如果激发电子直接从 S_1 返回到 S_0，则会产生荧光。对于磷光发射，则需要从 S_1 到 T_n（$n \geq 1$）的系间窜越（ISC），以及从 T_1 到 S_0 的有效辐射跃迁。换言之，实现室温磷光发射需要满足两个关键因素：一个是单线态与三线态之间有效的系间窜越；另一个是减少无辐射弛豫的刚性微环境。系间窜越的量子效率（Φ_{ISC}）可由式（3-1）定义，其中 k_{ISC}、k_F 和 k_{IC} 分别代表系间窜越、荧光和内转换的速率常数。因此，快速的 k_{ISC} 总是需要与 k_F 和 k_{IC} 竞争以获得高效的系间窜越。式（3-2）定义了磷光量子效率（Φ_P），其中 k_P 和 k_{nr} 分别表示磷光辐射跃迁和无辐射跃迁的速率常数。可以推断出，缓慢的 k_{nr} 可提高磷光量子效率。

$$\Phi_{ISC} = k_{ISC}/(k_{ISC} + k_F + k_{IC}) \tag{3-1}$$

$$\Phi_P = \Phi_{ISC} \times k_P/(k_P + k_{nr}) \tag{3-2}$$

对于纯有机发光分子而言，由于氧气、湿度和热运动等原因，其磷光主要产生于 77 K 的刚性基质中[21-23]。鉴于这些因素，构建长寿命有机室温磷光材料的最早策略之一就是基于结晶抑制激发三线态的无辐射途径，从而在一些有机小分子中成功实现室温磷光效应[24-27]。但其室温磷光性能在晶体被破坏后会大大减弱甚至消失，在很大程度上限制了其实际应用。为了寻找更易于加工的有机室温磷光材料，人们基于多种合理的设计原则，不仅获得了许多单组分有机室温磷光体系，还开发出高效的多组分体系,成功地将晶态室温磷光材料拓展到高性能非晶态室温磷光体系。

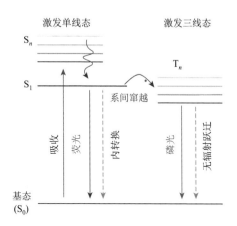

图 3-1　荧光和磷光产生机制

3.2　超分子自组装

刚性环境可以抑制发光分子的无辐射运动,稳定激发三线态并提高发光效率。因此,将客体发光分子引入宿主大环分子是构筑有机室温磷光体系的有效途径。宿主分子,如环糊精(CD)、葫芦脲(CB)和杯芳烃等,可以通过主客体相互作用与特定的客体分子形成稳定的包合物。这些宿主大环分子不仅能固定客体分子,为其提供刚性的环境限制分子运动,而且能保护其免受氧的猝灭作用,减少三线态激子的消耗,最终产生室温磷光。

环糊精作为一种重要的大环分子,能够与特定的客体发光体结合形成稳定的超分子包合物,增强其发光性能。1982 年,Turro 等[28]首次提出环糊精诱导的室温磷光发射:在氮气除氧的 1-溴萘和 1-氯萘水溶液中加入 β-环糊精(β-CD),成功实现了室温磷光。1-卤代萘与 β-CD 形成包合物,能有效提高其磷光强度和寿命。1984 年,Love 等[29]进一步报道,在环糊精中加入含重原子的第三组分,如 1,2-二溴乙烷等,即可促进室温磷光。实际上,发光分子或添加的第三组分修饰的重原子都可以增强系间窜越过程,并产生室温磷光发射。

基于环糊精与特定荧光分子的主客体相互作用,研究者开发了更适用于环糊精诱导的室温磷光体系,并成功制备了一系列的超分子凝胶。2014 年,华东理工大学的田禾团队[30]报道了一种基于 Poly-β-CD 和 Poly-BrNp 之间主客体识别的、具有快速自愈能力的超分子聚合物水凝胶 [图 3-2(a)]。由于 β-CD 和 α-溴代萘(α-BrNp)之间的包合作用,以及聚合物链产生的刚性环境,该水凝胶可在 550 nm

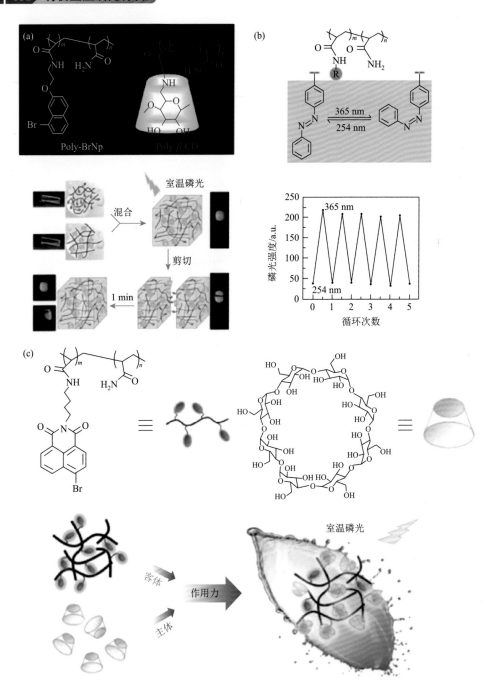

图 3-2 （a）Poly-BrNp、Poly-β-CD 的结构，Poly-BrNp/Poly-β-CD 水凝胶的快速自愈现象；
（b）Poly-Azo 的结构，基于 Poly-BrNp/Poly-β-CD/Poly-Azo 三元体系的可逆光刺激响应室温
磷光性质；（c）Poly-BrNpA 与 γ-CD 的结构及其组装导致的室温磷光

处产生室温磷光发射。引入偶氮苯聚合物（Poly-Azo）后，由于偶氮苯的光致顺反异构化反应会影响 β-CD 和 α-BrNp 的竞争络合［图 3-2（b）］，通过 365 nm 和 254 nm 的交替紫外光照射可实现室温磷光的开-关。2016 年他们还发现[31]，通过 γ-CD 和 4-溴-1,8-萘酐聚合物（Poly-BrNpA）之间的主客体识别，可以实现室温磷光发射［图 3-2（c）］，而且其同样可以通过偶氮苯单元的光致异构化加以控制，实现光的开-关。

2018 年，该课题组还将有机磷光体（BrNp、BrHB、BrBp 和 BrNpA）与 β-CD 通过共价键相结合，在非晶态固体中实现了多色室温磷光发射[32]。如图 3-3 所示，基于相邻环糊精之间的有效氢键相互作用构建的刚性环境能有效抑制无辐射跃迁，从而产生室温磷光发射，并具有较高的量子效率。此外，引入荧光小分子 AC 后，由于 BrNp-β-CD 与 AC 的主客体相互作用，该体系能表现出优异的荧光-磷光双重发射特性。通过改变 BrNp-β-CD 与 AC 的比例，可以实现从黄色到白色再到紫色的宽范围多色发光。这一创新性的策略为构建非晶态的纯有机小分子室温磷光材料和利用单一超分子平台设计有机多色发光材料开辟了新的途径。

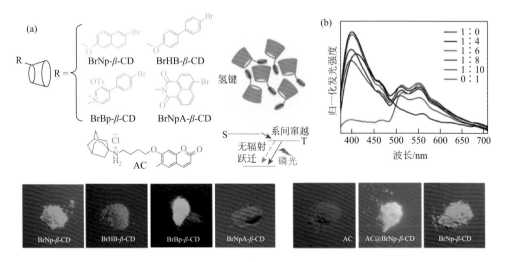

图 3-3　（a）环糊精衍生物 BrNp-β-CD、BrHB-β-CD、BrBp-β-CD、BrNpA-β-CD 和 AC 的结构式及其在紫外灯照射下的发光照片；（b）AC/BrNp-β-CD 在不同摩尔比下的光致发光光谱及其发光照片

以上工作表明，将萘或联苯衍生物引入环糊精空腔是一种简便、有效制备非晶态纯有机室温磷光体系的方法。如图 3-4 所示，刘育等[33]成功以线型溴化芳香醛聚合物（G）为客体，当其穿入 α-CD 空腔时，其氢键和疏水相互作用能提供一个保护环境，以固定发光分子并抑制其无辐射失活，最终获得荧光-磷光双重发射。此

外，该超分子组装体系还表现出对水的强烈敏感性。当 α-CD 和聚合物 G 在水溶液中以适当浓度混合时，能够形成典型的水凝胶。此时，由于水的存在会破坏 α-CD 之间的氢键相互作用，从而加剧芳香醛的无辐射运动，因此只表现出明亮的蓝色荧光。当该水凝胶被冻干后，干凝胶由于刚性明显增强，从而在 365 nm 的紫外灯激发下表现出白色的荧光-磷光双重发光。因此，基于该体系的水-热刺激响应特性可实现可逆的室温磷光发射开-关。

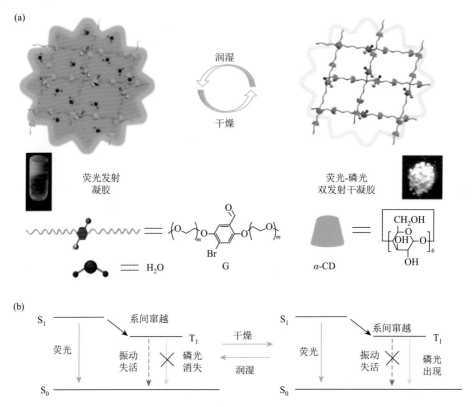

图 3-4 （a）高分子 G 和 α-CD 的分子结构，可逆室温磷光发射开-关示意图；（b）G/α-CD 的可逆室温磷光发射开-关机制

除环糊精外，葫芦脲（CB）是另外一种能与特定客体形成络合物的大环主体分子。2016 年，马骧和田禾等[34]设计了一种基于 CB[7]为主体且对 pH 敏感的室温磷光分子梭。客体分子（IQC[5]）是具有末端羧基的 6-溴异喹啉衍生物，CB[7] 的穿梭行为由羧基的质子化和脱质子控制（图 3-5）。CB[7]在酸性条件下沿着轴向穿梭，伴随着微弱的室温磷光发射，而在碱性条件下羧基脱质子后会与 CB[7]发生静电排斥作用，从而使 CB[7]位于发光基团上，产生较强的室温磷光发射。

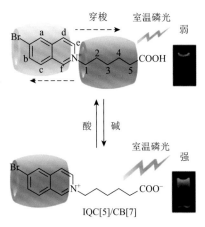

图 3-5　254 nm 紫外光照射下二元 IQC[5]/CB[7]体系的可逆包合及相应的水溶液发光照片

2020 年，马骧和田禾等[35]报道了另一种基于 CB[8]和三嗪衍生物 TBP 的室温磷光体系，利用超分子主客体组装策略，在水溶液中实现首例可见光激发纯有机室温磷光（图 3-6）。客体分子 TBP 在水溶液中显示蓝色荧光，峰值为 445 nm，CB[8]主体会与 TBP 组装形成一个 2∶2 的四级结构，从而在 TBP 二聚体间形成稳定的电荷转移态，最终导致 565 nm 处会出现一个新的黄色磷光峰。独特的 CD[8]介导的四元堆积结构允许可调谐的光致发光和可见光激发，使多色水凝胶的制备和细胞成像成为可能。这一组装方法为后续在生物成像、检测、光学传感器等领域的进一步应用提供了可能的机会。

2019 年，南开大学刘育课题组[36]报道了一系列具有不同平衡离子（X⁻ = Cl⁻、Br⁻、I⁻和 PF₆⁻）的溴苯基甲基吡啶盐（PYX），并研究了它们在有无 CB[6]情况下的固态室温磷光性能（图 3-7）。含不同平衡离子的溴苯基甲基吡啶盐 PYX 具有不同的磷光量子效率，由于卤素键的相互作用，含碘平衡离子发色团（PYI）的磷光量子效率最高，达到 24.1%。此外，PYCl 络合物通过与 CB[6]发生纳米超分子组装，也能够极大地提高该体系的磷光量子效率至 81.2%。这是因为 CB[6]的刚性环境能够抑制 PYCl 的无辐射跃迁，并促进其单线态和三线态之间的系间窜越。这种具有平衡离子效应的超分子组装概念为室温磷光性能的提升提供了一种新的途径。

同年，他们[37]还报道了另外一种构筑策略：利用 CB[6]作为主体，不含重原子的苯基甲基吡啶盐（PBC）作为客体来获得超长的室温磷光性质（图 3-8）。由于 CB[6]对于 PBC 的紧密封装，有效地抑制了无辐射弛豫，促进了系间窜越，最终获得的磷光寿命长达 2.62 s。此外，通过在客体分子中引入不同的重原子取代基，其与 CB[6]组装后能得到不同的磷光寿命，并成功应用于时间分辨的数据加密和防伪。

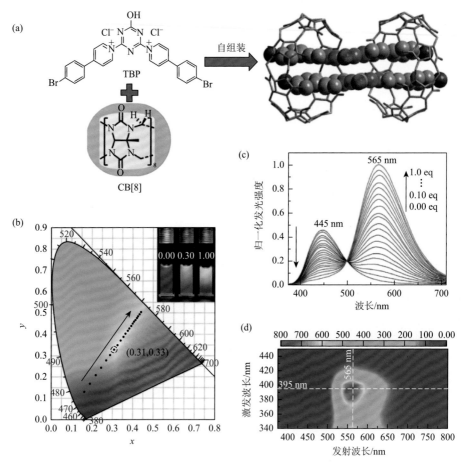

图 3-6 （a）TBP 和 CB[8]的分子结构及其组装过程；（b）不同比例下 TBP/CB[8]混合物的光致发光的 CIE 色度坐标图；（c）不同比例下 TBP/CB[8]混合物的光致发光光谱；（d）（TBP）$_2$·CB[8]$_2$ 的磷光激发-发射光谱

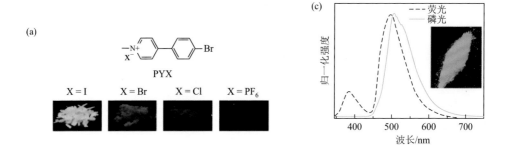

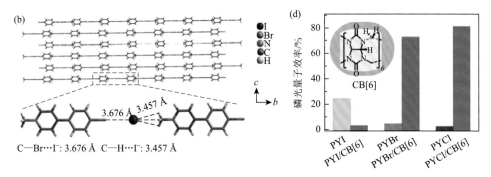

图 3-7 （a）PYX 的分子结构及其发光照片；（b）PYI 的单晶结构；（c）PYCl/CB[6]在室温下的光致发光光谱及其发光照片；（d）PYX 和 PYX/CB[6]的磷光量子效率

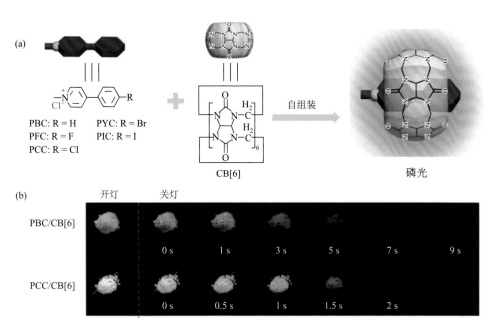

图 3-8 （a）主客体的分子结构及其超分子组装示意图；（b）PBC/CB[6]和 PCC/CB[6]的长寿命室温磷光照片

　　在这些超分子组装体系中，主体大环分子与发光客体之间的结合常数对室温磷光的量子效率有显著影响。强的主客体相互作用为磷光客体提供了保护性的刚性环境，可以限制其振动并将其与氧分子隔离，减少三线态激子的消耗，从而获得高效室温磷光发射。因此，对于这类室温磷光体系，挑选结合常数大的主体大环分子和发光客体是研究的重点与难点。

3.3 主客体掺杂

　　除了超分子自组装外，将磷光分子作为客体掺杂在刚性高分子或小分子主体中也是一种获得非晶态高效磷光材料的有效策略，其关键取决于主体与客体分子间有效的相互作用。通常，引入氢键和卤素键用于抑制无辐射跃迁和提高系间窜越速率，可有助于产生室温磷光效应。因此，将发光分子掺杂到无定形刚性聚合物基质中，如聚甲基丙烯酸甲酯（PMMA）、聚乙烯醇（PVA），甚至一些甾类化合物，是一种有效的方法。这种掺杂能够抑制发光分子的分子内运动和分子间碰撞，降低能量消耗，从而促进室温磷光的产生。

　　为了实现非晶态材料的有效室温磷光发射，2013 年，Kim 等[38]将纯有机小分子 Br6A 嵌入玻璃状的 PMMA 基质中，由于其分子运动和三线态失活得到了有效抑制，因而实现了明亮的室温磷光发射（图 3-9）。而且，他们还发现，该掺杂体系的磷光量子效率与聚合物主体的立构规整度密切相关，其中将 Br6A 掺入等规PMMA（iPMMA）后磷光量子效率最高，能达到 7.5%。此外，由于温度的改变能

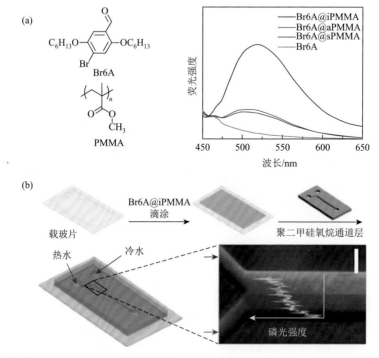

图 3-9　（a）Br6A 和 PMMA 的分子结构，Br6A 掺杂在不同 PMMA 基质中的磷光光谱；
（b）基于 Br6A@iPMMA 的温度传感微流体器件示意图

够影响磷光分子的无辐射运动，该体系的磷光性质表现出明显的温度响应特性。基于此，他们还制备了一个具有温度传感能力的微流体器件。这项工作为固定磷光分子和减少无辐射失活提供了一条通用而简便的途径。

为了更有效地抑制分子振动，进一步提高室温磷光的量子效率，次年，Kim 等[39]将卤素和氢键引入非晶态纯有机体系。如图 3-10 所示，G1 是带有羧酸侧链的溴醛衍生物，当其掺入 PVA 主体时，一方面能与 PVA 基质形成有效的氢键相互作用，抑制其无辐射运动；另一方面，G1 分子的溴原子能与邻近的醛基形成分子间卤素键，进而促进其单线态与三线态之间的系间窜越。因此，室温下，G1-PVA 薄膜具有较强的绿色室温磷光发射（λ_{em} = 530 nm），量子效率（Φ_P）可达 24%。有趣的是，加入水后，其卤素键和氢键会发生断裂，从而使 G1-PVA 的绿色磷光转变为蓝色荧光，实现对水的传感与响应。

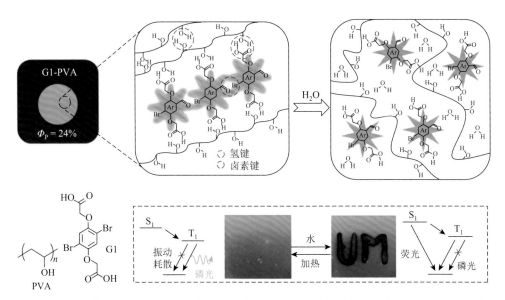

图 3-10 PVA 和 G1 的分子结构，以及在水分子存在前后的分子间作用力和发光性质示意图

近年来，超长室温磷光（URTP）越来越受到人们的关注。迄今为止，已有研究报道了一些具有超长室温磷光性质的晶体材料，但相应的纯有机非晶体系还相对较少。2018 年，赵彦利等[40]通过引入分子间氢键和共价交联键，从非晶态纯有机体系中获得了超长室温磷光。如图 3-11 所示，该体系以具有六个延伸苯甲酸链的六（4-羧基-苯氧基）-环三磷腈衍生物（G）作为客体分子，PVA 作为主体基质。六个扩展的芳香羰基单元可以提供足够的 n 轨道来触发系间窜越过程，并且邻近的两个—COOH 基团之间、—COOH 与 PVA 基质的—OH 之间，以及 PVA 的两个相邻—OH 之间都能形成有效的分子间氢键相互作用，从而极大地抑制客体分子的无

辐射运动,促进长寿命磷光的发射,其磷光寿命和量子效率分别为0.28 s和2.85%。而且,紫外光照射下PVA链间相邻的—OH能形成共价交联键C—O—C,可进一步抑制其振动耗散,将其磷光寿命和量子效率分别提升到0.71 s和11.23%。随后,他们又提出了另一种将平面有机小分子与PVA掺杂产生超长室温磷光的策略[41]。如图3-12所示,这些平面有机小分子在固态下由于过度堆积而没有三线态发射,只有通过与PVA共组装,其平面结构才能被有效地限制在共组装膜中,从而产生超长室温磷光。这种策略为PVA共组装体系中能发射超长室温磷光的有机小分子结构设计提供了一种指导。

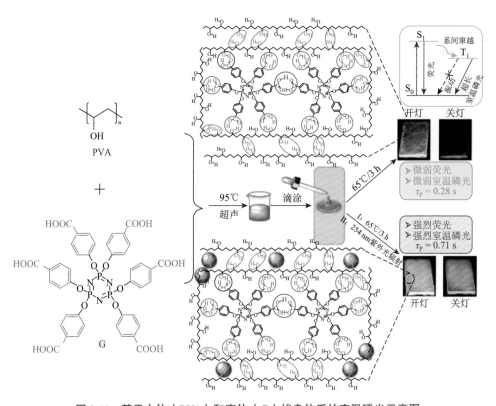

图3-11 基于主体(PVA)和客体(G)掺杂体系的室温磷光示意图

2013年,Reineke等[42]以三苯胺衍生物(BzP)PB为客体小分子,PMMA为主体,在室温下实现了高效荧光和磷光双发射,发光效率达到74%,磷光寿命为208 ms[图3-13(a)]。此后,Reineke等[43]通过改变目标分子掺杂主体基质来调节其室温磷光性质。如图3-13(b)所示,分别以聚苯乙烯(PS)和聚(4-溴苯乙烯)(4BrPS)为主体,以相同化合物NPB为客体,相应的掺杂体系体现出很好的室温磷光性能,其磷光寿命分别为400 ms和108 ms。而且,以4BrPS为主体的体系表现出更强的室温磷光。这一结果表明，外部溴原子的引入能够增强客体分子的自旋轨道耦合效应，从而加快磷光辐射速率，最终磷光寿命缩短，同时磷光强度增加。这一效应被称为外部重原子效应。在此基础上，该课题组通过将具有高效荧光和室温磷光性质的四苯基联苯胺（TPD）分子分解来研究其磷光性质，从而降低体系的复杂度，如图 3-13（c）和（d）所示[44]。通过时间分辨光谱和寿命的测试发现，所有含有扭曲联苯结构的化合物都能表现出长寿命室温磷光性质，在惰性气氛下的最长寿命可达 0.9 s。这一结果表明联苯核对于产生室温磷光具有重要作用，可用于指导后续室温磷光分子的设计。

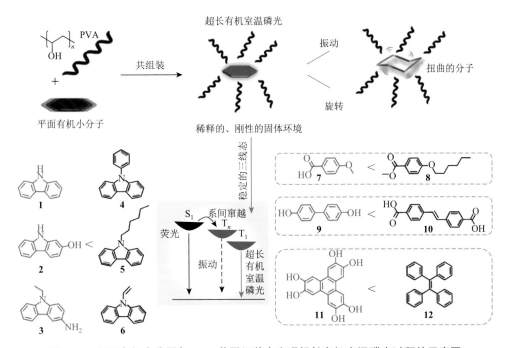

图 3-12　平面有机小分子与 PVA 共同组装来实现超长有机室温磷光过程的示意图

图中的符号"＜"表示"在共组装条件下，左边的分子比右边的分子表现出更弱的振动和转动"

近期，Subi J. George 等[45]以长寿命磷光分子为能量给体，商用荧光染料为能量受体，提出了一种利用有机磷光分子的长寿命三线态能量转移敏化有机染料单线态的方法，作为实现"荧光余辉"的新型策略（图 3-14）。当化合物 CS 掺杂到刚性的 PVA 高分子主体时，其表现出长寿命的绿色室温磷光。进一步引入合适的荧光受体，如化合物 SR101 或者 SRG，三线态到单线态的 Förster 共振能量转移（TS-FRET）发生在给体和受体之间，荧光受体可发出可调谐的黄色和红色余辉。而且，这些余辉荧光杂化材料具有很好的水溶液加工性、良好的空气稳定性和较高的发光效率，表现出潜在的实用价值。

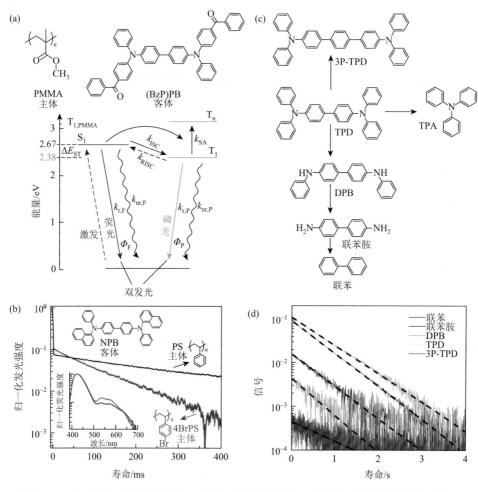

图3-13 （a）基于 **PMMA** 和**(BzP)PB** 的主客体掺杂体系的荧光-磷光双重发射示意图；
（b）化合物 **NPB** 掺杂在不同高分子主体中的室温磷光性质；（c）**TPD** 衍生物的分子结构；
（d）**TPD** 衍生物的室温磷光衰减曲线

　　除上述 PMMA 和 PVA 聚合物基质外，非晶态羟基甾体小分子也可以作为主体来开发高效的长寿命室温磷光体系。2013 年，Adachi 等[46]通过引入甾类主体抑

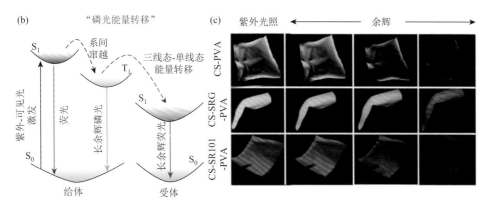

图 3-14　（a）PVA、CS、SR101 和 SRG 的分子结构；（b）三线态-单线态能量转移示意图；（c）CS-PVA、CS-SRG-PVA、CS-SR101-PVA 体系的长余辉发光照片

制三线态激子的无辐射失活，制备了具有高效持久室温磷光的有机主客体掺杂体系 [图 3-15（a）]。无辐射失活途径主要包括客体的无辐射失活和主体扩散运动产生的猝灭。作为主体，甾类化合物具有刚性结构和阻氧性，能有效抑制三线态激子的猝灭；高度氘化的客体芳香烃也能抑制客体的无辐射失活。最终，这些掺杂体系在空气中实现了寿命大于 1 s、量子效率大于 10% 的红色、绿色、蓝色持久室温磷光。由于长寿命室温磷光很容易被氘化客体分子的聚集所猝灭，Adachi 等[47] 开发了一种可逆的热刺激响应室温磷光体系。该体系中，一个由二级氨基取代的氘代芳香化合物作为客体，苯酚衍生物 THEB 作为分散剂，甾类化合物（胆固醇）作为主体基质 [图 3-15（b）]。当客体分子均匀分散在主体中时，能产生明显的长

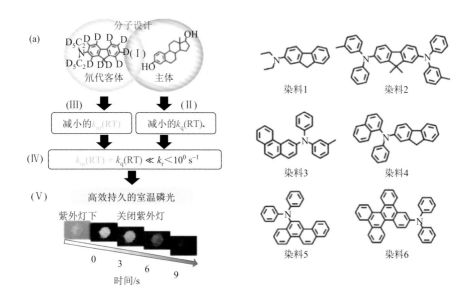

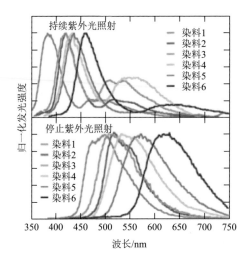

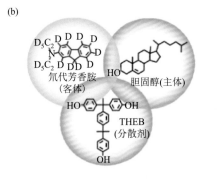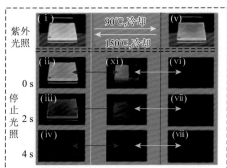

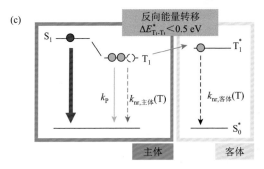

图 3-15 （a）以无定形态的羟基甾体化合物作为主体、仲氨基取代的氘化烃为客体的掺杂体系的长寿命室温磷光性质及其内部机制；（b）三元掺杂体系（主体-客体-分散剂）的热刺激响应室温磷光示意图；（c）主客体三线态能级差与反向能量转移

寿命室温磷光现象。当通过加热升温到胆固醇主体的结晶温度 90℃时，客体分子会发生聚集而导致磷光猝灭。此时，即使该体系冷却到室温状态也不能观察到明

显的室温磷光发射。进一步升温到主体的熔化温度 150℃ 后再冷却，客体分子又能均匀分散而产生长寿命室温磷光。因此，通过客体分子聚集态随温度变化的可逆转变，可以实现该掺杂体系的磷光开启与关闭。通常，热激活的无辐射跃迁会导致有机分子长寿命三线态激子失活。2017 年，Adachi 等[48]报道了在室温下，通过抑制有机主客体体系中三线态激子的无辐射失活，获得了长寿命磷光 [图 3-15 (c)]。他们发现，三线态激子的无辐射失活途径主要是客体分子向主体基质的反向能量传递，而这又在很大程度上依赖于主客体之间的三线态能级差。因此，大的主客体三线态能级差（0.5 eV）对于实现长寿命室温磷光非常重要。

3.4 共晶

2010 年，唐本忠课题组发现了一种独特的结晶诱导磷光（CIP）现象[49]：发光分子在溶液和非晶态下是无磷光的（有些甚至几乎不发光），然而，它们在结晶时表现出高效的室温磷光发射。结晶诱导磷光的发现为纯有机发光分子获得高效室温磷光开辟了一条新的道路。其中，两种或者多种不同化合物形成共晶，也是一种实现室温磷光的有效策略。共晶主要依赖于发光分子与宿主晶体的协同共组装，从而实现诱导效应，触发更高效的系间窜越过程，同时宿主晶体也起到了稀释和提供刚性环境的作用，可有效防止磷光自猝灭或浓度猝灭，以获得高的磷光量子效率或超长的发光寿命。

2011 年，Kim 等报道了一种新的室温磷光材料设计思路 [图 3-16 (a)][50]。他们选择了能够促进三线态激子产生的溴代芳香醛作为发色团，进一步通过卤素键合成晶态来引发重原子效应，从而产生高效固态室温磷光。Br6A 在溶液（或任何无序相）中不存在卤素键，三线态激子的产生不是最佳的，并且三线态激子的振动弛豫很大，使得磷光的发射效率极低甚至是没有。当 Br6A 处于晶态时，溴和醛基发生卤素键相互作用，增强了其单线态与三线态的自旋轨道耦合，且降低了醛基的振动自由度。此时，三线态激子的产生非常有效，从而具有了磷光发射，磷光量子效率为 2.9%。与其他有机发色团一样，Br6A 在聚集态也有很强的自猝灭现象。因此，他们进一步引入了与 Br6A 结构和分子大小相似的化合物 Br6 作为主体。该化合物表现出与发色团相似的晶体结构，但不会产生光学干扰导致自猝灭。当其被掺杂到晶态的主体基质中时，主体为客体发色团提供了卤素键合但不猝灭的刚性框架，Br6A 被稀释，发出更高效的磷光，量子效率高达 55%，几乎是纯 Br6A 晶体的 20 倍。基于此，通过进一步改变发色团的电子密度，调节三线态能级，分别获得了明亮的蓝色、黄色和橙色高性能磷光。

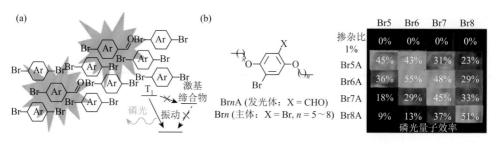

图 3-16 （a）以对二溴苯衍生物为主体、对溴苯甲醛衍生物为客体的掺杂体系的室温磷光机制图；（b）不同长度的烷氧基链对 Br*n*A/Br*n* 体系室温磷光性质的影响

　　除了上述这种发光分子与其尺寸大小类似的主体化合物形成的共晶体系外，2014 年，该课题组还研究了分子大小不匹配的共晶体系[51]，即发光分子与含有不同长度的烷氧基链的化合物为主体一起组成共晶［图 3-16（b）］。该研究探索了醛基化合物与其类似的主体以不同比例混合而成的一系列共晶的发射亮度。虽然主体化合物可以匹配各种尺寸的发光分子，既有过大的也有过小的，但当发光分子和主体的尺寸相同，并且前者占总固体的 1 wt%～10 wt% 时才能实现更明亮的室温磷光发射。事实上，随着发光分子和主体化合物之间尺寸差异的增大，所得到共晶的量子效率也会相应降低。

　　除了发光分子与结构类似的主体化合物共结晶外，有机发光分子还可以与非类似结构的主体形成共晶。近年来，卤素键常常与氢键、π-π 堆积等传统的分子间相互作用结合，为合理设计和调控分子堆积提供了新的选择。2012 年，晋卫军课题组报道了两种基于卤素键合的共晶体系[52]。他们选择了二碘四氟苯（DITFB）的两种同分异构体分别与多环芳香烃芘以 1:1 和 1:2 的比例培养了两种超分子共晶 1 和共晶 2［图 3-17（a）］。在共晶 1 和共晶 2 中观察到了 C—I···I—C、C—I···π、π-π 和 C—H···F 等分子间相互作用，其中 DITFB 分子不仅阻止了芘分子的聚集，还促进了重原子效应诱导芘发出磷光。实验结果表明，这两种共晶在室温下均表现出较强的磷光，寿命分别为 0.57 ms 和 4.54 ms。

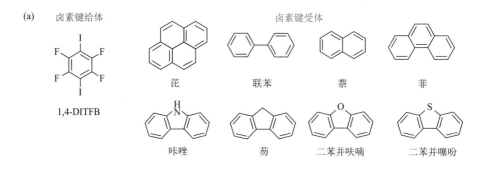

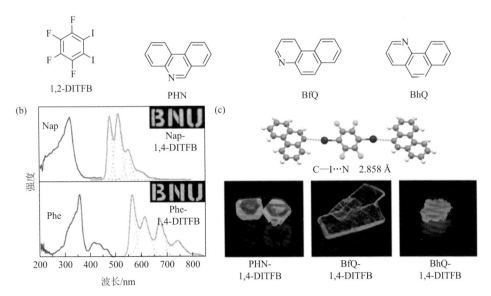

图 3-17 （a）一系列基于以二碘四氟苯为卤素键给体、芳香烃或者杂环芳香烃为卤素键受体的共晶体系的分子结构；（b）共晶 Nap-1, 4-DITFB 和 Phe-1, 4-DITFB 的室温磷光性质；（c）共晶 PHN-1, 4-DITFB、BfQ-1, 4-DITFB 和 BhQ-1, 4-DITFB 的发光照片，以及 PHN-1, 4-DITFB 的晶体结构

　　共晶 1 和共晶 2 中存在的卤素键合作用主要是 C—I⋯I—C，而 C—I⋯π 相互作用较弱。他们认为芘具有较大的 π 共轭体系，容易与二碘四氟苯以π-π堆积的方式相互作用，而不是通过强的 C—I⋯π 卤素键。同年，他们还进一步研究了二碘四氟苯与一些较小多环芳烃的作用［图 3-17（a）和（b）］：1, 4-二碘四氟苯（1, 4-DITFB）分别与多环芳烃菲（Phe）和多环芳烃萘（Nap）共结晶成 Phe-1, 4-DITFB 和 Nap-1, 4-DITFB[53]。其中，1, 4-DITFB 作为卤素键合给体，Phe 和 Nap 作为 π 类卤素键合受体。Phe-DITFB 和 Nap-DITFB 晶体结构表明，共晶中存在 C—I⋯π 卤素键，分别产生强烈的橙色和绿色磷光。此结果丰富了对于卤素键的认知，拓展了其在制备功能化材料，特别是在固体发光材料领域的应用。同年，该课题组利用 C—I⋯π 和 C—I⋯N 卤素键又构筑了一系列基于 DITFB 为卤素键给体，咔唑[54]、芴、二苯并噻吩、二苯并呋喃[55]等芳香烃或者杂环芳香烃为卤素键受体的共晶体系，实现了室温磷光发射［图 3-17（a）］。

　　2014 年，该课题组进一步探索了以 1, 4-DITFB 为卤素键给体，以 *N*-杂环芳烃为卤素键受体的共晶体系[56]。X 射线衍射分析表明，1, 4-DITFB 和 *N*-杂环芳烃（PHN、BfQ 和 BhQ）通过 C—I⋯N、C—I⋯π 或 C—I⋯I 键和其他辅助的弱相互作用成功组装成共晶［图 3-17（c）］。所选择的 *N*-杂环芳烃在固态下是没有磷光的，而在共晶中，由于 C—I⋯π 卤素键能够促进自旋轨道耦合，显著诱导出它们的磷光性能，分别表现出绿色、橙黄和橙色的室温磷光。对此，他们认为，不同位置的 N 影响了 C—I···π 卤素键的性质，从而影响了激发三线态的能级，因此产生了不同颜色的发光。而且，其他相互作用和局域分子环境也会影响最终的磷光行为。该工作进一步证实卤素键是一种能促进自旋轨道耦合、增强室温磷光性能、丰富磷光色彩的有效策略。

付红兵课题组也相继报道了一系列共晶体系，2017 年，他们将碘二氟硼二苯甲酰甲烷（I-BF$_2$dbm-R）衍生物掺杂到刚性晶体 4-碘苯甲腈（I-Ph-CN）中［图 3-18（a）］，实现了高效的室温磷光发射[57]。掺杂晶体中，I-Ph-CN 的氰基与 I-BF$_2$dbm-R 的碘原子之间形成卤素键，即 C≡N···I，这不仅抑制了三线态的无辐射弛豫，还促进了自旋轨道耦合。结果表明，掺杂晶体具有很强的室温磷光，量子效率高达 62.3%。

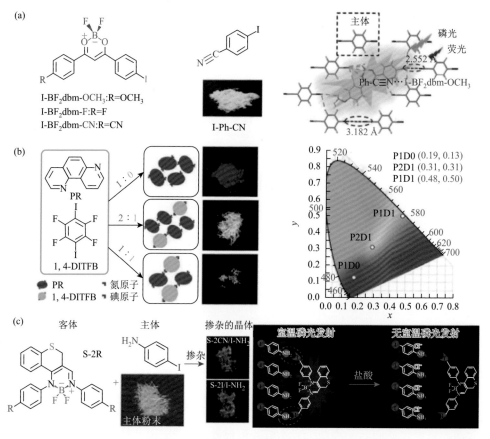

图 3-18　（a）以 I-Ph-CN 为主体，I-BF$_2$dbm-R 衍生物为客体的室温磷光掺杂体系；（b）基于不同比例 PR 和 1, 4-DITFB 共晶体系的室温磷光性质；（c）以 I-Ph-NH$_2$ 为主体，S-2R 为客体的室温磷光掺杂体系

通过将 I-BF$_2$dbm-R 中的取代基 R 从给电子的—OCH$_3$ 改变为吸电子的 F、CN,可进一步促进 S$_1$ 到 T$_1$ 的系间窜越过程,其磷光和荧光强度的比例从 3.8 增加到 15,再到 50。这一综合策略为新型高效室温磷光和可调荧光-磷光双重发射材料的设计开辟了道路。

2019 年,该课题组还探究了共晶中各组分比例对其发光颜色的影响[58]。该报道中,他们选择 1,7-菲咯啉(PR)和 1,4-二碘四氟苯(1,4-DITFB)来构筑共晶[图 3-18(b)]。通过改变二者在共晶中的比例,其发光颜色也随之改变,可以从纯 PR 晶体(P1D0)的蓝色荧光到 PR:1,4-DITFB = 1:1(P1D1)的黄色磷光。当 PR:1,4-DITFB 的比例为 2:1(P2D1)时更是表现出荧光-磷光双重发射,获得了白色发光。理论分析表明,虽然 S$_1$ 和 T$_1$ 能级保持不变,但共晶中引入的高位 T$_n$ 态减小了 S$_1$-T$_n$ 能隙,同时多个分子间卤素键增强了自旋轨道耦合。因此,P1D1 相对于 P1D0 从 S$_1$ 到 T$_n$ 的系间窜越速率(k_{ISC})提高了 2 个数量级且远比荧光辐射速率(k_{FL})大,从而将辐射通道从 P1D0 的蓝色荧光切换到 P1D1 的黄色磷光。此外,P2D1 共晶的 k_{ISC} 与 k_{FL} 相差不大,因此导致了荧光-磷光双重发射。这一结果不仅加深了对分子堆积方式与激发态动力学关系的理解,而且为调控发光材料的荧光和磷光发射提供了一种新的思路。

卤素键属于弱的分子间相互作用且具有一定的不稳定性,因此,通过物理或化学手段很容易将其破坏,从而有可能实现刺激响应特性。2017 年,该课题组通过将两个 β 亚氨基胺-BF$_2$ 衍生物(S-2CN 和 S-2I)掺杂到 4-碘苯胺(I-Ph-NH$_2$)晶体中[59],通过—C≡N···I—和—I···I—卤素键合形成两个共晶,获得了亮红色室温磷光,量子效率分别高达 13.43% 和 15.96% [图 3-18(c)]。当用盐酸处理后,I-Ph-NH$_2$·HCl 的形成使—S—2I···I-Ph-NH$_2$ 卤素键断裂,从而关闭了 S-2I/I-Ph-NH$_2$ 共晶的红色磷光。而相对稳定的卤素键—C≡N···I—不受影响,S-2CN/I-Ph-NH$_2$ 共晶的红色室温磷光保持不变。最后,利用这些不同的 HCl 响应室温磷光行为,他们还成功设计了安全防伪发光图案。

2018 年,意大利 Grepioni 课题组通过 π-Hole···π 得到了一系列由多环芳烃苯并菲(TP)和卤代六氟苯(XF5 和 X2F4,其中 X = I 或 Br)组成的共晶体系[60],通过分子间 X···π 和 X···X 弱相互作用来稳定共晶结构(图 3-19)。其中,共晶 TP·I2F4 随温度的变化以两种不同的晶型存在,其室温和低温的晶型分别为 I 和 II。碘与溴较高的自旋轨道耦合常数促进了 TP·Br2F4 和 TP·I2F4 I 型共晶中激子的系间窜越,从而在室温下实现了明亮的磷光发射,停止紫外光激发后,肉眼可观察到 1~2 s 的余辉。而对于 TP·I2F4 的 II 型共晶,只能在 77 K 才观察到磷光发射。

2018 年,黄维等报道了一类可以同时提高有机室温磷光寿命和效率的共晶体系 [图 3-20(a)][61]。利用三聚氰胺(ME)和芳香酸在水介质中的自组装,设计合成了一类新型高效超长有机磷光材料。在 ME-IPA 共晶体系中,IPA 分子失

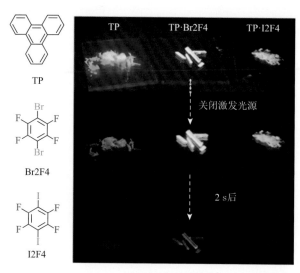

图 3-19　化合物 TP、Br2F4 和 I2F4 的分子结构及其共晶的室温磷光性质

去一个质子，变成带负电荷的 IPA⁻，而 ME 分子中的三嗪氮原子被质子化为阳离子 MEH⁺。因此，ME-IPA 的超分子包括 ME⁺、IPA⁻ 和两个水分子三个部分，它们通过多个短而强烈的氢键和范德瓦耳斯力连接在一起，形成晶格状结构，建立一个刚性的环境将分子牢牢地锁定在三维网络中。这不仅有效地限制了三线态激子的无辐射衰减，而且促进了系间窜越过程。所设计的超分子在常温下具有长达 1.91 s 的长发射寿命和 24.3% 的高磷光量子效率，并被成功应用于黑暗环境下的条形码识别。同样基于该体系，闫东鹏课题组提出了另一种机制来解释其长寿命的室温磷光现象：热活化延迟荧光（TADF）辅助的能量传递来增强持久发光[62]。他们认为，在该体系中延迟荧光化合物 ME 作为能量给体，具有室温磷光性能的三种苯二元酸（邻苯二甲酸、间苯二甲酸和对苯二甲酸）作为能量受体。在共晶中，给体和受体分子之间发生了有效的 Förster 共振能量转移（FRET），能量转移效率高达 76%。更确切地说，能量转移是通过从能量给体的单线态到能量受体的单线态的无辐射偶极-偶极耦合发生的，然后再发生系间窜越到达激发三线态，最终发出磷光。得益于延迟荧光给体分子的长激发态寿命，受体分子的三线态激子寿命也得到了有效的延长，从而实现了共晶体系超长的室温磷光寿命。

2020 年，闫东鹏课题组选择 ME 和 1, 2, 4-苯三甲酸（BTA）构筑共晶体系[63]，以 BTA 与 ME 的摩尔比分别为 1:1 和 2:1 组装了 BTA-ME-1 和 BTA-ME-2 两种共晶 [图 3-20（c）]。不同的组分比例导致了不同的堆积方式、相对取向和聚集模式，从而产生了颜色可调的室温磷光和不同的分子间能量转移效率，其中，H 聚集体共晶（BTA-ME-1）和 J 聚集体共晶（BTA-ME-2）分别呈现绿色和黄色的室温磷光发射。分子轨道计算表明，最高占据分子轨道（HOMO）和最低未占分子轨道（LUMO）分别主要分布在 ME 和 BTA 上，代表了给体（ME）到受体（BTA）的能量转移（ET）过程。BTA-ME-1 和 BTA-ME-2 的能量转移效率分别为 81.13% 和 78.97%。此外，基于共晶体系的长寿命室温磷光性质，他们还设计了一个具有时间分辨特性的信息加密平台，充分体现了可视化成像和精确终端控制的优势。因此，该工作不仅为实现多色室温磷光发射提供了一种简便、通用的比率共晶策略，而且利用室温磷光共晶材料开发了一种新的信号可视化加密技术，为研制各种发射/寿命/效率可调的室温磷光材料开辟了一条新的途径。

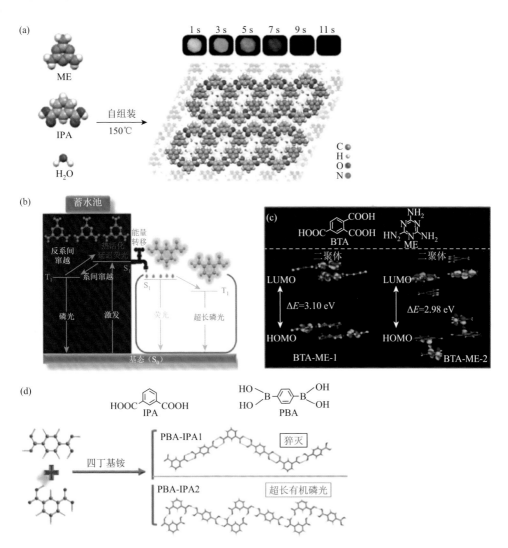

图 3-20　（a）基于 ME、IPA、H$_2$O 的三元共晶体系；（b）共晶体系中延迟荧光对长寿命磷光的促进示意图；（c）基于 BTA-ME 的两种共晶的理论计算；（d）基于 PBA-IPA 的两种共晶

　　同年，刘天福课题组报道了一种基于氢键形成的有机链，通过三线态-三线态能量转移实现超长磷光的共晶体系［图 3-20（d）］[64]。该工作通过超分子自组装，将具有较高发光效率（17.87%）的 1, 4-亚苯基二硼酸（PBA）和磷光寿命较长（1.11 s）的间苯二甲酸（IPA）有序结合成两条晶态氢键有机链，分别命名为 PBA-IPA1 和 PBA-IPA2。由于紧密的分子堆积以及两个组分之间有效的三线态-三线态能量转移，PBA-IPA2 的磷光寿命（1.59 s）和发光效率（15.72%）相比于 PBA-IPA1 都有很大的提升。所得材料在信息加密、指纹识别等领域具有潜在的应用前景，为长寿命室温磷光材料设计提供了一种新的策略。

　　除了多组分有机分子形成共晶体系外，有机分子还可以与溶剂相互作用形成共晶体系（图 3-21）。2019 年，帅志刚课题组通过分子动力学模拟和第一性原理计算[65]，研究了化合物 Cz2BP 与氯仿（CHCl$_3$）共晶的室温磷光发射与分子间作用力的关系。对于 Cz2BP 本身，无论在晶相还是非晶相中均无室温磷光性质，而与氯仿组成共晶后则表现出明显的长寿命室温磷光。晶体分析表明，Cz2BP 与氯仿之间强烈的分子间 C＝O···H—C 氢键会抑制 C＝O 伸缩运动，增加 T$_1$ 态中的（π，π*）组分，从而使 T$_1$→S$_0$ 的无辐射衰减速率降低 3～6 个数量级。前者有助于提高发光效率，后者则能延长室温磷光寿命。然而，对于非晶态和晶态的 Cz2BP，其中的弱氢键不能引起明显的室温磷光。

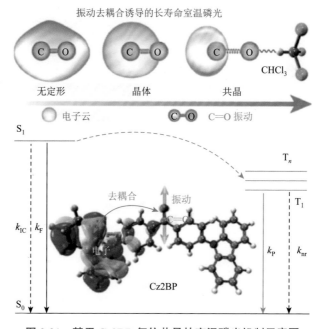

图 3-21　基于 Cz2BP-氯仿共晶的室温磷光机制示意图

3.5　激基复合物

对于多组分的室温磷光体系，除了超分子自组装、主客体掺杂和共晶外，还有一种就是利用激基复合物来实现长余辉发光。目前，大多数超长余辉发光材料都是基于掺铕（Eu）和镝（Dy）的氧化锶铝（SrAl₂O₄）无机体系，可获得长达 10 h 以上的发射。然而，该体系在合成过程中需要高于 1000℃ 的高温且需要掺入稀土元素，并且 SrAl₂O₄ 粉末的光散射限制了长余辉涂料的透明度。因此，有机长余辉发光材料应运而生。有机分子的长寿命发光被称为磷光，但在大多数情况下，发光持续时间短于 1 s，在最长的情况下也只能持续几分钟，与无机长余辉发光材料相比并不占优势。因此，传统的有机分子光激发态（荧光、磷光和延迟荧光）的辐射跃迁不适合实现有机长余辉发光。然而，当用光激发有机化合物产生电离态（光致电离态）和电荷分离态（光致电荷分离态）时，有可能获得超长的寿命，在室温下甚至可以产生持续时间达小时级别的发射。

2017 年，Adachi 等报道了一个有机长余辉发光体系，其余辉时间能超过 1 h（图 3-22）[66]。该体系中，他们选择了 N, N, N′, N′-四甲基联苯胺（TMB）作为电子给体和 2,8-双（二苯基膦酰基）二苯并噻吩（PPT）作为电子受体来构筑激基复合物。将 TMB 以小比例掺杂在 PPT 中，前者能形成非常稳定的自由基阳离子，后者具有高的三线态能量，并且提供了一个刚性的非晶态环境，有助于抑制无辐射失活。在光激发过程中，TMB 和 PPT 之间形成电荷转移态。然后，产生的 PPT 自由基阴离子通过电荷跳跃在 PPT 分子之间进行扩散，并形成稳定的电荷分离态。最后，PPT 自由基阴离子和 TMB 自由基阳离子逐渐复合产生激基复合物发射，这种发射在光激发停止后很长一段时间仍可继续 [图 3-23 （a）]。而且，该体系可以由弱光照射形成有效的长寿命电荷分离态，因此该体系可以使用发射波长不低于 400 nm 的标准白光 LED 灯来激发。该有机长余辉发光体系透明、溶解性较好，具有潜在的柔性和颜色可调性，为长余辉发光在大面积和柔性涂料、生物标记等方面的应用提供了契机。美中不足的是，该体系经光激发产生的自由基容易被空气中的氧气或水蒸气猝灭，其长余辉只能在氮气气氛中实现。

给体（客体）

TMB　　　　　DMDTB　　　　　TTB　　　　　BMA

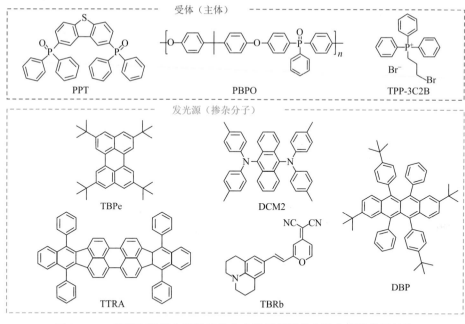

图 3-22 一系列有机长余辉体系的主客体材料及荧光掺杂剂的分子结构

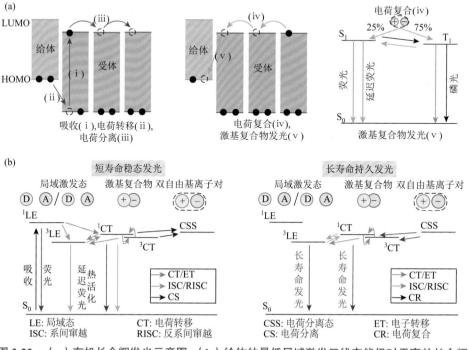

图 3-23 （a）有机长余辉发光示意图；（b）给体的最低局域激发三线态能级对于高效长余辉
发光的影响

2018 年，该课题组通过将不同颜色的发光分子掺杂到有机长余辉发光体系中，实现了蓝绿色到红色，甚至暖白色的较宽范围长余辉发光颜色调节[67]。他们选取之前报道过的 TMB：PPT 有机长余辉发光体系，由于光激发生成的 TMR 自由基阳离子和 PPT 自由基阴离子能被 PPT 的刚性无定形环境所稳定，因此室温下形成的电荷分离态能保持较长时间。自由基阳离子和自由基阴离子逐渐重组成单线态和三线态的激基复合物，表现出 400～800 nm 的宽发射。激基复合物的这种宽发射光谱与他们选择的各种荧光掺杂剂的吸收光谱充分重叠。因此，激基复合物就可以通过 Förster 共振能量转移（FRET）将它们的能量传递给荧光掺杂剂。荧光掺杂剂不仅不会破坏长余辉体系特有的电荷分离过程，还可以充当电子陷阱来延长发光时间，同时也可以通过有效的辐射跃迁来增大发光效率。荧光掺杂剂的浓度对长余辉发光性能也有一定的影响：过低的掺杂浓度不足以实现能量从激基复合物到荧光掺杂剂的完全转移；过高的掺杂浓度则会导致荧光掺杂剂的直接吸收，阻碍 TMB：PPT 的电荷分离过程。实验表明，在该体系中，1 mol% 是最佳的掺杂浓度。而且，通过引入多个荧光掺杂剂还首次实现了暖白光的长余辉发光。该策略对实现全色甚至紫外和近红外有机暗发光涂料具有借鉴意义。

同年，该课题组还报道了一种基于聚合物主体的有机长余辉发光体系[68]。他们选择 TMB 作为电子给体（D），聚芳醚氧膦（PBPO）作为电子受体（A）并进行混合，通过形成刚性的非晶态环境来抑制无辐射失活。当该体系在室温被低功率紫外光激发后，能够发出长达 7 min 以上的长余辉发光。基于一系列的实验结果，他们发现该体系的发光包括三个阶段：首先是 TMB 和激基复合物荧光（紫外灯照射下），其次是 TMB 磷光（关闭紫外灯的 10 s 内），最后是 TMB 磷光和激基复合物荧光的混合光（关闭紫外灯超过 10 s 后）。这主要是因为不完全的电荷转移和电荷分离导致了此聚合物有机长余辉发光体系独特的衰减过程。而且，PBPO 本身也是一种工程塑料，赋予 TMB/PBPO 薄膜良好的透明性和机械弹性，长余辉发光性能不会受到弯曲形变的影响。

2020 年，该课题组进一步研究了激基复合物体系中最低局域激发三线态（^{3}LE）与最低电荷转移激发单线态（^{1}CT）之间的能隙对长余辉发光性能的影响[69]。通过三个不同的 D-A 体系（TMB/PPT、DMDTB/PPT 和 TTB/PPT），系统研究了三种具有不同能隙给体材料的长余辉发光持续时间和光谱性质的变化。研究结果清楚表明了给体的 ^{3}LE 能级对于获得高效长余辉发光的重要性。因为 ^{3}LE 激子难以通过电荷转移产生有助于长余辉发光的分离电荷，所以由较大的能级差 ΔE（^{1}CT-^{3}LE）引起的 ^{3}LE 上较高的激子布居将减少可以转换为电荷转移态激子的数量 [图 3-23（b）]。因此，当 ΔE（^{1}CT-^{3}LE）较大时，体系表现出较短的长余辉发光持续时间及明显的激基复合物荧光和给体磷光两种不同的发射特征。较小的能级差 ΔE（^{1}CT-^{3}LE）可以确保较高数量的 ^{1}CT 激子，有助于分离电荷的累积，从而产生有效的长余辉发光。此外，^{1}CT 和 ^{3}LE 的发射都对长余辉发光有贡献。这种来自 ^{1}CT 和 ^{3}LE 的双重发射无须采用额外的掺杂剂即可产生白光发射。

同年，唐本忠等报道了一个新的长余辉发光体系，在大气气氛下发光可长达 7 h[70]，优于其他有机长余辉发光体系。受无机长余辉发光体系的启发，他们选择具有强吸电子能力的溴化磷盐（TPP-3C2B）作为主体材料，具有强给电子能力的 N, N-二甲基苯胺（DMA）作为电子给体。当被光激发后，给、受体间发生电荷转移；在其他阳离子磷的包围下，激发的自由基可以迁移到多个受体分子，然后与 DMA 自由基重新结合，产生长余辉发射（图 3-22）。能够产生如此长的余辉发光原因有三个：一是磷核周围的苯环通过空间位阻效应稳定自由基，保护其不发生其他反应；二是 TPP-3C2B：DMA 的晶体结构可保护光诱导的自由基不受空气中氧的影响，还可以抑制无辐射失活；三是 TPP-3C2B 作为有机陷阱，减缓了电荷复合的速度，从而产生持久发光。该研究成果将为下一代高持久性有机发光体系的开发和应用提供可能，有望进一步推动医学和光电子器件领域的发展和应用。

3.6　总结与展望

有机室温磷光材料因独特的优势和广阔的应用前景而成为研究的热点，受到越来越多的关注。本章概述了多组分有机室温磷光材料的发展状况。首先，对于超分子自组装体系，主要的研究策略是将客体荧光分子引入如环糊精、葫芦脲和杯芳烃等宿主大环分子。体系中的宿主材料通过固定客体荧光分子，为其提供刚性环境而限制分子振动，而且能保护其免受氧等的猝灭作用，减少三线态激子的消耗，从而产生室温磷光效应。其次，将有机磷光分子掺杂到聚甲基丙烯酸甲酯和聚乙烯醇等含有羰基和羟基的聚合物主体中，也能促进室温磷光的产生。主体与主体、主体与客体之间的分子间氢键相互作用都能有效抑制磷光客体的无辐射跃迁。再次，共晶也是构筑有机室温磷光材料的一种有效策略。目前报道的一系列共晶体系大多数是利用卤素键、氢键及其他分子间相互作用。卤素键不仅可以提供刚性的环境限制体系的振动与转动，还能起到稀释的作用，避免聚集可能导致的猝灭。氢键及其他分子间相互作用可以通过自组装将简单的有机单体组合到一起，可避免复杂且耗时的有机合成。因此，共晶是设计晶态超长有机磷光材料的一种重要策略。最后，利用激基复合物发光，通过体系中电荷转移-电荷分离-电荷复合等多个过程，也能够产生超长寿命的长余辉发光。目前，有机长余辉发光材料可以达到超过 1 h 的余辉发光。掺入少量的荧光掺杂剂后，通过 Förster 共振能量转移或 Dexter 能量转移，可以实现高效的大范围发光颜色调节。此外，基于聚合物的有机长余辉发光体系还具有透明度良好、易溶解和柔性良好等优点。

尽管多年来已有大量的多组分室温磷光材料被开发，但仍需要对构建多组分室温磷光材料的设计策略及内在机制进行更多的探究，为构建高效的多组分室温磷光材料提供理论指导。

（杨玉杰　李丹　杨杰　李振）

参考文献

[1] Tian D，Zhu Z，Xu L，et al. Intramolecular electronic coupling for persistent room-temperature luminescence for smartphone based time-gated fingerprint detection. Materials Horizons，2019，6（6）：1215-1221.

[2] Fermi A，Bergamini G，Roy M，et al. Turn-on phosphorescence by metal coordination to a multivalent terpyridine ligand: a new paradigm for luminescent sensors. Journal of American Chemical Society，2014，136（17）：6395-6400.

[3] Xu H，Chen R，Sun Q，et al. Recent progress in metal-organic complexes for optoelectronic applications. Chemical Society Reviews，2014，43（10）：3259-3302.

[4] Mukherjee S，Thilagar P. Recent advances in purely organic phosphorescent materials. Chemical Communications，2015，51（55）：10988-11003.

[5] Xu S，Chen R，Zheng C，et al. Excited state modulation for organic afterglow: materials and applications. Advanced Materials，2016，28（45）：9920-9940.

[6] Hirata S. Recent advances in materials with room temperature phosphorescence: photophysics for triplet exciton stabilization. Advanced Optical Materials，2017，5（17）：1700116.

[7] Kabe R，Notsuka N，Yoshida K，et al. Afterglow organic light-emitting diode. Advanced Materials，2016，28（4）：655-660.

[8] Yang J，Zhen X，Wang B，et al. The influence of the molecular packing on the room temperature phosphorescence of purely organic luminogens. Nature Communications，2018，9：840.

[9] Yang J，Gao X，Xie Z，et al. Elucidating the excited state of mechanoluminescence in organic luminogens with room-temperature phosphorescence. Angewandte Chemie International Edition，2017，56（48）：15299-15303.

[10] Chai Z，Wang C，Wang J，et al. Abnormal room temperature phosphorescence of purely organic boron-containing compounds: the relationship between the emissive behavior and the molecular packing，and the potential related applications. Chemical Science，2017，8（12）：8336-8344.

[11] Xie Y，Ge Y，Peng Q，et al. How the molecular packing affects the room temperature phosphorescence in pure organic compounds: ingenious molecular design，detailed crystal analysis，and rational theoretical calculations. Advanced Materials，2017，29（17）：1606829.

[12] Xie Y，Li Z. Thermally activated delayed fluorescent polymers. Journal of Polymer Science，Part A：Polymer Chemical，2017，55（4）：575-584.

[13] Fang X，Yan D. White-light emission and tunable room temperature phosphorescence of dibenzothiophene. Science China Chemistry，2018，61（4）：397-401.

[14] Li K，Zhao L，Gong Y，et al. A gelable pure organic luminogen with fluorescence-phosphorescence dual emission. Science China Chemistry，2017，60（6）：806-812.

[15] Mutlu S, Watanabe K, Takahara S, et al. Thioxanthone-anthracene-9-carboxylic acid as radical photoinitiator in the presence of atmospheric air. Journal of Polymer Science, Part A: Polymer Chemistry, 2018, 56 (16): 1878-1883.

[16] Kimura T, Watanabe S, Sawada S, et al. Preparation and optical properties of polyimide films linked with porphyrinato Pd(Ⅱ) and Pt(Ⅱ) complexes through a triazine ring and application toward oxygen sensors. Journal of Polymer Science, Part A: Polymer Chemistry, 2017, 55 (6): 1086-1094.

[17] Shimizu M, Kinoshita T, Shigitani R, et al. Use of silylmethoxy groups as inducers of efficient room temperature phosphorescence from precious-metal-free organic luminophores. Materials Chemistry Frontiers, 2018, 2 (2): 347-354.

[18] Liu H, Gao Y, Cao J, et al. Efficient room-temperature phosphorescence based on a pure organic sulfur-containing heterocycle: folding-induced spin-orbit coupling enhancement. Materials Chemistry Frontiers, 2018, 2 (10): 1853-1858.

[19] Tao S, Lu S, Geng Y, et al. Design of metal-free polymer carbon dots: a new class of room-temperature phosphorescent materials. Angewandte Chemie International Edition, 2018, 57 (9): 2393-2398.

[20] Ma X, Xu C, Wang J, et al. Amorphous pure organic polymers for heavy-atom-free efficient room-temperature phosphorescence emission. Angewandte Chemie International Edition, 2018, 57 (34): 10854-10858.

[21] Baroncini M, Bergamini G, Ceroni P. Rigidification or interaction-induced phosphorescence of organic molecules. Chemical Communications, 2017, 53 (13): 2081-2093.

[22] Yang J, Ren Z, Xie Z, et al. AIEgen with fluorescence-phosphorescence dual mechanoluminescence at room temperature. Angewandte Chemie International Edition, 2017, 56 (3): 880-884.

[23] Menning S, Kramer M, Coombs B A, et al. Twisted tethered tolanes: unanticipated long-lived phosphorescence at 77 K. Journal of the American Chemical Society, 2013, 135 (6): 2160-2163.

[24] Gong Y, Chen G, Peng Q, et al. Achieving persistent room temperature phosphorescence and remarkable mechanochromism from pure organic luminogens. Advanced Materials, 2015, 27 (40): 6195-6201.

[25] He Z, Zhao W, Lam J W Y, et al. White light emission from a single organic molecule with dual phosphorescence at room temperature. Nature Communications, 2017, 8 (1): 416.

[26] Zhao W, He Z, Lam Jacky W Y, et al. Rational molecular design for achieving persistent and efficient pure organic room-temperature phosphorescence. Chem, 2016, 1 (4): 592-602.

[27] An Z, Zheng C, Tao Y, et al. Stabilizing triplet excited states for ultralong organic phosphorescence. Nature Materials, 2015, 14 (7): 685-690.

[28] Turro N J, Bolt J D, Kuroda Y, et al. A study of the kinetics of inclusion of via time correlated phosphorescence halonaphthalenes with β-cyclodextrin. Photochemistry and Photobiology, 1982, 35 (1): 69-72.

[29] Scypinski S, Love L J C. Cyclodextrin-induced room-temperature phosphorescence of nitrogen heterocycles and bridged biphenyls. Analytical Chemistry, 1984, 56 (3): 331-336.

[30] Chen H, Ma X, Wu S, et al. A rapidly self-healing supramolecular polymer hydrogel with photostimulated room-temperature phosphorescence responsiveness. Angewandte Chemie International Edition, 2014, 53 (51): 14149-14152.

[31] Chen H, Xu L, Ma X, et al. Room temperature phosphorescence of 4-bromo-1, 8-naphthalic anhydride derivative-based polyacrylamide copolymer with photo-stimulated responsiveness. Polymer Chemistry, 2016, 7(24): 3989-3992.

[32] Li D, Lu F, Wang J, et al. Amorphous metal-free room-temperature phosphorescent small molecules with multicolor photoluminescence via a host-guest and dual-emission strategy. Journal of American Chemical Society,

2018，140（5）：1916-1923.

[33] Li J，Zhang H，Zhang Y，et al. Room-temperature phosphorescence and reversible white light switch based on a cyclodextrin polypseudorotaxane xerogel. Advanced Optical Materials，2019，7（20）：1900589.

[34] Gong Y，Chen H，Ma X，et al. A cucurbit[7]uril based molecular shuttle encoded by visible room-temperature phosphorescence. ChemPhysChem，2016，17（12）：1934-1938.

[35] Wang J，Huang Z，Ma X，et al. Visible-light-excited room-temperature phosphorescence in water by cucurbit[8]uril-mediated supramolecular assembly. Angewandte Chemie International Edition，2020，59（25）：9928-9933.

[36] Zhang Z，Chen Y，Liu Y. Efficient room-temperature phosphorescence of a solid-state supramolecule enhanced by cucurbit[6]uril. Angewandte Chemie International Edition，2019，58（18）：6028-6032.

[37] Zhang Z，Liu Y. Ultralong room-temperature phosphorescence of a solid-state supramolecule between phenylmethylpyridinium and cucurbit[6]uril. Chemical Science，2019，10（33）：7773-7778.

[38] Lee D，Bolton O，Kim B C，et al. Room temperature phosphorescence of metal-free organic materials in amorphous polymer matrices. Journal of the American Chemical Society，2013，135（16）：6325-6329.

[39] Kwon M S，Lee D，Seo S，et al. Tailoring intermolecular interactions for efficient room-temperature phosphorescence from purely organic materials in amorphous polymer matrices. Angewandte Chemie International Edition，2014，53（42）：11177-11181.

[40] Su Y，Phua S Z F，Li Y，et al. Ultralong room temperature phosphorescence from amorphous organic materials toward confidential information encryption and decryption. Science Advances，2018，4（5）：eaas9732.

[41] Wu H，Chi W，Chen Z，et al. Achieving amorphous ultralong room temperature phosphorescence by coassembling planar small organic molecules with polyvinyl alcohol. Advanced Functional Materials，2018，29（10）：1807243.

[42] Reineke S，Seidler N，Yost S R，et al. Highly efficient，dual state emission from an organic semiconductor. Applied Physics Letters，2013，103（9）：093302.

[43] Reineke S，Baldo M A. Room temperature triplet state spectroscopy of organic semiconductors. Scientific Reports，2014，4：3797.

[44] Fries F，Louis M，Scholz R，et al. Dissecting tetra-N-phenylbenzidine：biphenyl as the origin of room temperature phosphorescence. Journal of Physical Chemistry A，2020，124（3）：479-485.

[45] Kuila S，George S J. Phosphorescence energy transfer：ambient afterglow fluorescence from water-processable and purely organic dyes via delayed sensitization. Angewandte Chemie International Edition，2020，59（24）：9393-9397.

[46] Hirata S，Totani K，Zhang J，et al. Efficient persistent room temperature phosphorescence in organic amorphous materials under ambient conditions. Advanced Functional Materials，2013，23（27）：3386-3397.

[47] Hirata S，Totani K，Kaji H，et al. Reversible thermal recording media using time-dependent persistent room temperature phosphorescence. Advanced Optical Materials，2013，1（6）：438-442.

[48] Notsuka N，Kabe R，Goushi K，et al. Confinement of long-lived triplet excitons in organic semiconducting host-guest systems. Advanced Functional Materials，2017，27（40）：1703902.

[49] Yuan W，She X，Zhao H，et al. Crystallization-induced phosphorescence of pure organic luminogens at room temperature. Journal of Physical Chemistry C，2010，114（13）：6090-6099.

[50] Bolton O，Lee K，Kim H J，et al. Activating efficient phosphorescence from purely organic materials by crystal design. Nature Chemistry，2011，3（3）：205-210.

[51] Bolton O, Lee D, Jung J, et al. Tuning the photophysical properties of metal-free room temperature organic phosphors via compositional variations in bromobenzaldehyde/dibromobenzene mixed crystals. Chemistry of Materials, 2014, 26 (22): 6644-6649.

[52] Shen Q J, Wei H Q, Zou W S, et al. Cocrystals assembled by pyrene and 1, 2- or 1, 4-diiodotetrafluorobenzenes and their phosphorescent behaviors modulated by local molecular environment. CrystEngComm, 2012, 14 (3): 1010-1015.

[53] Shen Q J, Pang X, Zhao X R, et al. Phosphorescent cocrystals constructed by 1, 4-diiodotetrafluorobenzene and polyaromatic hydrocarbons based on C—I···π halogen bonding and other assisting weak interactions. CrystEngComm, 2012, 14 (15): 5027-5034.

[54] Gao H Y, Shen Q J, Zhao X R, et al. Phosphorescent co-crystal assembled by 1, 4-diiodotetrafluorobenzene with carbazole based on C—I···π halogen bonding. Journal of Materials Chemistry, 2012, 22 (12): 5336-5343.

[55] Gao H Y, Zhao X R, Wang H, et al. Phosphorescent cocrystals assembled by 1, 4-diiodotetrafluorobenzene and fluorene and its heterocyclic analogues based on C—I···π halogen bonding. Crystal Growth Design, 2012, 12 (9): 4377-4387.

[56] Wang H, Hu R X, Pang X, et al. The phosphorescent co-crystals of 1, 4-diiodotetrafluorobenzene and bent 3-ring-N-heterocyclic hydrocarbons by C—I···N and C—I···π halogen bonds. CrystEngComm, 2014, 16 (34): 7942-7948.

[57] Xiao L, Wu Y, Chen J, et al. Highly efficient room-temperature phosphorescence from halogen-bonding-assisted doped organic crystals. Journal of Physical Chemistry A, 2017, 121 (45): 8652-8658.

[58] Feng C, Li S, Xiao X, et al. Excited-state modulation for controlling fluorescence and phosphorescence pathways toward white-light emission. Advanced Optical Materials, 2019, 7 (20): 1900767.

[59] Xiao L, Wu Y, Yu Z, et al. Room-temperature phosphorescence in pure organic materials: halogen bonding switching effects. Chemisrty: A European Journal, 2018, 24 (8): 1801-1805.

[60] d'Agostino S, Spinelli F, Taddei P, et al. Ultralong organic phosphorescence in the solid state: the case of triphenylene cocrystals with halo- and dihalo-penta/tetrafluorobenzene. Crystal Growth Design, 2019, 19 (1): 336-346.

[61] Bian L, Shi H, Wang X, et al. Simultaneously enhancing efficiency and lifetime of ultralong organic phosphorescence materials by molecular self-assembly. Journal of the American Chemical Society, 2018, 140 (34): 10734-10739.

[62] Zhou B, Yan D. Hydrogen-bonded two-component ionic crystals showing enhanced long-lived room-temperature phosphorescence via TADF-assisted Förster resonance energy transfer. Advanced Functional Materials, 2019, 29 (4): 1807599.

[63] Zhou B, Zhao Q, Tang L, et al. Tunable room temperature phosphorescence and energy transfer in ratiometric co-crystals. Chemical Communications, 2020, 56 (56): 7698-7701.

[64] Liu B, Liu E, Sa R, et al. Crystalline hydrogen-bonded organic chains achieving ultralong phosphorescence via triplet-triplet energy transfer. Advanced Optical Materials, 2020, 8 (12): 2000281.

[65] Ma H, Yu H, Peng Q, et al. Hydrogen bonding-induced morphology dependence of long-lived organic room-temperature phosphorescence: a computational study. Journal of Physical Chemistry Letters, 2019, 10 (21): 6948-6954.

[66] Kabe R, Adachi C. Organic long persistent luminescence. Nature, 2017, 550 (7676): 384-387.

[67] Jinnai K, Kabe R, Adachi C. Wide-range tuning and enhancement of organic long-persistent luminescence using

emitter dopants. Advanced Materials，2018，30（38）：1800365.

[68] Lin Z，Kabe R，Nishimura N，et al. Organic long-persistent luminescence from a flexible and transparent doped polymer. Advanced Materials，2018，30（45）：1803713.

[69] Lin Z，Kabe R，Wang K，et al. Influence of energy gap between charge-transfer and locally excited states on organic long persistence luminescence. Nature Communications，2020，11：191.

[70] Alam P，Leung N L C，Liu J，et al. Two are better than one：a design principle for ultralong-persistent luminescence of pure organics. Advanced Materials，2020，32（22）：2001026.

第4章

>>

有机室温磷光聚合物

4.1　引言

　　有机室温磷光聚合物材料由于力学性能优异、可加工性良好、热稳定性高、可循环兼具分子设计灵活等优势，逐渐引起研究者的关注。通常，磷光的产生包括两个关键过程：①单线态到三线态有效的系间窜越（ISC）过程，使分子尽可能产生三线态激子，提高磷光量子效率；②三线态激子的稳定性，尽可能减少无辐射及氧气等周围环境的猝灭影响。因此，设计高效纯有机室温磷光材料的关键在于促进系间窜越和抑制三线态激子的无辐射跃迁。然而，三线态激子很容易在氧气、水环境下发生猝灭。聚合物具有高的分子量和长链结构，不仅可以形成刚性环境或充当刚性基体抑制分子的振动，还能够隔绝周围环境中的氧气和湿气，延长三线态激子的存活时间。迄今为止，有机室温磷光聚合物的研究已经取得了很好的进展。

　　常见的有机室温磷光聚合物可分为两大类：掺杂型体系和非掺杂型体系。掺杂型体系在第 3 章中已进行了介绍，本章着重介绍非掺杂型有机聚合物。非掺杂型有机聚合物的室温磷光源自聚合物本身，主要通过共聚或均聚的方式将磷光基团引入聚合物的主链、侧链或末端。开环聚合、自由基二元共聚和共价交联反应等方法都是制备室温磷光聚合物的常用方法。通过聚合反应形成的刚性环境可有效抑制分子的无辐射弛豫，从而增强室温磷光性能。本章介绍聚乳酸（PLA）、水性聚氨酯（PU）、聚丙烯酰胺/聚丙烯酸、聚酰胺/聚酰亚胺（PA/PI）、聚苯乙烯磺酸/聚苯乙烯吡啶（PSS/PVP）等类型有机室温磷光聚合物。

4.2　聚乳酸类室温磷光聚合物

　　聚乳酸（PLA）是一种兼具良好加工性能和生物相容性的可降解聚合物。研究发现，当 PLA 与功能化的有机发光基团［如二氟硼-β-二酮酸酯（BF$_2$bdk）衍生物〕结合时，PLA 表现出室温磷光特性。Fraser 等报道了一系列基于 PLA 的室温磷光相关工作（图 4-1，聚合物 **1～11**）。2007 年，他们首次将二氟化二苯甲酰甲烷硼（BF$_2$dbm）与 PLA 偶联，得到了对温度和氧敏感的绿光室温磷光（RTP）材料 **1**，磷光寿命为 0.17 s[1]。2009 年，他们通过改变 PLA 链长（$n = 27, 95, 234$），研究了分子量对碘取代聚合物中荧光和磷光比例的影响。氮气气氛下，分子量较低的 **6a** 表现出强的磷光发射和较弱的荧光发射。随着分子量逐渐增加，荧光峰和磷光峰表现出较好的分离。他们利用磷光与荧光之间的比例变化实现了肿瘤中的缺氧检测 ［图 4-2（a）～（c）］[2]。2015 年，作者进一步研究了分子量和卤素取代基对这类室温磷光聚合物磷光性质的影响。研究发现，氮气气氛下，聚合物分子量的增加对室温磷光的发射波长几乎没有影响，但增大了单线态-三线态的能级差，从而降低了系间窜越速率，延长了室温磷光寿命。因此，分子量较大的聚合物普遍表现出较长的磷光寿命。并且，聚合物分子量的变化对光稳定性和荧光-磷光（F/P）强度比有影响，可应用于比率型氧传感领域。由于重原子效应，原子序数大的卤素取代基有助于促进系间窜越过程，提高磷光强度，但同时会缩短磷光寿命。因此，溴和碘取代聚合物 **4** 和 **5** 的寿命比轻卤素（F 和 Cl）取代的聚合物 **2** 和 **3** 短[3]。该团队的另一项工作也印证了这种分子量和重原子对室温磷光的影响：在聚合物 **7～9** 中，具有更高分子量的聚合物 **7b**、**8b** 和 **9b** 表现出较长的磷

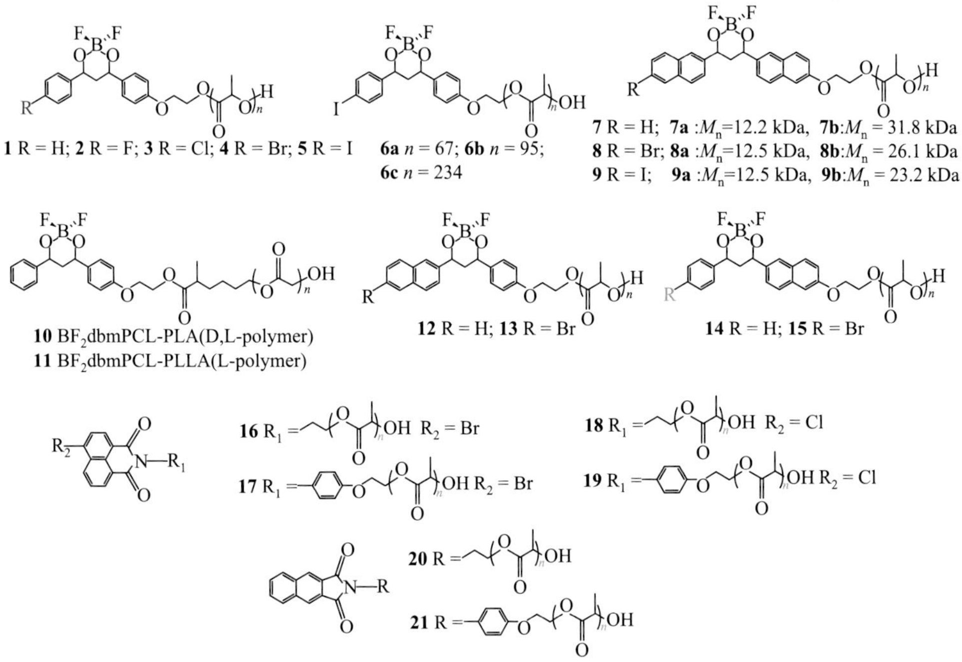

图 4-1　聚合物 **1～21** 的分子结构式

光寿命[4]。其中，碘取代的聚合物 **9b** 能实现荧光和磷光光谱信号的良好分离，并应用于比率型氧传感和成像领域［图 4-2（d）和（e）］。该团队还研究了 PLA 立体化学对室温磷光性能的影响，聚合物 **10** 和 **11** 在同等分子量的条件下，D, L-PLA 的磷光比 L-PLA（PLLA）更亮，其 PLA 片段降低了聚合物的局部结晶度和微腔尺寸，从而有效抑制了分子的运动及热辐射途径[5]。

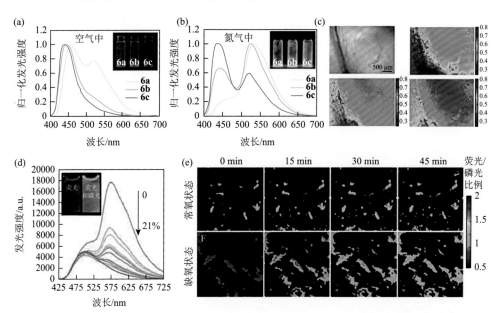

图 4-2　聚合物 6 在空气（a）和氮气（b）条件下的发射光谱；（c）6b 在肿瘤细胞中的缺氧检测应用；（d）9b 在氧含量为 0%～21%的发光图片和不同氧含量条件下的光谱，箭头表示随着氧气的增加，570 nm 处的磷光减弱；（e）常氧（空气环境）和缺氧（0.5% O₂）条件下的细胞成像图

除分子量和 PLA 立体化学对室温磷光有影响外，Fraser 等还研究了苯基和萘基取代的 PLA 聚合物（**12～15**）中重原子对磷光性质的影响[6]。研究发现，溴在苯基上的取代对磷光寿命无显著影响，聚合物 **14** 和 **15** 的室温磷光寿命分别为 20 ms 和 26 ms。当溴在萘基上取代时，其重原子效应对磷光的影响更为明显，聚合物 **13** 的磷光寿命（$\tau = 11$ ms）与聚合物 **12**（$\tau = 70$ ms）相比显著降低。2016 年，张国庆等还将卤素（Br 和 Cl）和分子内电荷转移（ICT）引入基于 N 取代的萘二甲酰亚胺（NNI）的 PLA 中（**16～21**）以增强其室温磷光[7]。由于卤素的重原子效应，溴取代的聚合物 **16** 和 **17** 比氯取代的聚合物 **18** 和 **19** 表现出更强的磷光。同时，电荷转移效果最好的聚合物 **20** 体现出最长的磷光寿命（$\tau = 1.12$ s）。由此可见，重原子或分子内电荷转移的存在，有助于促进系间窜越以实现室温磷光性

能。除此之外，张国庆等还提出了聚合增强系间窜越（polymerization-enhanced intersystem crossing）的策略来延长三线态激子的寿命[8]。

有机聚合物室温磷光分子在氧气检测和生物成像方面具有良好的应用价值[2, 8, 9]。Fraser 等将分子 **7**～**9** 等以纳米颗粒的形式应用于氧气检测和生物成像中，取得了良好的效果[4]。2016 年，他们将聚合物 **22**～**24** 的纳米颗粒应用于氧气检测，其中，**24** 可检测氧气的范围是 0%～100%，可以应用于检测伤口愈合过程中的氧化水平 [图 4-3（a）][10]。最近，该团队分别引入三种不同给体基团和 π 共轭体系，得到了室温磷光聚合物 **25**～**27**。室温下，这些聚合物的纳米颗粒在 520～556 nm 处显示较为红移的磷光发射 [图 4-3（b）][11]，为生物成像应用提供了一个新平台。

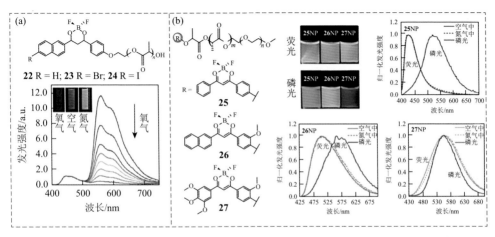

图 4-3 （a）PLA 类室温磷光聚合物 **22**～**24** 的结构，聚合物 **24** 的发射图片及不同氧含量条件下的发射光谱，箭头表示随着氧含量的升高，磷光强度逐渐减弱；（b）聚合物 **25**～**27** 的结构，基于聚合物 **25**～**27** 的纳米颗粒（NP）在空气中的荧光图片和在氮气气氛下的室温磷光图片，在空气和氮气气氛下的发射光谱及在氮气气氛下的延迟发射光谱（延迟时间：2 ms）

综上所述，基于 PLA 类室温磷光聚合物的发现为非掺杂室温磷光高分子材料的开发和研究打开了大门。它们的室温磷光性质可以通过调节卤素取代基、聚合物链长、重原子位置等予以调节。而且，基于 PLA 的纳米颗粒在水溶液中也具有优异的室温磷光性能，还拥有良好的生物相容性和稳定性，在生物领域显示出极大的应用优势。但是，基于 PLA 的室温磷光聚合物材料对环境（氧气、湿度等）敏感，磷光量子效率仍有很大的提升空间。

4.3 水性聚氨酯类室温磷光聚合物

聚氨酯（PU）在涂料、泡沫、弹性体和热塑性塑料中有着广泛的应用。通过在聚氨酯中引入不同的单体，可构筑不同发光性能的聚合物体系。2015年，张国庆等将氨基二苯甲酮单元（K1）通过共价键作用引入水性聚氨酯中，通过改变掺杂浓度，制备了具有荧光和室温磷光双重发射的单组分聚合物 **28**。根据氨基苯甲酮的浓度（质量分数为1%、2%、5%、10%和20%），将聚合物分别命名为SDM1、SDM2、SDM5、SDM10 和 SDM20（图4-4）[12]。其中，氨基二苯甲酮的质量分数为 1%时（SDM1），其在氮气气氛或真空条件下表现出较强的绿色磷光发射 [$\lambda = 505$ nm，图 4-4（b）]，寿命为 53.5 ms。随着 K1 浓度的增加，较高浓度的 K1 形成聚集态，由于激子分裂，聚合物形成了带状电子态，因此，在真空条件下，磷光发射光谱和荧光发射光谱逐渐合并。带状结构在单线态和三线态间有大量重叠，减少了单线态-三线态的能级差，增强了振动耦合，使这些态完全混合，从而产生了荧光和延迟荧光 [图 4-4（c）]。理论计算及实验表明，氨基二苯甲酮的引入有效降低了单线态与三线态之间的能级差，增强了系间窜越过程，再次印证其之前提出的聚合增强系间窜越策略的可行性。

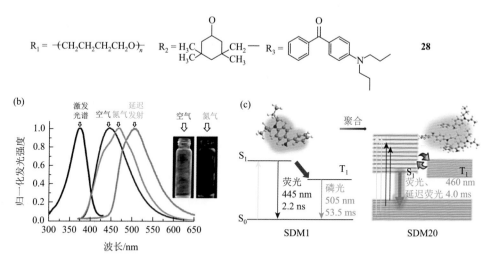

图 4-4　（a）聚合物 **28** 的分子结构；（b）氨基取代的二苯甲酮质量分数为 1%时（SDM1 薄膜）的激发光谱、在空气和氮气中的发射光谱及图片、延迟发射光谱（延迟时间：50 ms）；（c）聚合增强系间窜越机制图

随后，他们将硫黄素衍生物引入聚氨酯中，合成了聚合物 **29**，并通过添加质子的方式实现了室温磷光（图 4-5）[13]。质子化之前，聚合物的主要跃迁方式是

π-π*跃迁，由于单线态-三线态能级差较大，无法检测到室温磷光现象；随着 Brønsted 酸逐渐添加到聚合物体系中，新形成的分子内电荷转移降低了单线态和三线态之间的能级差，促进了系间窜越过程，从而增强了室温磷光性能。2017 年，张兴元等通过将萘酰亚胺衍生物引入水性聚氨酯中，制备了荧光和磷光双发射材料（图 4-6）[14]。实验表明，聚合物 **30** 没有室温磷光性质。为了增强自旋轨道耦合，他们在萘酰亚胺上引入重原子溴，通过将聚合物 **30** 与 **31** 进行比较发现，卤素的重原子效应增强了自旋轨道耦合，促进了单重激发态到三重激发态系间窜越，有效稳定了聚合物的双重发射性能。聚合物 **31** 在真空条件下室温磷光光谱位于 530～570 nm 范围内，寿命为 4.95 ms（λ_{em} = 568 nm）。随着萘酰亚胺衍生物含量的增加，单线态激子与基态分子之间相互作用会形成激基缔合物，这可能会促进分子单线态到三线态间的跃迁，从而促进室温磷光的产生。2018 年，他们还将 4, 4′-（N, N′-二羟乙基甲基氨基）二苯甲酮（DNBP）与水性聚氨酯（WPU）结合，通过改变 DNBP 的比例，制备了具有延迟荧光和室温磷光的双发射聚合物 **32**[15]。随着 DNBP 含量增加，单线态和三线态之间能级差逐渐变小。因此，可以通过改变 DNBP 的比例调节聚合物的发光性质。

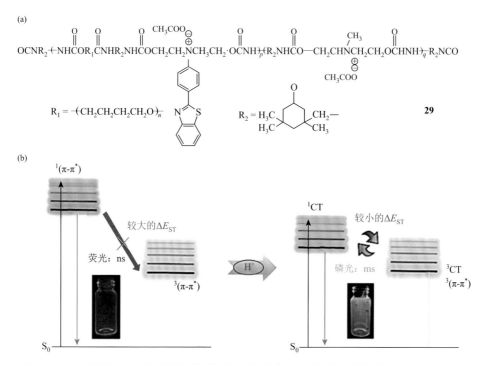

图 4-5　（a）聚合物 **29** 的分子结构式；（b）聚合物 **29** 质子化前后的电子跃迁态示意图

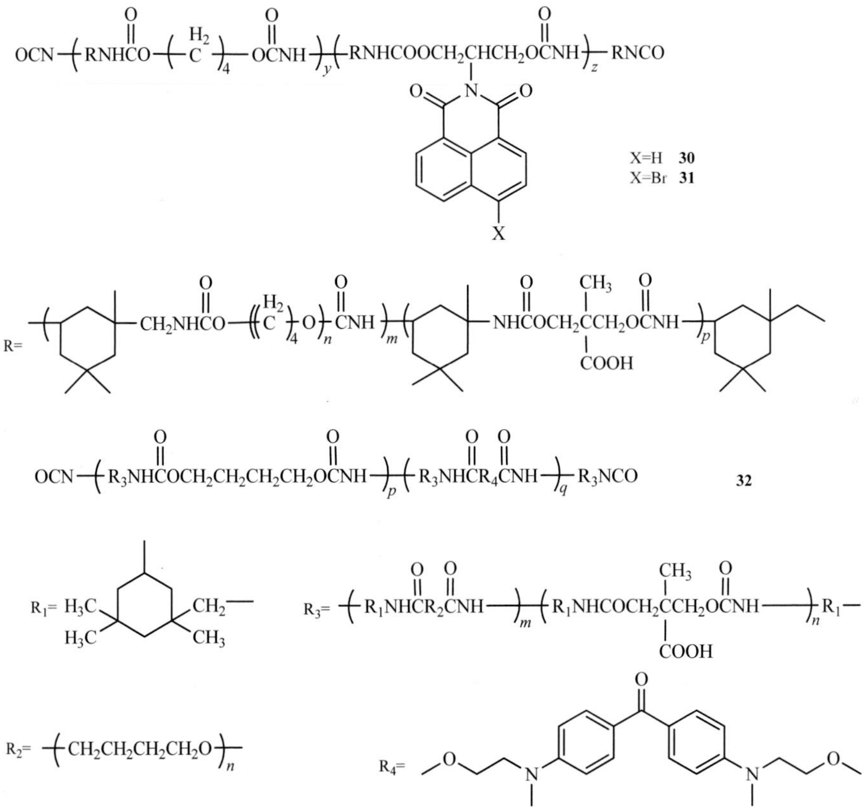

图 4-6　聚合物 **30**～**32** 的分子结构

4.4 聚丙烯酰胺/聚丙烯酸类室温磷光聚合物

聚丙烯酰胺（PAM）是一种理想的刚性聚合物基体，可有效固定磷光基团，抑制无辐射过程，从而大幅度提高磷光量子效率。该类聚合物主要通过发光分子与聚丙烯酰胺自由基共聚制成，操作简单、应用广泛。同时，体系中存在大量非共价氢键，表现出良好的可逆性，在传感、信息加密等领域显示出独特的优势。

2016 年，田禾等将含溴的发光基团与丙烯酰胺通过自由基二元共聚制备出多种室温磷光聚合物 **33**～**36**（图 4-7）[16, 17]。聚丙烯酰胺的刚性聚合物基体和聚合物链间的氢键作用有效抑制了发光基团的无辐射跃迁，重原子溴的引入有效促进了系间窜越过程，共同提高了其磷光量子效率。聚合物 **33**～**36** 的室温磷光寿命依次为 1.15 ms（λ_{em} = 510 nm）、5.76 ms（λ_{em} = 520 nm）、5.08 ms（λ_{em} = 580 nm）、1.17 ms（λ_{em} = 453 nm），磷光量子效率依次为 11.4%、8.1%、7.4%、4.83%。由于磷光体易于被氧猝灭的特性，磷光体需要有效地嵌入并广泛分布在聚合物单体中，这就需要优化聚合物单体中磷光体的比例。研究发现，当磷光体的比例较高时，聚合物刚性和对氧的屏蔽将减弱，而较低浓度的磷光体所得聚合物的磷光发射强度较低。因此，可以通过优化两种单体的比例提高共聚物的室温磷光性能。此外，水分子的引入可以破坏聚合物链中的氢键作用，使聚合物表现出对湿度的响应。并且，这种特性具有良好的可逆性，在信息加密方面体现出潜在的应用价值。2018 年，该团队通过将各种含氧官能团取代的苯基磷光单体与丙烯酰胺简单二元共聚，制备了一系列具有高效室温磷光发射的聚合物 **37～46**，表现出较长的寿命和较高的量子效率（图 4-8）[18]。其中，聚合物 **39** 的寿命为 537 ms，量子效率为 15.39%。这类聚合物利用氧原子上的孤对电子促进 n-π* 跃迁来提高系间窜越概率，代替卤素的重原子效应，实现了无重原子有机化合物的室温磷光。丙烯酰胺聚合物链之间的氢键交联既能固定磷光基团，抑制其无辐射跃迁，也能提供刚性环境隔绝氧气等猝灭分子，从而实现高效的室温磷光。同时，由于体系中无卤

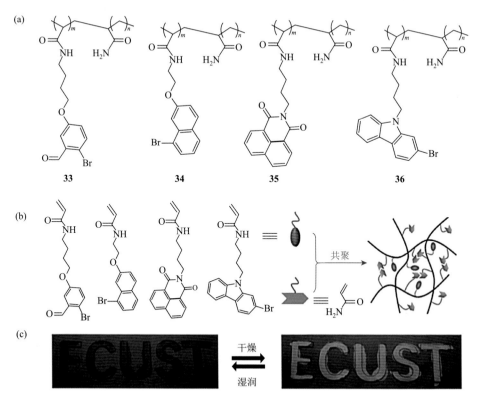

图 4-7　（a）聚合物 **33～36** 的分子结构；（b）二元共聚示意图；（c）聚合物 **35** 对湿度响应及室温磷光性能示意图

素重原子，三线态发光寿命大大增加，在移除激发光源后，部分聚合物肉眼可见的磷光余辉可以持续 4 s。2020 年，该团队将碘取代硼二吡咯（Bodipy）与丙烯酰胺自由基二元共聚，得到了由可见光激发、具有近红外室温磷光发射的聚合物 **47** 和 **48**［图 4-9（a）］[19]，寿命分别为 0.45 ms 和 0.71 ms。该体系通过引入碘原子促进系间窜越，而且丙烯酰胺聚合物的刚性结构不仅可以减弱发光分子的振动，还可以减少外界的氧气等猝灭因素的干扰，从而减少无辐射跃迁。此外，通过在聚合反应中引入交联剂 MBAA 和 UPy，还得到了具有快速自修复功能的近红外室温磷光凝胶 **49** 和 **50**，显示出良好的自愈能力，为将来设计多功能的室温磷光材料，以及该类材料在电子器件中的潜在应用奠定了基础。同年，他们还报道了蒽二酰亚胺衍生物与丙烯酰胺共聚后形成的聚合物 **51**［图 4-9（b）］[20]，共聚物提供了丰富的氢键和刚性环境，有效抑制了从 T_1 态到 S_0 态的无辐射失活过程，促进了室温磷光。基于此，他们还采用 Diels-Alder 反应合成了两种聚合物 **52** 和 **53**，可以通过加热实现可逆动态共价键转化。三种聚合物显示出不同颜色的室温磷光，实现了蓝色-黄色-橙色磷光的有效调控，为设计动态共价键调控的纯有机室温磷光聚合物提供了一种新策略。

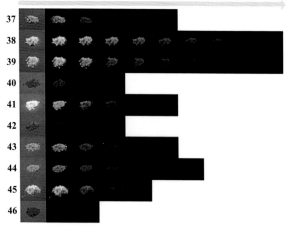

图 4-8 聚合物 37～46 的分子结构（a）及其在 254 nm 紫外灯照射前后的照片（b）

2020 年，吴锦荣等通过乙烯基苯硼酸和丙烯酰胺衍生物的共聚得到了室温磷光聚合物 **54～56**［图 4-10（a）］[21]。聚合物中硼和氮/氧原子之间形成动态配位键，不仅可以通过电荷转移促进三线态激子的产生，还可以固定磷光基团以抑制其无辐射跃迁，从而获得了长寿命室温磷光。这种 B—N/B—O 动态配位键赋予了材料对水的响应特性及自修复能力，在防伪、加密等领域具有潜在应用价值。同年，田禾等将苯甲醛、2,5-二羟基对苯二甲酸酯、螺吡喃和丙烯酰胺共聚得到

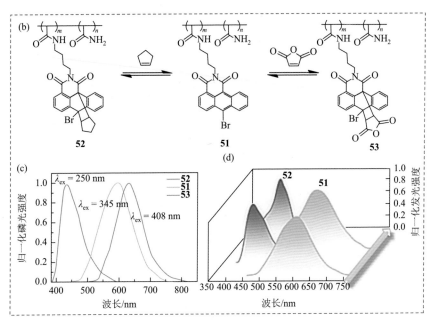

图 4-9　（a）聚合物 **47** 和 **48** 及凝胶聚合物 **49** 和 **50** 的分子结构示意图；（b）聚合物 **51～53** 的分子结构；（c）聚合物 **51～53** 在不同波长激发条件下的室温磷光发射光谱；（d）聚合物 **51** 和 **52** 在重复 Diels-Alder 反应前后的室温磷光发射光谱

三种共聚物 **57～59**［图 4-10（b）］[22]。由于螺吡喃在光照条件下的开环/关环反应，所得聚合物在紫外光和可见光照射下，对光、温度、湿度有一定的响应，被成功应用于二维码的光刻、光擦除、光重印和非接触式温度测量。

除聚丙烯酰胺外，聚丙烯酸（PAA）含有大量的羧基和羟基，不仅可以促进三线态激子的生成，还可以通过聚合物基质及发光分子的分子间和分子内氢键作用抑制三线态的无辐射跃迁（图 4-11）。2018 年，张国庆等以 N 和 O 取代的蒽醌

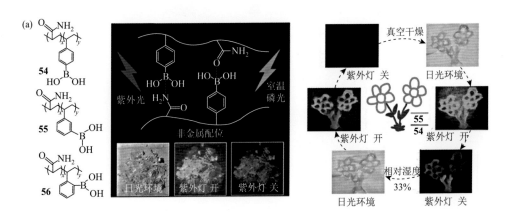

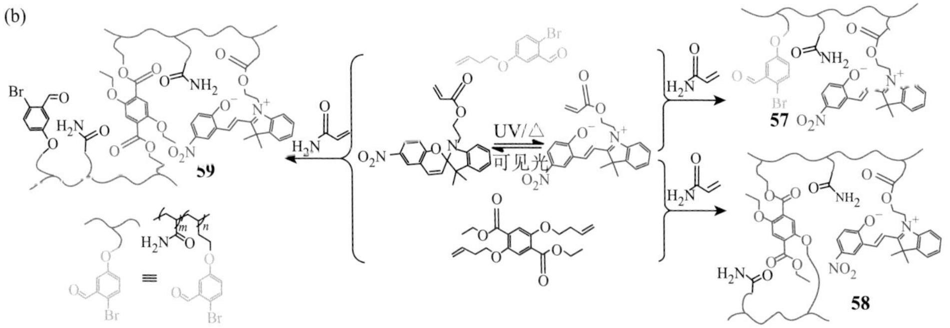

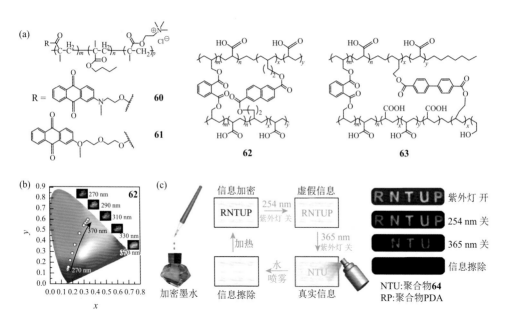

图 4-10　（a）聚合物 54~56 的分子结构、室温磷光性能示意图、聚合物间的相互作用、对湿
度响应的应用；（b）聚合物 57~59 的分子结构

图 4-11　（a）聚合物 60~63 的分子结构；（b）聚合物 62 在不同激发波长下的室温磷光颜色
变化；（c）室温磷光在信息加密领域的应用示意图

（NAQ 和 OAQ）染料与水性聚丙烯酸酯共价交联，得到单组分双发射聚合物 **60**
和 **61**，该类聚合物表现出热致延迟荧光和室温磷光现象[23]。随着染料分子浓度的
增加，聚合物 POAQ 的磷光和荧光发射逐渐红移，寿命逐渐增长。2020 年，安众
福等将多个发光团与丙烯酸自由基交联共聚以实现颜色可调的超长有机室温磷光
（聚合物 **62** 和 **63**）[24]。当激发波长由 270 nm 变为 370 nm 时，共聚物的室温磷光
由蓝色（445 nm）变为黄色（547 nm），不同发光团磷光强度的动态比值变化是导

致室温磷光颜色可调的主要原因 [图 4-11（b）]。刚性交联聚合物的网络结构和聚合物链间的氢键能有效抑制聚合物链的运动，防止三线态激子被氧和水分猝灭，为室温下产生长寿命磷光创造必要条件。多组分共聚物 **62** 的磷光寿命为 1.2 s，量子效率高达 37.5%。这一策略不仅为颜色可调的室温磷光聚合物材料的设计和制备开辟了一条新的途径，而且为开发多级信息加密、多色显示和生物应用材料提供了指导作用。

4.5　聚酰胺/聚酰亚胺类室温磷光聚合物

聚酰胺/聚酰亚胺（PA/PI）是常用的工程塑料和静电纺丝材料，其刚性的化学结构和强的分子间相互作用使其具有良好的热稳定性和耐磨性。基于 PA/PI 的发光材料，因聚合物本身的刚性及氢键对三线态激子的稳定作用，表现出优异的光致发光性能，在光电领域显示出巨大的应用潜力。

2015 年，Kwon 等选取马来酰亚胺对 Br6A 的烷基侧链进行修饰制备出 DA1 发光分子，并将其与 PFMA 聚合物基质通过 Diels-Alder 点击化学反应共价交联，得到聚合物 **64**（图 4-12）[25]。同时，以 Br6A 荧光分子与聚合物基质共混作为对比体系，对发光分子的掺杂浓度予以优化（DA1 为 1.2 wt%，Br6A 为 1.0 wt%），并将掺杂 DA1 的聚合物薄膜在 120℃下热退火 20 min，以诱导 DA1 和聚合物之间的共价交联。研究发现，掺有 DA1 的 PFMA 薄膜的量子效率为 13%，是掺入 Br6A 的 PFMA 薄膜的 2.5 倍，这种量子效率的大幅度提升归因于分子与聚合物间的共价交联可以有效抑制分子的运动和无辐射跃迁。而且，通过延长烷基链合成了分子量更大的 DA1 类似物，证明了该体系磷光量子效率的提高主要源于共价交联的形成，而非分子量。为了测试共价交联策略提高磷光量子效率的普适性，他们还设计了一系列含有多种单体的共聚物 **P65～P70**，这些共聚体与 DA1 共价交联进一步制备出聚合物 **65～70**，并与 Br6A 掺杂作为对比体系。研究发现，DA1 掺杂的共聚物比 Br6A 掺杂的共聚物具有更高的磷光量子效率，表明这种共价交联策略适用于提升聚合物的室温磷光性能。

2016 年，Ando 等设计合成了一系列半芳香族 PI 聚合物 **71～73**（图 4-13）[26]。与无重卤素的聚合物 **71** 相比，引入溴和碘原子的聚合物 **72** 和 **73** 表现出具有较大斯托克斯位移的红色室温磷光。真空条件下，聚合物 **72** 和 **73** 的室温磷光寿命分别为 9.9 ms 和 3.3 ms，与其在空气中的固态 PI 膜相比，磷光强度和寿命都得到提升。这种具有较大斯托克斯位移和氧敏感性的磷光聚合物不仅可以应用于光谱转换器，而且在氧传感器领域也体现出应用价值。2019 年，该团队报道了具有高透明度和较大斯托克斯位移的室温磷光聚合物 **74**，该聚合物中两个溴原子的引入增大了分子的位阻，有效抑制了酰胺单元的聚集。同时，溴的重原子效应和聚合物的刚性结构有效促进了室温磷光的产生[27]。2020年，他们进一步制备出具有荧光-磷光双重发射的共聚亚胺（CoPI）透明薄膜 **75**。通过调整共聚比例，发光颜色可从蓝色、白色调至橙色[28]。这种荧光和磷光 PI 单元的共聚可以控制 PI 薄膜的光致发光特性，在颜色可调的固态发射体、比率氧传感器和太阳光谱转换器等中具有潜在的应用价值。2019年，马骧等采用内酰胺单体和其他单体共聚制备了六种内酰胺类室温磷光聚合物 **76～81**[29]。聚合物基体为发光基团提供了良好的刚性环境，并限制了其无辐射运动，产生了 422～582 nm 的室温磷光发射。这项工作为制备低成本、具有多种发射波长的磷光聚合物提供了一种通用方法。

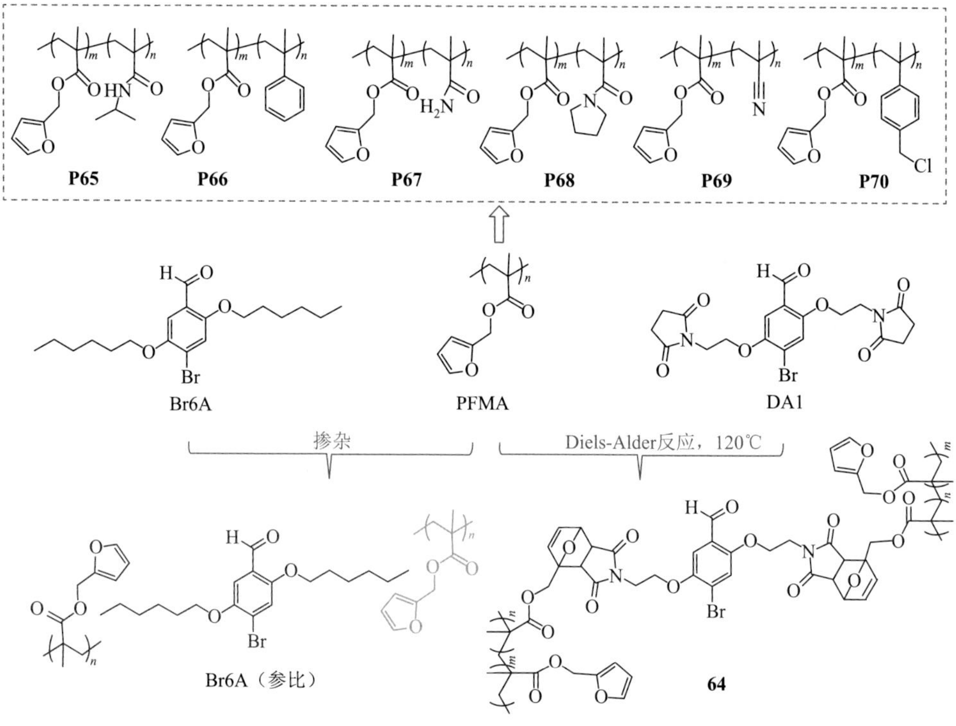

图 4-12　Br6A、DA1、PFMA 及其聚合物的分子结构式

聚合物 **P65～P70** 分别与 DA1 发生 Diels-Alder 反应，得到相应的聚合物 **65～70**；聚合物 **P65～P70** 分别与 Br6A 掺杂得到相应的参比

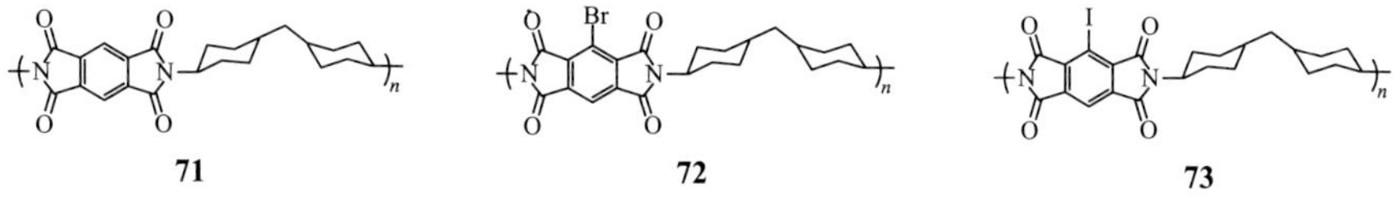

74　　　　　　　　　　　　　　　　　　　　**75**

76　　**77**　　　　**78**　　　　**79**　　　　**80**　　　　**81**

图 4-13　聚合物 71～81 的分子结构

聚苯乙烯磺酸/聚苯乙烯吡啶类室温磷光聚合物

聚苯乙烯磺酸（PSS）是一种非常简单、常见的有机聚合物，为商用高分子材料。PSS 分子量高，热稳定性好，可形成透明薄膜或加工成各种形状。一般而言，磺酸基团可以形成较强的分子间/分子内氢键相互作用，为其在光电领域的应用奠定了基础。

2018 年，Ogoshi 等首次采用 PSS 制备出一种简单的无定形有机室温磷光聚合物 **82**，在干燥的空气中显示出极长的绿色室温磷光（图 4-14）[30]。而且，聚合物的磷光寿命可以通过 PSS 的分子量和引入磺酸基团的比例加以调控，随着磺酸基团比例的增加，磷光的寿命逐渐变长，最长可达 1.01 s。磺酸基团之间强氢键网络的形成可以有效减少无辐射跃迁，这是 PSS 室温磷光寿命超长的主要原因。当

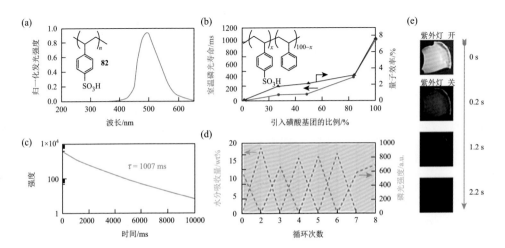

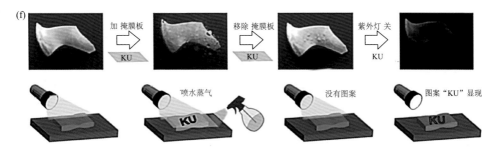

图 4-14　（a）聚合物 **82** 的分子结构和磷光光谱；（b）引入磺酸基团的比例对室温磷光寿命和绝对发射量子效率的影响；（c）PSS 粉末在空气中的室温磷光衰减曲线；（d）饱和水蒸气吸收对 PSS 膜中水分和室温磷光强度的影响；（e）PSS 薄膜在 365 nm 紫外灯照射前后不同时间的发光照片；（f）利用 PSS 膜（$M_w \approx 350000$）进行寿命编码的示意图

水蒸气存在时，氢键被破坏，室温磷光被猝灭，通过减压加热除水后，磷光性能可以恢复。通过 PSS 粉末材料吸水和除水的可逆室温磷光切换，此体系被成功应用于信息的防伪加密。

　　实现聚合物长寿命室温磷光的关键是减少发光分子的无辐射跃迁，目前大部分策略是通过共价键、氢键和范德瓦耳斯力来限制分子运动。除此之外，离子键具有强相互作用、无方向性、非饱和性等特点，也可以作为一种重要的化学键有效抑制发光分子的运动，增强聚合物的室温磷光。2019 年，黄维等在传统聚乙烯衍生物的基础上，提出了离子键交联实现聚合物超长室温磷光的策略，制备了不同离子化的聚合物 **83～87**，在聚合物共价键的协同作用下，实现了离子型聚合物的长余辉发光 [图 4-15（a）][31]。其中，基于聚合物 **83** 的发光寿命最长，可达 2.1 s，同时，显示出激发波长依赖的长余辉发光现象，成功实现了余辉颜色的调节。并且，该类材料在温度高达 170℃时，仍然保持可视化长余辉发光 [图 4-15（b）]。他们还研究了不同离子（Li^+、K^+、Rb^+、NH_4^+）对室温磷光性能的影响 [图 4-15（c）～（e）]：聚合物 **84～86** 都表现出肉眼可见的室温磷光现象，并且，四种聚合物的磷光发射都位于 550 nm 左右，随着离子半径的增大，聚合物的磷光寿命依次降低（聚合物 **84～87** 的寿命分别为 1308 ms、416 ms、239 ms、57 ms），这可能是由于重原子的猝灭效应或苯磺酸盐之间较弱的相互作用导致无辐射跃迁增强。聚合物 **87** 的磷光很弱，肉眼无法观察到。实验和理论计算表明，该类聚合物具有长余辉的主要原因是离子键抑制了发光单元的无辐射跃迁。这一研究成果赋予了传统聚合物材料新的性能，加之材料来源广、成本低，因此在柔性显示、照明、数据加密及生物医学等领域具有很大的应用前景。他们继续利用离子化策略，基于聚乙烯基吡啶设计并合成了一系列具有超长室温磷光的聚（4-乙烯基吡啶）衍生物 **88～90**（图 4-16）[32]。在 1,4-丁磺酸内酯离子化后，聚合物 **88** 的磷光寿命长达 578.36 ms，是聚（4-乙烯基吡啶）磷光寿命的 525 倍，并且其磷光颜色可在低温下通过不同激发波长实现从蓝光到红光的全可见光谱的变化［图 4-16（b）］。他们进一步合成了两种基于聚（4-乙烯基吡啶）的聚合物 **89** 和 **90**，寿命分别为 197.17 ms 和 436.75 ms，并且其磷光也在 77 K 下表现出激发依赖的特性［图 4-16（c）～（e）］，证实了在聚合物中引入离子键产生超长室温磷光设计理念的普适性，还证明了具有离子键的发光基团之间的交联是抑制无辐射跃迁从而延长室温磷光寿命的关键。此研究为开发刺激响应室温磷光材料提供了新思路，并为兼具柔性、大尺寸、低成本的有机磷光聚合物的发展提供可能。

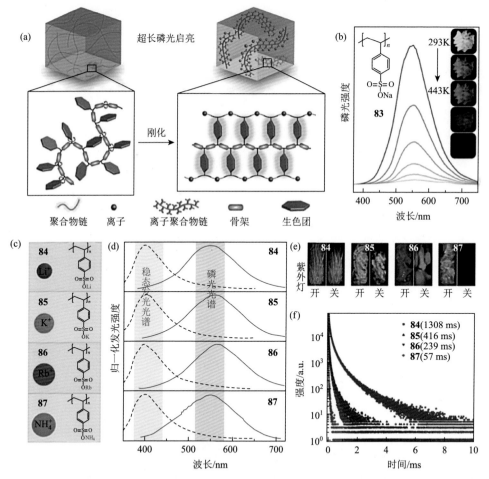

图 4-15　（a）离子化聚合物的超长室温磷光示意图；（b）聚合物 83 在不同温度下的荧光光谱和照片；（c）聚合物 84～87 的分子结构；（d）聚合物 84～87 的稳态光致发光（虚线）和磷光（实线）光谱；（e）聚合物 84～87 在紫外灯（365 nm）开灯和关灯时的照片；（f）聚合物 84～87 的磷光衰减曲线

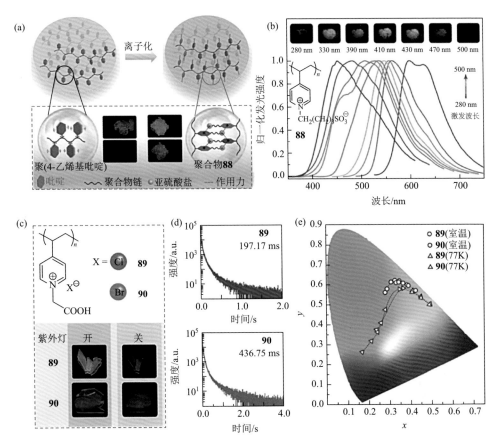

图 4-16 （a）离子聚合物产生超长有机磷光的示意图；（b）聚合物 88 在 77 K 下的激发依赖磷光光谱；（c）聚合物 89 和 90 的分子结构和紫外灯开关下的照片；（d）聚合物 89 和 90 的时间分辨衰减曲线；（e）聚合物 89 和 90 在室温和 77 K 下的磷光发射颜色随激发波长变化的 CIE 坐标

4.7 其他室温磷光聚合物

除了上面提到的经典的聚合物室温磷光材料，一些不常见的聚合物也对纯有机室温磷光材料的发展具有重要意义。吕超等利用点击化学反应构建了磷光分子和聚合物基质间的共价连接，通过强的 B—O 共价键将硼酸基团修饰的四苯乙烯连接到聚乙烯醇（PVA），获得了高效的室温磷光聚合物 91［图 4-17（a）］[33]。而且，通过控制 B—O 共价键的数量可以实现对磷光材料性能（磷光强度及磷光寿命）的有效调控，最长寿命达到 768.6 ms。模拟计算结果表明，磷光分子的有效固定是高效室温磷光的主要原因。

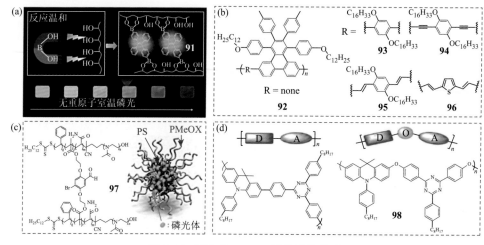

图 4-17　聚合物 91～98 的化学结构式

2010 年，Lupton 等制备了一系列单线态-三线态能级差可调的苯并菲基共轭共聚物 92～96，它们具有毫秒级寿命的黄色室温磷光［图 4-17（b）］[34]。2017 年，Kim 等报道了核-壳结构的室温磷光聚合物对水中溶解氧含量的检测。他们采用磷光基团和聚苯乙烯作为核，以水溶性的聚甲基噁唑啉为壳，通过共价交联构建了聚合物 97［图 4-17（c）］[35]。研究发现，分散在氮气除氧后水溶液中的聚合物纳米颗粒 97 显示出明亮的绿色室温磷光。该纳米颗粒对氧显示出很高的敏感性，可将其应用于各种水环境中溶解氧和气态氧的高灵敏检测。2021 年，丁军桥等通过将氧原子插入吖啶电子给体和三嗪电子受体之间，设计合成了具有 D-O-A 结构的电活性室温磷光聚合物 98［图 4-17（d）］[36]。与传统 D-A 结构的荧光分子相比，聚合物 98 特有的 D-O-A 结构使分子的空穴-电子轨道重叠减小，抑制了电荷转移态荧光发射。另外，氧原子的引入能够增强自旋轨道耦合（SOC）效应，促进激子从 S_1 到 T_n 的系间窜越，以及 T_1 到 S_0 的磷光辐射。因此，在光激发下，聚合物 98 的纯膜和掺杂膜均表现出明显的室温磷光发射，量子效率分别达到 21.4% 和 49.5%。相应的聚合物发光二极管（PLEDs）主要发射电致磷光，其外量子效率达到 9.7%，为纯有机室温磷光聚合物向高效聚合物发光二极管的发展打开了新的大门。

近年来，聚合物碳点（PCdots）结合了碳点优异的发光性能和聚合物的基体效应，成为一类新型的室温磷光材料。2018 年，杨柏等发现采用聚酸和二胺通过一步水热法处理合成的 PCdots 表现出寿命为 658.11 ms 的蓝绿色余辉发射［图 4-18（a）］[37]。这主要归因于化学交联增强发射（CEE）效应的机制，内部反应基团之间的共价交联不仅可以产生发光中心，还可以限制分子的振动和旋转。同时，耦合发光中心之间的电子重叠可以进一步加速三线态激子的产生。2019 年，该课题组以硅酸乙酯和乙二胺为原料 [图 4-18（b）]，利用一锅水解辅助交联碳化法制备二氧化硅微球，室温磷光寿命可达 1.26 s，对氧、水、强酸、强碱和氧化剂具有良好的稳定性[38]。聚合物碳点 URTP-CPDs/SiO$_2$-Ms 的发光中心是 CPDs，Si-O 网络有效地稳定了 CPDs 的三线态，赋予复合微球超稳定的长寿命室温磷光。刘应亮等利用同时富含硅和碳的废弃生物质谷壳作为原料，通过溶胶-凝胶法将碳点原位封装在 Si-O 四面体网络形成的纳米空间中，通过煅烧，进一步形成对碳点具有限域作用的三维空间 [图 4-18（c）][39]。Si-O 网络的刚性结构和与碳点间形成的化学键，以及三维空间的限域作用赋予碳点/二氧化硅复合材料兼具有超长磷光寿命

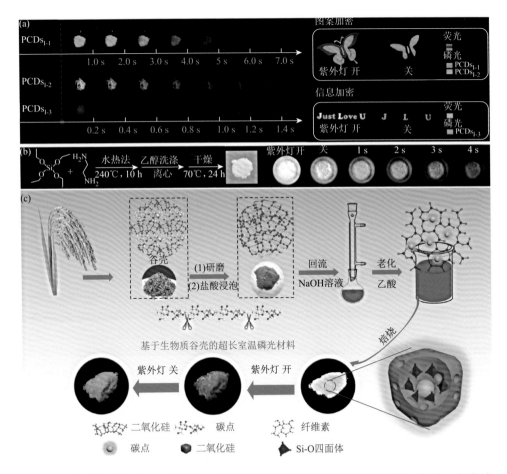

图 4-18　（a）聚合物碳点在关灯后的室温磷光发射图片及其在加密中的应用；（b）二氧化硅微球的制备方法及其在关灯前后的室温磷光发射图片；（c）利用富含硅和碳的废弃生物质谷壳作为原料制备具有室温磷光性质的 **CDs@SiO$_2$** 的示意图及室温磷光图片

（5.72 s）和超高磷光量子效率（21.3%）。这种简便的策略可指导长寿命和高稳定室温磷光聚合物材料的开发，为其在光电器件、防伪、生物传感、时间分辨成像等领域的实际应用奠定了基础。

此外，共价有机骨架（COF）具有比表面积较大、多功能性和结构可调等特点，是材料科学领域的研究热点。尽管它们的应用已在各个领域迅速扩展，但是基于 COF 的室温磷光材料仍然是一个巨大的挑战。2018 年，冯霄等设计合成了 BZL-COF[40]，通过真空干燥 BZL-COF 后，层间距离从 3.7 Å 减小到 3.4 Å，室温条件下，其磷光寿命由 0.23 ms 延长至 0.69 ms（图 4-19）。这项研究表明，分子间距离的改变对磷光行为具有重要影响。

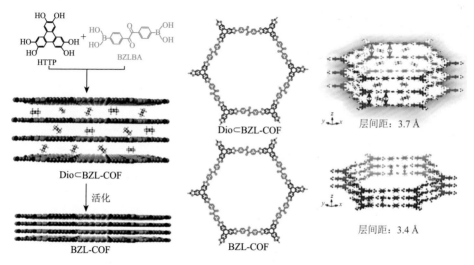

图 4-19　COF 的分子结构和分子排列示意图

4.8　总结与展望

非掺杂体系中的聚合物材料大多数采用柔性的非共轭骨架，通过自由基共聚等策略将发光基团引入聚合物的主链或者侧链。通常，在高分子链中引入含杂原子的官能团，如羧基、氨基、羟基、氰基、磺酸基等。一方面，杂原子（O、S、N、P 等）中的孤对电子有利于增强自旋轨道耦合，从而促进系间窜越生成三线态激子；另一方面，这些官能团有助于形成刚性氢键网络以减少无辐射跃迁。而且，卤素原子（Br 和 I）的重原子效应有利于促进单线态与三线态的自旋轨道耦合，从而促进系间窜越，实现高效率长余辉发光。与掺杂体系相比，非掺杂聚合物材料可以避免相分离和晶体材料的局限性，在实际应用中显示出良好的前景。

　　但是，要实现实际应用，目前的研究在聚合物材料、室温磷光机制及其潜在应用方面仍面临一系列挑战。第一，与小分子体系相比，现有的室温磷光聚合物材料体系非常有限。非掺杂型室温磷光聚合物以 PLA、PI/PA、PSS 等为主，因此，应大力探索并开发新的聚合物体系以丰富聚合物材料的种类。第二，聚合物室温磷光的发光机制尚不够明确。受限于表征手段，目前还无法获取聚合物内部的精确结构和分子排列状况，其内部的相互作用和堆积模式较为模糊，难以深入研究室温磷光的发光机制。因此，新理论模型的提出将对室温磷光聚合物材料的发展产生重要影响。第三，磷光发光基团的种类较少，尤其是高效的红色室温磷光发光分子的设计，仍是重大挑战。因此，设计和合成新的磷光发光基团对于室温磷光材料在生物领域，以及加密防伪或传感等领域的应用具有重要意义[41-43]。总体而言，室温磷光聚合物材料的研究才刚刚起步，尽管种类不多，但其特有的优势和巨大的潜力推动此领域研究进一步深入，有望在厘清其内在机制后获得蓬勃发展和实际应用。

（王金凤　李　振）

参 考 文 献

[1] Zhang G，Chen J，Payne S J，et al. Multi-emissive difluoroboron dibenzoylmethane polylactide exhibiting intense fluorescence and oxygen-sensitive room-temperature phosphorescence. Journal of the American Chemical Society，2007，129（29）：8942-8943.

[2] Zhang G，Palmer G M，Dewhirst M W，et al. A dual-emissive-materials design concept enables tumour hypoxia imaging. Nature Materials，2009，8（9）：747-751.

[3] DeRosa C A，Kerr C，Fan Z，et al. Tailoring oxygen sensitivity with halide substitution in difluoroboron dibenzoylmethane polylactide materials. ACS Applied Materials & Interfaces，2015，7（42）：23633-23643.

[4] DeRosa C A，Kosicka J S，Fan Z，et al. Oxygen sensing difluoroboron dinaphthoylmethane polylactide. Macromolecules，2015，48（9）：2967-2977.

[5] Zhang G，Fiore G L，Clair T L S，et al. Difluoroboron dibenzoylmethane PCL-PLA block copolymers：matrix effects on room temperature phosphorescence. Macromolecules，2009，42（8）：3162-3169.

[6] Kosicka J S，DeRosa C A，Morris W A，et al. Dual-emissive difluoroboron naphthyl-phenyl β-diketonate polylactide materials：effects of heavy atom placement and polymer molecular weight. Macromolecules，2014，47（11）：3736-3746.

[7] Chen X，Xu C，Wang T，et al. Versatile room-temperature-phosphorescent materials prepared from N-substituted naphthalimides：emission enhancement and chemical conjugation. Angewandte Chemie International Edition，2016，55（34）：9872-9876.

[8] Sun X，Wang X，Li X，et al. Polymerization-enhanced intersystem crossing：new strategy to achieve long-lived excitons. Macromolecular Rapid Communications，2015，36（3）：298-303.

[9] Kersey F R，Zhang G，Palmer G M，et al. Stereocomplexed PLA-PEG nanoparticles with dual-emissive boron dyes

第5章

非芳香有机室温磷光化合物

5.1 引言

通常，在大家的认知中，有机发光材料一般含有刚性平面的芳香族单元或大的 π 电子共轭体系，这些发光基团的存在确保了它们的发光性质[1-3]。但是，科学家也发现一些化合物不含任何类型芳香族单元也能展现出本征光致发光现象。这些不含芳香族单元的有机发光材料包括天然产物、聚合物甚至小分子，它们的特点是不具有芳香性和大的 π 电子共轭体系，并且大部分具有良好的亲水性。与含有芳香族单元的有机发光材料相比，其制备方便、环境友好、生物相容性好，适用于生物和医学等领域[4-7]。这些事实表明，芳香族单元的存在与否，与化合物是否可以发光，二者之间没有必然的对应关系。实际上，所有发光概念的界定中，也没有规定哪种结构的化合物才可以具备发光性能。因此，开发新的有机发光材料，研究的范围可以更广，无须仅仅聚焦于芳香性构筑单元。

早在 18 世纪，Becchari 就观察到了人体组织发出的磷光[6]：他将一只手暴露于阳光之下一段时间，然后再将手放于黑暗处，这时还能够观察到这只手，但是未能观察到未经过阳光照射的另外一只手[8]。然而，直到 1933 年，Hoshijima 才进一步研究了人体的骨骼、牙齿、软骨、指甲和干燥的肌腱等在石英汞灯照射后的磷光现象[8]。1937 年，A. C. Giese 和 P. A. Leighton 发现，不仅青蛙腹部、背部的皮肤及人的手掌在被光照射后可以观察到持续 2～4 s 的发光；而且被研究的所有薄纸产品、纤维素物质（木材、树叶和花朵）、角质材料（如人的指甲、鸟嘴和羽毛）等也都显示了持续不同时间的磷光。此外，他们还发现淀粉和葡萄糖在汞灯照射后也能发出磷光[8]。1952 年，P. Debye 和 John O. Edwards[9]研究了各种蛋白质的发光情况，包括牛血清白蛋白、卵蛋白、明胶、人 γ-球蛋白、玉米醇溶蛋白、人纤维蛋白原、丝纤维蛋白和角蛋白（人指甲）。研究发现，含有蛋白质的材料，如细菌（大肠杆菌）、共培养酵母、Witte 蛋白胨、琼脂和脱水牛肉，都显示出室温磷光特性。在该研究中，研究者认为只有 3 种常见的环化氨基酸（酪氨酸、色氨酸和苯丙氨酸）给出了特征性发射的指示，而其余 15 种氨基酸，包括组氨酸，显示出弱蓝光发射，具有酪氨酸和色氨酸的类似特征，因此其磷光被认为是由含有微量芳香族氨基酸引起的。1987 年，J. M. Vanderkooi、D. B. Calhoun 和 S. W. Englander[10]发现室温磷光在蛋白质中具有普遍性，大量蛋白质在室温脱氧水溶液中都呈现磷光现象。他们认为这些磷光的产生似乎与溶剂中相对分离的色氨酸-吲哚侧链有关。

这些早期的磷光发现虽然为研究非芳香有机室温磷光化合物奠定了基础，但也留下了许多谜团，因为这些磷光的起源悬而未决，其内在发光机制更是无从谈起。本章主要梳理了近些年来非芳香有机室温磷光化合物的研究进展，包括非芳香有机室温磷光高分子和小分子，以及它们可能的发光机制，并在本章最后给出了简短的总结与展望。

5.2　非芳香有机室温磷光高分子

2013 年，袁望章和唐本忠等[11]探讨了淀粉、纤维素、牛血清白蛋白等结晶诱导磷光（CIP）的性质，对它们在溶液、薄层色谱板和结晶状态下的光物理性质进行了比较和简要讨论。其中一些不包含任何芳香基团的天然产物仍具有较高的发射效率。在 365 nm 紫外光照射下，大米可以发出明亮的蓝光，发射光谱中在 382 nm 和 433 nm 处各有强的发射 [图 5-1（a）]，并检测到两处发射分别具有双重寿命，其中 382 nm 处的发光寿命为 1.72 ns/2.91 μs [图 5-1（b）]，433 nm 处的寿命为 1.78 ns/5.26 μs [图 5-1（b）]，表明大米具有荧光和磷光双重发射性质。与大米发射类似，在淀粉（λ_{em} = 470 nm）、纤维素（λ_{em} = 427 nm）和牛血清白蛋白（λ_{em} = 418 nm）的固体粉末中同样检测到了荧光和磷光，其寿命分别为 12.83 ns/4.98 μs、2.39 ns/4.66 μs 和 3.63 ns/4.75 μs [图 5-1（c）和（d）]。除了牛血清白蛋白中的氨基酸可以作为发光单元外，淀粉和纤维素都不包含任何芳香族发光单元。他们认为，虽然在这些物质中没有芳香性的基团，但存在着许多具有孤对电子的富电子含氧基团，在固体粉末中，通过适当的接触，这些基团可以形成多种团簇，其中氧基团的电子云被重叠和共享，从而产生新的具有较低能隙和有效共轭长度的富电子团簇。同时，有效的分子相互作用显著地阻止了无辐射失活，从而使这种"团簇发光基团"在固体粉末状态下具有较高的发光效率。为了进一步验证这一假设，他们还研究了壳聚糖、纤维素、右旋糖酐、葡萄糖、木糖和半乳糖 [图 5-1（e）] 在结晶时的发光性质，发现它们都表现出结晶诱导磷光现象。这些发现对于探索更多的室温磷光材料和非芳香有机发光材料具有重要意义。

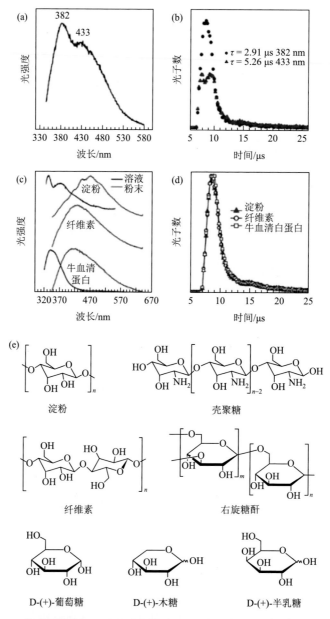

图 5-1 在 365 nm 紫外光激发下大米的发射光谱（a）和时间分辨衰减曲线（b）；淀粉、纤维素和牛血清白蛋白的发射光谱（c）和时间分辨衰减曲线（d）；（e）淀粉、壳聚糖、纤维素、右旋糖酐、D-（＋）-葡萄糖、D-（＋）-木糖和 D-（＋）-半乳糖的分子式

　　基于以上研究，袁望章和张永明等[12]又通过一种普通的半结晶聚合物聚丙烯腈（PAN）的光物理性质来阐明非芳香有机发光材料的发光机制。PAN 在稀

溶液中几乎不发光，但当以纳米颗粒悬浮液、固体粉末或薄膜的形式浓缩或聚集时，其发光效率可以达到 16.9%，表现出明显的聚集诱导发光（AIE）特性。如图 5-2（a）和（b）所示，以 N, N-二甲基甲酰胺（DMF）为溶剂的 PAN 稀溶液（$\leqslant 1.25 \times 10^{-3}$ mol/L），在紫外灯照射下未观察到任何发光现象，当浓度增加到 1.25×10^{-2} mol/L 时，可以检测到微弱但可见的发射，当浓度为 0.125 mol/L 时，可以观察到更明亮的发光现象。除了发射荧光外，PAN 粉末还表现出涉及长寿命三线态的延迟荧光（DF）和室温磷光（RTP）[图 5-2（c）和（d）]。由于氮原子中孤对电子的存在，其三线态发射被认为源自 n-π^*跃迁。

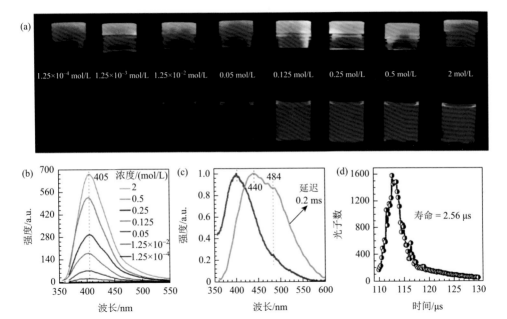

图 5-2 在 365 nm 紫外光下拍摄的照片（a）和不同浓度的 PAN/DMF 溶液的光致发光光谱（b）；延迟时间为 0 ms 和 0.2 ms 时 PAN 粉末的发射光谱（c）及在 395 nm 处的发光衰减曲线（d）

考虑到其分子结构和上述结果，他们将 PAN 独特的本征发射归因于末端氰基的聚集，即氰基团簇的形成（图 5-3）。在这些团簇中，通过空间电子相互作用，即氰基之间 π 电子和孤对电子的重叠，扩展了空间共轭，同时使分子构象刚性化，从而在紫外灯照射时产生显著的发光现象。氰基团簇的形成和构象的刚性化也能很好地解释其聚集诱导发光现象。

2018 年，韦春等发现 Zn^{2+}掺杂的羧甲基纤维素钠（CMC-Na）在室温下发出持久的磷光 [图 5-4（a）和（b）]，量子效率（Φ）和磷光寿命（τ）分别达到 16.5% 和 281 ms[图 5-4（c）]。与纤维素（$\Phi = 4.4\%$，$\tau = 4.66$ μs）和羧甲基纤维素钠

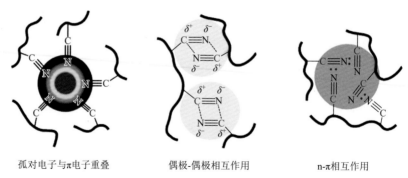

| 孤对电子与π电子重叠 | 偶极-偶极相互作用 | n-π相互作用 |

图 5-3 氰基团簇内可能存在的分子内和分子间相互作用

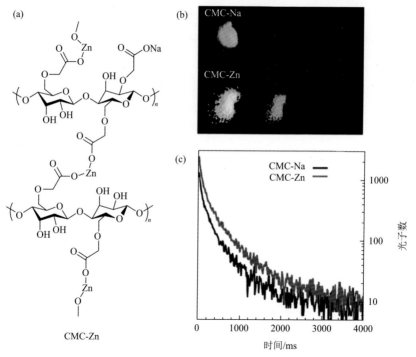

图 5-4 （a）CMC-Zn 的分子结构；（b）紫外灯关闭前后 CMC-Na 和 CMC-Zn 的光学照片；（c）CMC-Na 和 CMC-Zn 的发光衰减曲线

（$\Phi = 10.7\%$，$\tau = 114$ ms）相比，羧甲基纤维素锌（CMC-Zn）的量子效率和磷光寿命均提升。这可能归于以下因素：一方面，纤维素的羧基可以通过增强系间窜越，促进单线态激子到三线态激子的转变；另一方面，与钠离子相比，锌的离子键由于化学交联作用更强，从而更有效地限制了分子间的运动，而且晶体中丰富的氢键也限制了分子运动，减少了无辐射跃迁，因此有利于磷光的产生。另外，ZnO 纳米颗粒缺陷态的室温磷光发射与羧甲基纤维素锌固体的磷光发射带一致，因此，室温磷光的长寿命发射来源于羧甲基纤维素锌复合材料。由于羧甲基纤维素锌具有良好的生物相容性、优异的光学活性和环境友好性，其在生物成像、分子传感、光学器件等方面具有广泛的应用前景。

最近，袁望章等系统地研究了不同种类的非芳香有机聚合物的光物理性质，主要包括：①纤维素（MCC）及其衍生物 2-羟乙基纤维素（HEC）、羟丙基纤维素（HPC）和醋酸纤维素（CA）[14]；②海藻酸钠（SA）[15]；③含氨基甲酸酯（NHCOO）基团的非芳香族聚氨酯（PU）[16]；④聚丙烯酸（PAA）、聚丙烯酰胺（PAM）和聚（N-异丙基丙烯酰胺）（PAIPAM）[17]；⑤含硫非芳香族聚合物：聚硫醚（P1）、聚亚砜（P2）和聚砜（P3）[18]；⑥非芳香氧团簇：木糖醇、聚乙二醇（PEG）和F127[19]（图 5-5 和图 5-6）。

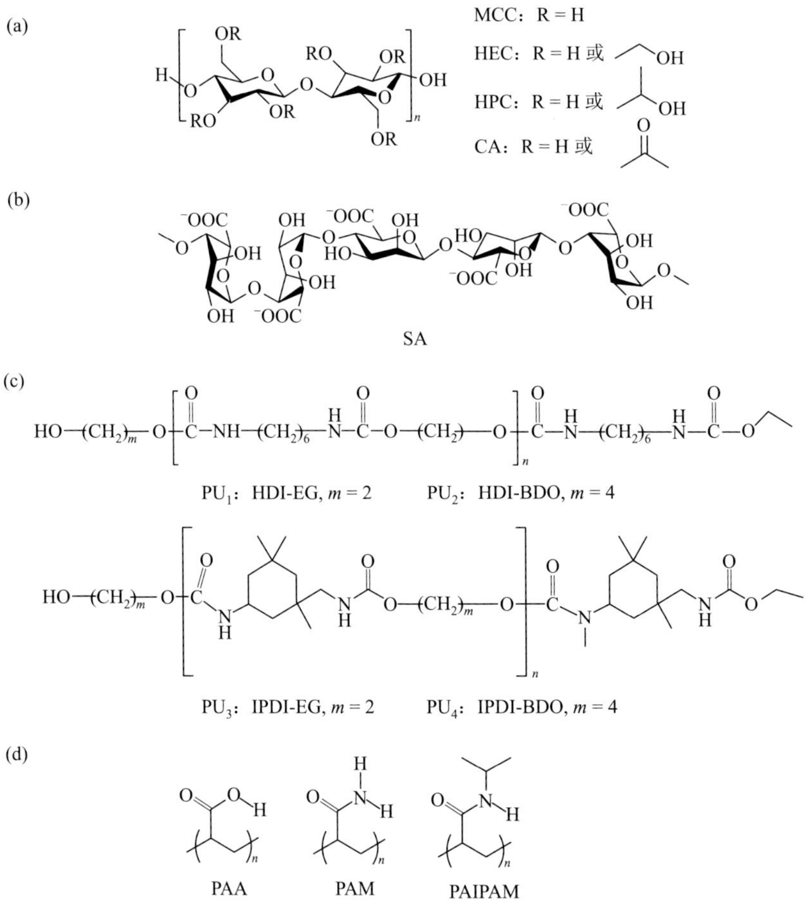

图 5-5　（a）MCC、HEC、HPC 和 CA 的化学结构式；SA（b）、PU（c）和 PAA、PAM、PAIPAM（d）的化学结构式

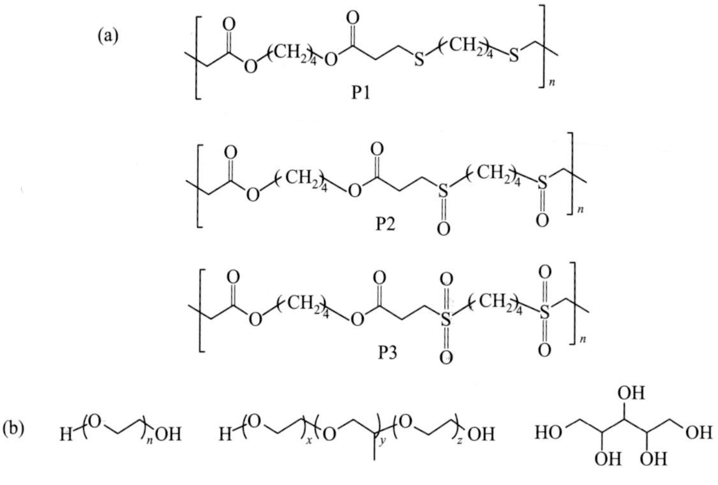

图 5-6 （a）P1～P3 的化学结构式；（b）PEG、F127 和木糖醇的化学结构式

纤维素是一种天然高分子，分子式为$(C_6H_{10}O_5)_n$，由数百到数千个 β-1, 4-糖苷键连接 D-葡萄糖单元的线型链组成的多糖。由于其来源广泛、生物相容性好、加工性能好等因素，纤维素类发光材料在生物相关领域的应用具有很多优势。如图 5-7 所示，除 CA 外，MCC、HEC 和 HPC 在固态下表现出明亮的发光和独特的室温磷光，其发射峰和寿命分别为 500 nm、500 nm、497 nm 和 20.41 ms、0.66 ms、0.27 ms[14]，而 CA 在固态下表现出较弱的发光，没有明显的室温磷光，但是在低温下会观察到长余辉现象。值得注意的是，在 280 nm 和 360 nm 的紫外光照射下，MCC 的发光颜色不相同，分别为天蓝色（467 nm）和浅绿色（520 nm），表现出激发波长依赖性。这一现象与之前报道的 SA、PAA、PAM、PAIPAM 等非芳香有机发光物质的发光现象一致，再次证明了多种发光物种的存在。为了探究发光机制，他们进一步研究了 HEC 和 HPC 溶液的光物理性质。实验结果表明，随着浓度的增大，HEC 溶液的发射逐渐增强，呈现出随浓度增加而增强的发射特征。HPC 溶液也表现出随浓度增加发光增强的特征，而 CA 溶液则不明显，即使在固态下发光也较弱。MCC、HEC 和 HPC 中，所有侧链都含有大量的羟基，有利于结晶，而 CA 侧链的羟基较少，结晶性较差，因此可能不利于发光，这可能是其在固态下发光性能相对较弱的主要原因。而且，大量的含孤对电子的氧原子也可以产生 n-π^*跃迁，增加自旋轨道耦合效应与系间窜越能力，从而有利于磷光的产生。他们将这种本征发射归因于簇发光机制（图 5-8），MCC、HEC 和 HPC 的所有侧链都含有大量的羟基，这些含氧单元的聚集是光发射的主要原因。他们认为，氢键一方面可以使分子构象刚性化，另一方面可以促进这些原子或

者簇的短暂接触，有利于发光，也有助于增强发光。而 CA 的弱发射则归因于其氢键少和结晶性差。

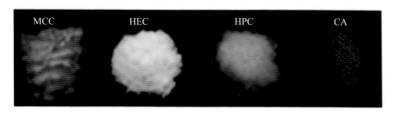

图 5-7　MCC、HEC、HPC 和 CA 粉末在 365 nm 紫外灯照射下的照片

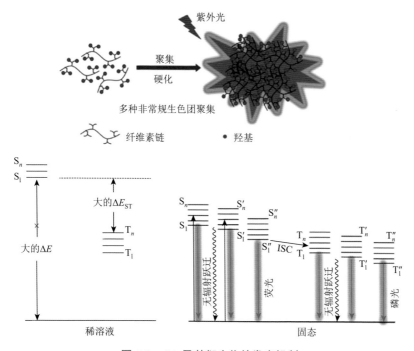

图 5-8　CA 及其衍生物的发光机制

他们还尝试用 HEC 检测 TNP（三硝基苯酚，一种硝基芳香炸药），从图 5-9 可以看出，随着 TNP 浓度的增加，HEC 水溶液（5 mg/mL）的光致发光（PL）强度不断下降，当 TNP 浓度为 0.57 mmol/L 时，发光几乎完全猝灭。从 Stern-Volmer 图 [图 5-9（b）] 可以清楚地看出，TNP 的猝灭效应可以分为两个阶段：当 TNP 浓度低于 0.24 mmol/L 时，该曲线与 $K_{SV,I}$ 呈线性关系；而当 TNP 浓度高于 0.24 mmol/L 时，另一个 $K_{SV,II}$ 线性图表现出放大的猝灭效应。因此，HEC 被认为是一种潜在的检测 TNP 的环境友好型探针。

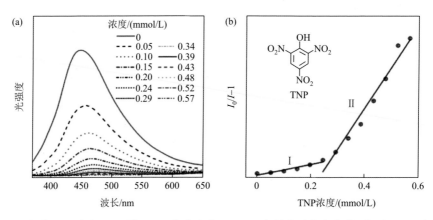

图 5-9 （a）不同浓度 TNP 的 HEC 水溶液（5 mg/mL）的光致发光光谱；（b）HEC 溶液中 I_0/I–1（455 nm）对 TNP 浓度的 Stern-Volmer 图

为了探索新的发光物质，进一步深入研究其发光机制，袁望章等还研究了海藻酸钠（SA，一种由甘露糖醛酸和古龙酸组成的天然阴离子多糖）的发光行为［图 5-5（b）和图 5-10］[15]。研究发现，即使在 77 K 的稀溶液中，SA 也不发光，但在浓溶液、固体粉末和薄膜中其发光却很强（图 5-11）。如图 5-11（a）和（c）所示，在 77 K、312 nm 紫外灯照射时，只有 SA 的质量分数达到 0.5 wt% 以上时才能观察到明显的蓝光发射现象，紫外灯关闭时可以观察到蓝色余辉；当用 365 nm 紫外灯照射时，其余辉由蓝色变为绿色，这可能是因为在浓溶液中 SA 形成了非均相团簇。为了深入了解 SA 的发光机制，他们对固态下 SA 的光物理性质进行了研究，固体粉末和薄膜在紫外灯照射下表现出蓝白光发射［图 5-11（e）和（f）］。当用不同波长的光激发时，可以记录出发光峰的最大值在 360 nm、429 nm、450 nm、494 nm 和 534 nm 左右的类似发射曲线，表明在不同的固体中存在具有类似共轭

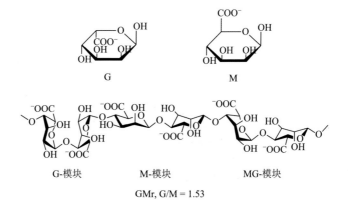

图 5-10 海藻酸钠（SA）的 G、M 单元化学结构、典型链序及文中涉及的 GMr 的相关信息

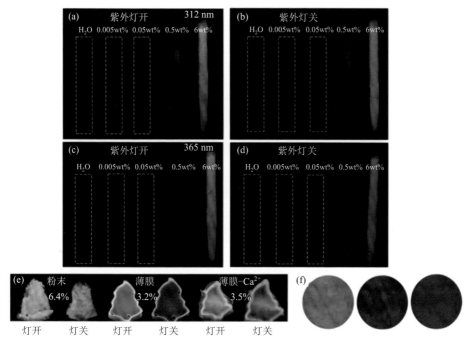

图 5-11　在 77 K 条件下，用紫外灯照射（a，c）或停止照射（b，d）时拍摄的 GMr 的不同浓度水溶液照片

（a）用 312 nm 紫外灯照射的图片；（c）用 365 nm 紫外灯照射的图片；（e）在 312 nm 紫外光照射下或停止紫外光照射后拍摄的 GMr 固体粉末、薄膜、Ca^{2+} 交联膜照片；（f）紫外灯（左）、蓝色灯（中）、绿色灯（右）照射下 GMr 粉末的显微镜图像

的异质团簇。而且，在紫外光、蓝光和绿光的激发下，SA 粉末有明显的蓝色、绿色和红色的发射［图 5-11（e）和（f）］，这可能是由不同的发光物种引起的。

　　这种独特的发光行为也可以通过与 Ca^{2+} 的配位而显著增强。借助于 SA 链、氧原子和羧酸基团的紧密堆积，n 电子和 π 电子有效重叠，电子共轭扩展，分子构象刚性化；同时，SA 链之间的大量分子间和分子内氢键，以及溶液的部分凝胶化共同作用使分子构象进一步刚化，从而使这种"聚集发光基团"的光发射增强。通过与 Ca^{2+} 交联［图 5-11（e）］，抑制无辐射失活，还可以进一步延长室温磷光的寿命。由于 SA 具有良好的生物相容性，且在细胞中可以适当聚集，因此可以应用于细胞成像［图 5-12］。以 GMr 为例，将 0.5 wt% GMr 加入杜氏改良 Eagle 培养基中孵育 1.5 h 后，在共聚焦显微镜下观察到 405 nm 光激发下 HeLa 细胞发出的亮蓝色光［图 5-12（a）～（c）］。相反，在控制组中没有观察到明显的发光信号［图 5-12（d）～（f）］，表明 SA 分子可能在细胞中能够发生适当的聚集，因此可应用于细胞成像。细致观察发现，SA 对细胞核具有特异性成像，有可能赋予其生物应用中的广阔前景。

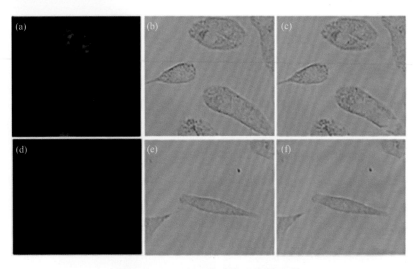

图 5-12　SA 在生物成像方面的应用

为了进一步验证非芳香发光分子的簇发光机制，袁望章等还设计合成了一系列非芳香族聚氨酯（PU）分子[16]［图 5-5（c）］。与之前报道的非芳香发光化合物一样，这些聚合物也表现出明显的浓度效应，如图 5-13 所示，当 PU₄ 的浓度增加到 5 mg/mL 时，可以检测到微弱但可见的蓝光，当浓度增加到 50 mg/mL 时，可以检测到更明亮的发光。随着浓度的增加，发射光显著增强，其最大发射峰为 433 nm，肩峰为 491 nm（λ_{ex} = 365 nm），这一现象应归因于酰胺基团的紧密堆积。除了 H···O=C（氢键）外，还可能存在其他不同的分子内和分子间相互作用，如 C=O···N（偶极-偶极）、C=O···C=O（n-π）、O=C···C=O（π-π）和 O···O 近距离接触（图 5-14）。这些相互作用在不含芳香基团的氨基酸中普遍存在，它们都有助于固化分子的构象。而且，除氢键外，其他近距离接触也可能会形成一个贯穿三维空间的电子通信通道。

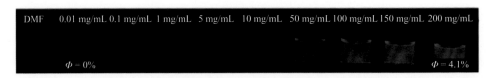

图 5-13　不同浓度的 PU₄ 溶液在紫外灯照射下的照片

上述大分子在固体粉末和薄膜中也表现出本征发射，PU₁～PU₄ 的固体粉末量子效率分别为 13.1%、8.1%、6.2% 和 8.8%。除荧光外，可能由于共轭程度的增加，PU 固体和薄膜展现出室温磷光，而且还具有激发波长依赖性，甚至能被可见光激发。袁望章等还报道了聚丙烯酸（PAA）、聚丙烯酰胺（PAM）和聚（*N*-异丙基丙烯酰胺）（PAIPAM）［图 5-5（d）］非晶态的本征发射和长寿命室温磷光性质[17]。与大部分非芳香有机聚合物室温磷光材料一样，这些聚合物在稀溶液中不发光，而在浓溶液、纳米悬浮液和固体粉末或薄膜中可以发光。此外，在环境条件下的 PAA 和 PAM 固体，以及在真空或氮气条件下的 PAIPAM 固体，显示出不同的室温磷光性质，并且可以通过进一步离子化或加压得以增强。这些非芳香族聚合物独特的室温磷光性质不仅为新的实际应用提供可能，而且也为解释三线态激子的发光机制和起源提供了新的思路。

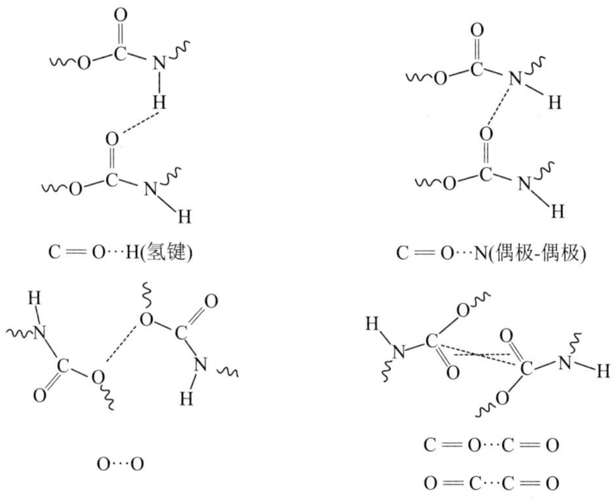

C＝O···H(氢键)　　　　　　　　　C＝O···N(偶极-偶极)

O···O　　　　　　　　　C＝O···C＝O
　　　　　　　　　　　O＝C···C＝O

图 5-14　非芳香族聚氨酯中可能存在的分子内或分子间相互作用

　　根据以上提出的簇发光机制，具有 π 电子和 n 电子的非芳香发光基团的聚集以及由此产生的电子云重叠是发光的关键。为了验证这一点，袁望章等还合成了一种聚硫醚（P1）[18]［图 5-6（a）］，由于酯基和硫原子的聚集，P1 在聚集态显示出明亮的发射。虽然它们在室温下没有检测到磷光，但是在 77 K 下却表现出余辉现象。而且，将 P1（$\Phi = 4.5\%$）氧化为聚亚砜（P2，$\Phi = 7.0\%$）和聚砜（P3，$\Phi = 12.8\%$），可以获得更高效的发光。

　　根据簇发光机制，理论上含纯氧部分的化合物也可以发光。为了验证这一猜想，袁望章等[19]选择主链骨架中 C—O—C 部分组成的聚乙二醇（PEG，$M_w = 20000$ Da）作为理想模型，对 PEO-PPO-PEO 三嵌段共聚物（F127）的光物理性质进行了测试，并选择了可以形成一定单晶结构的木糖醇作为一种简单的多羟基化合物小分子进行对比研究［图 5-6（b）］。他们不仅观察到化合物的低温持续磷光，甚至木糖醇晶体在室温下就可发射长寿命磷光。他们认为，大量的分子内和分子间强相互作用，如 C—H···H—C、O—H···H—O、O—C···H—O、O—H···O—H 和 H—O···O—H，构筑了一个三维的相互作用的氢键网络，有助于构象刚性化，而且分子内和分子间 O···O 相互作用有可能产生空间电子共轭效应，从而赋予晶体发光特性。

最近，Greiner 等也报道了非芳香聚合物聚丙烯腈（PAN）[20]［图 5-15（a）］的发光性质，并通过简单的热拉伸工艺对其静电纺丝。在 340 nm 光激发下，由纳米纤维制成的带状物［图 5-15（b）］显示出偏振的深蓝色发光，这源于静电纺聚丙烯腈纤维的高取向性，促进了聚丙烯腈大分子的分子定向排列，其各向异性为 0.37，量子效率可高达 31%。而且，它们还表现出绿色室温磷光，寿命约为 200 ms，以及由三线态-三线态湮灭引起的深蓝色延迟荧光。在 77 K 下也可以观察到数秒的绿色余辉［图 5-15（c）］。值得注意的是，拉伸后聚丙烯腈纤维的磷光部分也是偏振光，这可能是相邻氰基或羰基之间的相互作用导致了 π 体系的形成，并伴随着贯穿空间的共轭作用所致。静电纺丝所获得的高效偏振深蓝发光、室温磷光，以及机械坚固性和灵活性等优点，为非共轭聚合物的应用开辟了新的途径。

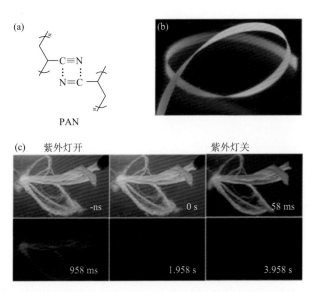

图 5-15　（a）PAN 的化学结构式；（b）由 PAN 静电纺丝制成的纳米纤维带在 365 nm 紫外灯照射下的照片；（c）77 K 下，在 365 nm 紫外灯关闭前和关闭后不同时间拍摄的纳米纤维发光照片

5.3　非芳香有机室温磷光小分子

虽然非芳香有机室温磷光聚合物已有报道，并被认为其发射机制是团簇诱导

所致，但由于聚合物缺乏精细的分子聚集结构信息，其发光机制未能得到很好的证实，只是实验基础上的一种合理假设。因此，为了进一步研究非芳香体系的室温磷光机制，研究者着眼于研究具有具体分子量并能结晶的非芳香有机室温磷光小分子，希望获得更精准的分子结构信息。

2018 年，李振等[21]报道了第一例非芳香长寿命有机室温磷光小分子氰基乙酸（CAA）[图 5-16（a）]。在 365 nm 紫外灯照射时，CAA 的晶体和粉末在室温下都表现出荧光和磷光双发射，其晶体的荧光峰位于 417 nm 处，寿命为 3.44 ns，而粉末的荧光寿命为 2.68 ns。令人兴奋的是，在紫外灯关闭后，肉眼可以看到持续数秒的绿色室温磷光发射[图 5-16（b）]，其晶体在 510 nm 处的发射寿命为 0.862 s [图 5-16（c）]。对于 CAA 粉末，其磷光寿命缩短至 0.674 s。CAA 晶体和粉末的绝对发光量子效率分别为 8.5%和 7.6%，相应的室温磷光量子效率分别为 2.1%和 1.8%。在 77 K 低温下，刚性分子构象进一步抑制无辐射跃迁，使 CAA 晶体和粉末的磷光寿命更长，发光效率更高，分别为 1.385 s、1.340 s 和 83.0%、57.7%。单晶结构显示，CAA 分子具有规则的堆积：两个相邻的 CAA 分子间的羰基和羟基形成强的氢键，C=O···H—O 氢键 [$d_{O\cdots O}$ = 2.6337（16）Å] 延展到整个 CAA

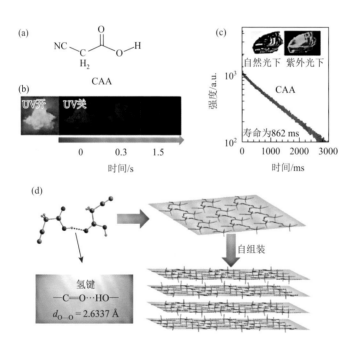

图 5-16　（a）CAA 的化学结构式；（b）365 nm 紫外灯关闭前后 CAA 晶体的照片；（c）CAA 晶体的寿命图，插图：在日光和紫外灯照射下用徕卡 M123 光学显微镜拍摄的 CAA 晶体图像；（d）CAA 晶体结构及堆积模式

晶体，这些丰富的强氢键使 CAA 分子接近，形成层状结构，进而层层自组装形成三维网状结构 [图 5-16（d）]。这些强的氢键使分子刚性化，分子内运动受到极大限制，从而抑制其无辐射跃迁，而层状结构有利于产生电子云的空间共轭，共同增强了荧光和磷光发射。基于此，他们认为要获得非芳香室温磷光体系，不仅需要分子间存在强的相互作用，还必须同时考虑分子结构及其在聚集态的堆积状况。

本章引言中已多次提到蛋白质发光的现象，早期人们猜测可能是含芳香环的氨基酸单元导致，但由于缺乏相关证据，其具体的发光机制还待进一步探究。袁望章等研究了一系列非芳香有机室温磷光聚合物，并提出了簇发光机制，但聚合物由于自身的复杂性并不能提供直接证据。2018 年，他们研究了一系列不含芳香环的小分子氨基酸[22]（图 5-17）。在稀溶液中，这些化合物以单分子的形式存在，很难被激发。然而，在浓溶液中（$\geqslant 2\times 10^{-3}$ mol/L），它们可以通过氢键等分子间相互作用而接近，形成不同的纳米颗粒，动态光散射（DLS）测量显示纳米聚集体的尺寸在 40～350 nm 范围内。尽管没有经典的芳香基团，但由于—NH_2、C=O和—OH 等基团的存在，形成了不同 π 和 n 电子之间的空间共轭，并进一步使构象刚性化，因此在紫外光照射下表现出本征发射（图 5-17）。为更深入了解其机制，还研究了它们在固态下的光物理性质，发现它们普遍具有激发波长依赖性，并检测到所有化合物都存在室温磷光发射。这些结果为非芳香聚合物，特别是蛋白质的室温磷光发射提供了重要的信息。在 L-Ser 晶体中，两性离子结构在羧酸和氨基之间所形成 C1⋯O1 和 C1⋯O2 的键长分别为 1.262 Å 和 1.250 Å [图 5-18（a）]，表明整个羧酸根离子（COO^-）的电子离域状态。而且，大量的分子间相互作用，包括 C—H⋯O=C、N—H⋯O=C、O—H⋯O—H、C—H⋯C=O、N—H⋯O=C、H—O⋯O—H、C=O⋯N—H 等，存在于一个分子周围，形成了一个强大的三维分子间相互作用网络 [图 5-18（a）和（b）]。这些分子间的相互作用，一方面保障了高度刚性的分子构象，另一方面，H—O⋯O—H（2.907 Å）和 C=O⋯N—H（2.820 Å、2.830 Å、2.861 Å）的近距离接触形成了空间电子共轭 [图 5-18（d）]，最终导致它们的磷光发射。这些结果对于进一步了解生物分子在不同状态下的发射具有重要意义。

L-赖氨酸(L-Lys)   L-丝氨酸(L-Ser)   L-天冬氨酸(L-Asp)   L-天冬酰胺(L-Asn)

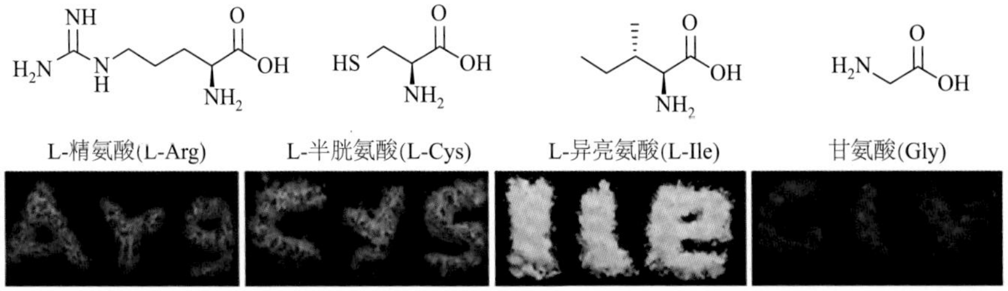

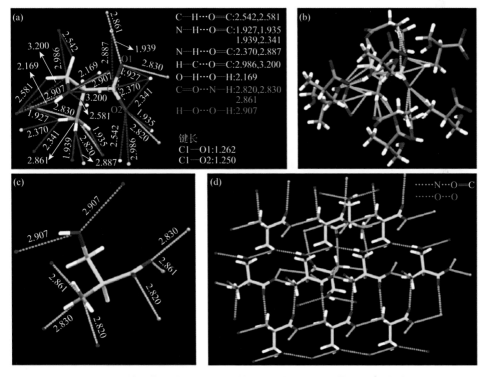

图 5-17　L-赖氨酸（L-Lys）、L-丝氨酸（L-Ser）、L-天冬氨酸（L-Asp）、 L-天冬酰胺（L-Asn）、L-精氨酸（L-Arg）、L-半胱氨酸（L-Cys）、L-异亮氨酸（L-Ile）、甘氨酸（Gly）的分子结构及其重结晶固体在 365 nm 紫外光下拍摄的照片

图 5-18　（a，b）L-Ser 的晶体结构及分子周围的分子间相互作用，单位为 Å；（c）N···O 和 O···O 围绕一个分子的分子间相互作用；（d）L-Ser 晶体中通过空间电子共轭的三维通道，单位为 Å

随后，N, N-羧基双琥珀酰亚胺（CBSI）、N, N-草酰双琥珀酰亚胺（OBSI）、乙内酰脲（HA）、PER、D-Fru、D-Gal 和 D-Xyl[23-25]（图 5-19）也被系统地进行了研究，它们与上述报道的氨基酸小分子一样，在结晶状态下均表现出室温磷光现象，并具有激发波长依赖性。

如图 5-20（a）所示，D-Xyl 具有明显的浓度效应和激发波长依赖性，浓度较低时，无发光现象；但当浓度达到 1 mol/L 时，在 365 nm 紫外灯照射下可以观察到明显的蓝光发射。在 77 K 温度下，1 mol/L D-Xyl 水溶液在不同波长激发下表现出不同的发光颜色，当停止照射时颜色变化更加明显，随着激发波长的红移，其余辉颜色由蓝色变为绿色。与低温溶液一样，D-Xyl 的晶体在室温下也表现出激发波长依赖性，如图 5-20（c）所示，随着激发波长的变化，其余辉颜色由蓝紫色变为绿色甚至黄色。不仅如此，PER、D-Fru 和 D-Gal 同样表现出激发波长依赖性的室温磷光性质［图 5-20（d）］，说明这些非芳香化合物的发射机制具有共性。与聚合物一样，这些小分子的激发波长依赖性主要是由于分子在聚集态产生了不同程度的空间共轭［图 5-20（e）和（f）］：氧的聚集形成了丰富的能级，缩小了能级差，从而促进了自旋轨道耦合（SOC），并允许随后系间窜越（ISC）过程的发生。通过利用多态 O…O 电子空间共轭及有效的分子内和分子间相互作用，可以构建聚集程度不同的氧簇，进一步实现了长寿命室温磷光颜色的可调性。这些非芳香小分子为簇发光机制提供了证据，也为非芳香长寿命室温磷光材料的设计提供了思路。

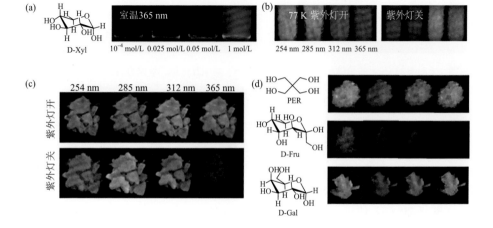

图 5-19　CBSI、OBSI、HA、PER、D-Fru、D-Gal 和 D-Xyl 的分子结构式

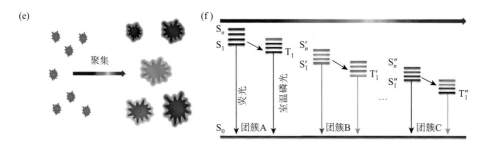

图 5-20　（a）环境温度下 365 nm 紫外灯照射不同浓度的 D-Xyl 水溶液的照片；（b）浓度为 1 mol/L 的 D-Xyl 水溶液在 77 K 下不同波长的紫外灯照射下或停止照射后的照片；（c）环境温度下在不同波长紫外灯照射时或停止照射后所拍摄的 D-Xyl 晶体的照片；（d）环境温度下用不同波长紫外灯照射或照射停止后的 PER、D-Fru 和 D-Gal 晶体照片；（e）非常规发光体的 CTE 机制示意图；（f）非常规发光体发光颜色可调的能级示意图

　　袁望章等[24]还报道了 N, N-羰基双琥珀酰亚胺（CBSI）和 N, N-草酰双琥珀酰亚胺（OBSI）（图 5-19）的光物理性质与结构之间的关系。这两种分子的设计思路主要包括以下几个方面：①羰基和氮原子结合可以进一步提高自旋轨道耦合和促进系间窜越的产生，从而产生更多的三线态激子；②大量的分子内和分子间相互作用能有效地稳定三线态激子；③CBSI 和 OBSI 分子的交叉共轭将进一步引起显著的空间共轭，从而导致不同程度的电子离域。交叉共轭是指由两个互相独立的共轭体系共用 1 个双键或带孤对电子的原子，是分子内共轭的一种特殊形式。例如，二苯甲酮、二乙烯基醚、富勒烯等都属于交叉共轭的实例。在 312 nm 紫外灯照射下，CBSI 和 OBSI 单晶分别表现出明显的黄白色和天蓝色发光。与先前报道的非芳香小分子相比，CBSI 和 OBSI 的室温磷光现象更加明显，其明亮的绿色和黄色余辉可持续约 3 s［图 5-21（a）］。当激发源切换到 365 nm 紫外光时，

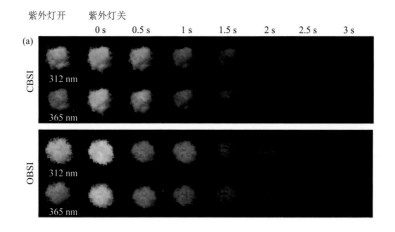

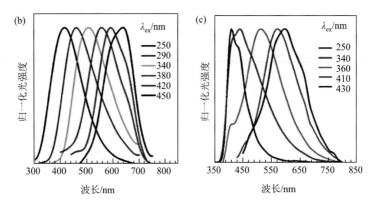

图 5-21 （a）CBSI 和 OBSI 晶体在 312 nm 和 365 nm 紫外光照射或停止照射后的照片；CBSI（b）和 OBSI（c）晶体在 77 K 时不同激发波长下所测得的磷光光谱

在 CBSI 晶体中可以观察到明显的蓝白色发光及黄绿色余辉；OBSI 晶体的情况则略有不同，其晶体的发光颜色可调性相对不明显 [图 5-21（a）]。这有可能是因为它们形成发光物种种类数目不同，且在 OBSI 晶体中发光物种较为单一。他们进一步测试了两种晶体在 77 K 下的磷光光谱 [图 5-21（b）和（c）]，与室温下相比，CBSI 晶体的磷光显示出 415～636 nm 更大的可调范围。同样地，OBSI 晶体余辉的颜色可调性在 77 K 时也显著增强，并随着激发波长的增加，其发射波长从 410 nm 逐渐红移到 596 nm。以上结果再次验证了晶体中应该存在多种发射物种，而且这些发射物种可以在低温下进一步稳定，体现出更好的余辉颜色可调性。

　　与芳香有机室温磷光材料相比，非芳香体系往往具有更好的颜色可调性，即更容易表现出激发波长依赖性。但是，非芳香有机发光分子的发光效率普遍较低。2020 年，受 DNA 双螺旋稳定结构的启发，袁望章等[25]报道了一系列平面或扭曲的基于乙内酰脲（HA）的非传统发光分子，展现了目前非芳香有机化合物最高的光致发光效率和磷光效率，分别为 87.5%和 21.8%，室温磷光寿命可长达 1.74 s，同时表现出从天蓝色到黄绿色的磷光颜色可调性。由于羰基与氮原子的存在，HA 晶体中存在多重氢键，这些氢键与环状平面结构一起形成刚性构象；而且羰基和氮原子的存在也可以促进自旋轨道耦合和系间窜越过程，从而有利于产生有效的三线态激子 [图 5-22（a）和（b）]。为了验证空间共轭和簇发射机制，他们对 HA 晶体中的单体、二聚体、三聚体和四聚体进行了理论计算 [图 5-22（c）]。结果表明，在不同聚集结构中，其最低未占分子轨道（LUMO）的电子呈现明显的空间离域现象。这些发现无疑推动了高效非芳香发光体系的开发，并为颜色可调的非芳香有机室温磷光的发光机制提供了深入的思考。

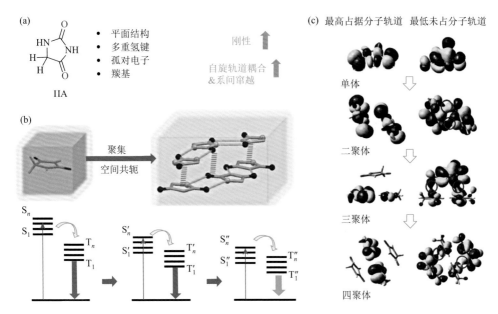

图 5-22　（a）HA 的结构和固有特征；（b）单个（非发射的）和聚集（发射的）的 HA 分子示意图及其对应的颜色可调发射的能级示意图；（c）基于 HA 单体及其不同聚集体的理论计算

5.4　总结与展望

迄今为止，关于非芳香有机室温磷光材料的相关报道还十分有限，其发光机制并不十分明确，簇发光机制的提出在一定程度上为设计非芳香室温材料提供了思路，但仍需要进一步获得相关的证据加以确认。而且，非芳香有机室温磷光材料通常在蓝色和绿色区域发射，尽管它们会显示出激发波长依赖的室温磷光现象，但很少获得高效的黄光和红光发射。不仅如此，与传统的芳香有机发光分子相比，非芳香有机化合物发光效率普遍较低，只有个别例子体现出较高的发光效率。因此，增强发光颜色的可调性和提高发光效率是非芳香有机室温磷光材料未来的发展方向。

实际上，正是由于芳香有机发光材料相对清晰的构性关系，以及比较明确的发光机制和成熟的理论，可以为新型芳香有机发光材料的设计提供比较有效的指导，并可以在一定程度上预测发光材料的光物理性质，如发光颜色和效率等，因此，芳香有机发光材料在过去的几十年获得了长足的发展，部分高性能材料已实现商品化应用。而对于非芳香有机发光材料而言，其内在发光机制尚不清晰，具有指导性的、明晰的构性关系尚未建立，导致该类材料设计上的不可确定性，缺少相应导向，造成此类材料研究的不可捉摸性。随着人们对聚集态科学认知的加深[26, 27]，对分子聚集态行为的深入理解，有望获得更为明晰的"化合物结构-分子聚集结构-发光性能"关系，从而促进非芳香有机发光材料的导向性研发，结合其特有的优势，拓展实际应用。

（田　瑜　方曼曼　李　振）

参 考 文 献

[1] Lakowicz J R. Principles of Fluorescence Spectroscopy. 3rd ed. New York：Springer，2006.

[2] Mei J，Leung N L C，Kwok R T K，et al. Aggregation-induced emission：together we shine，united we soar！Chemical Reviews，2015，115（21）：11718-11940.

[3] Hu R，Leung N L C，Tang B Z. AIE macromolecules：syntheses，structures and functionalities. Chemical Society Reviews，2014，43（13）：4494-4562.

[4] Yuan W Z，Zhang Y. Nonconventional macromolecular luminogens with aggregation-induced emission characteristics. Journal of Polymer Science，Part A：Polymer Chemistry，2017，55（4）：560-574.

[5] Tomalia D A，Klajnert-Maculewicz B，Johnson K A M，et al. Non-traditional intrinsic luminescence：inexplicable blue fluorescence observed for dendrimers，macromolecules and small molecular structures lacking traditional/conventional luminophores. Progress in Polymer Science，2019，90：35-117.

[6] Wang Y，Zhao Z，Yuan W Z. Intrinsic luminescence from nonaromatic biomolecules. ChemPlusChem，2020，85（5）：1065-1080.

[7] Zhang H，Tang B Z. Through-space interactions in clusteroluminescence. JACS Au，2021，1（11）：1805-1814.

[8] Giese A C，Leighton P A. Phosphorescence of cells and cell products. Science，1937，85（2209）：428-429.

[9] Debye P，Edwards J O. A note on the phosphorescence of proteins. Science，1952，116（3006）：143-144.

[10] Vanderkooi J M，Calhoun D B，Englander S W. On the prevalence of room-temperature protein phosphorescence. Science，1987，236（4801）：568-569.

[11] Gong Y Y，Tan Y Q，Mei J，et al. Room temperature phosphorescence from natural products：crystallization matters. Science China Chemistry，2013，56（9）：1178-1182.

[12] Zhou Q，Cao B，Zhu C，et al. Clustering-triggered emission of nonconjugated polyacrylonitrile. Small，2016，12（47）：6586-6592.

[13] Du L，He G，Gong Y，et al. Efficient persistent room temperature phosphorescence achieved through Zn^{2+} doped sodium carboxymethyl cellulose composites. Composites Communications，2018，8：106-110.

[14] Du L，Jiang B，Chen X，et al. Clustering-triggered emission of cellulose and its derivatives. Chinese Journal of Polymer Science，2019，37（4）：409-415.

[15] Dou X，Zhou Q，Chen X，et al. Clustering-triggered emission and persistent room temperature phosphorescence of sodium alginate. Biomacromolecules，2018，19（6）：2014-2022.

[16] Chen X，Liu X，Lei J，et al. Synthesis，clustering-triggered emission，explosive detection and cell imaging of nonaromatic polyurethanes. Molecular Systems Design & Engineering，2018，3（2）：364-375.

[17] Zhou Q，Wang Z，Dou X，et al. Emission mechanism understanding and tunable persistent room temperature phosphorescence of amorphous nonaromatic polymers. Materials Chemistry Frontiers，2019，3（2）：257-264.

[18] Zhao Z，Chen X，Wang Q，et al. Sulphur-containing nonaromatic polymers：clustering-triggered emission and luminescence regulation by oxidation. Polymer Chemistry，2019，10（26）：3639-3646.

[19]　Wang Y，Bin X，Chen X，et al. Emission and emissive mechanism of nonaromatic oxygen clusters. Macromolecular Rapid Communications，2018，39（21）：1800528.

[20]　Liao X，Kahle F J，Liu B，et al. Polarized blue photoluminescence of mesoscopically ordered electrospun non-conjugated polyacrylonitrile nanofibers. Materials Horizons，2020，7（6）：1605-1612.

[21]　Chen X，Luo W，Ma H，et al. Prevalent intrinsic emission from nonaromatic amino acids and poly（amino acids）. Science China Chemistry，2018，61（3）：351-359.

[22]　Fang M，Yang J，Xiang X，et al. Unexpected room-temperature phosphorescence from a non-aromatic，low molecular weight，pure organic molecule through the intermolecular hydrogen bond. Materials Chemistry Frontiers，2018，2（11）：2124-2129.

[23]　Zhou Q，Yang T，Zhong Z，et al. A clustering-triggered emission strategy for tunable multicolor persistent phosphorescence. Chemical Science，2020，11（11）：2926-2933.

[24]　Zheng S，Zhu T，Wang Y，et al. Accessing tunable afterglows from highly twisted nonaromatic organic AIEgens via effective through-space conjugation. Angewandte Chemie International Edition，2020，59（25）：10018-10022.

[25]　Wang Y，Tang S，Wen Y，et al. Nonconventional luminophores with unprecedented efficiencies and color-tunable afterglows. Materials Horizons，2020，7（8）：2105-2112.

[26]　Li Q，Li Z. Molecular packing：another key point for the performance of organic and polymeric optoelectronic materials. Accounts of Chemical Research，2020，53（4）：962-973.

[27]　Li Q，Tang Y，Hu W，et al. Fluorescence of non-aromatic organic systems and room temperature phosphorescence of organic luminogens：the intrinsic principle and recent progress. Small，2018，14（38）：1801560.

第6章

刺激响应有机室温磷光化合物

6.1 引言

刺激响应发光材料是一类智能材料,可以通过外部刺激(如机械力、热、光和pH)来调节其发光特性。因其巨大的应用潜力,刺激响应发光材料,特别是低毒性、低成本的纯有机材料备受关注。目前,大多数有机刺激响应体系基于荧光物质,这些材料可以在外部刺激下肉眼监测其发光颜色和强度的变化,也可以通过光电转换构筑传感器件,部分材料被成功应用于数据存储、传感及生物成像等方面。在外部刺激下,发光寿命的变化也是发光材料潜在的监测参数。例如,具有视觉可捕捉的余辉材料,即长寿命磷光材料,其发光寿命就是一个重要的性能参数。

在传统认识中,磷光材料通常仅限于含金属的无机材料或金属有机配合物,尤其是稀土磷光材料。近年来,纯有机室温磷光(RTP)材料逐渐被报道,并成为一个研究热点。与通常的荧光化合物不同,有机室温磷光源自具有超低辐射速率(k_P)的激发三线态,其辐射衰减寿命可能很长,从毫秒到秒级。如果可以开发出合适的刺激响应有机室温磷光材料,则外部刺激下其寿命变化可以作为附加的视觉监控参数。换而言之,有机室温磷光材料中的视觉监控参数可以从两个增加到三个,即发光颜色、强度和寿命,这将极大地丰富并促进其实际应用。而且,基于有机室温磷光发射的独特性质,还可以期待一些其他优势。例如,三线态的能级一般低于相应的单线态能级,因此,在外部刺激下,有机室温磷光材料较大的斯托克斯位移会导致发光颜色的对比度大大增加。同时,三线态激子对周围环境更敏感,如分子间的相互作用、氧和溶剂蒸气等,与荧光发光材料相比,有机室温磷光材料可以对外部刺激产生更加灵敏的响应。可是,迄今为止,刺激响应有机室温磷光材料方面的研究仍处于起步阶段,分子设计策略亟须突破,其内在机制还需进一步厘清。

为了开发新的刺激响应材料,有必要深入理解有机室温磷光效应的内部机制。

研究发现，要实现有机室温磷光必须满足两个主要条件：①需要有利于系间窜越（ISC）的分子结构；②特定环境对于稳定激发三线态至关重要，如刚性基质、规则的分子排列及与氧气隔绝的环境。刺激响应有机室温磷光材料的开发无疑也将基于对这些"条件"的限定性满足而开展。同时，随着对有机室温磷光机制的不断深入研究，开发刺激响应有机室温磷光材料的"工具盒"也越来越丰富。近年来，一系列高性能有机室温磷光体系被报道，其中常用的结构单元包括咔唑、吩噻嗪、二苯甲酮、六硫代苯、硼酸和羧酸衍生物。除这些含有常见芳香共轭基团的体系外，一些不含芳香基团的有机室温磷光材料也被开发[1-5]。

根据不同的刺激源可将刺激响应有机室温磷光材料分为气体刺激响应、溶剂（蒸气或液体）刺激响应、热刺激响应、酸/碱（pH）响应、光刺激响应、力刺激响应，以及同时具备多刺激响应特性的室温磷光材料等（图 6-1）。不仅在光致发光（PL）中具有这些刺激响应，一些特殊的发光材料在没有激发光源照射而是在机械力刺激下也会发射磷光，这被称为力致磷光现象。

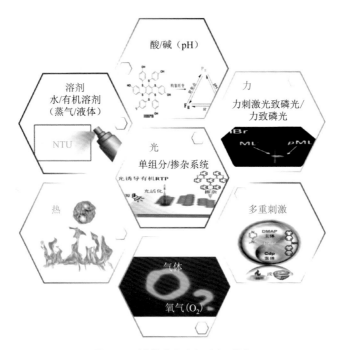

图 6-1　刺激响应有机室温磷光

6.2　气体刺激响应有机室温磷光

气体刺激响应有机室温磷光材料，主要通过材料与氧气接触状况的调控，从而影响材料中三线态激子被氧猝灭的水平：当隔绝氧气时材料往往发射室温磷光，而通入氧气后磷光被猝灭。这种刺激手段的特点在于控制材料和介质中氧气含量，材料通常可以实现磷光的"开启-关闭"循环。氧分子的基态为三线态，十分容易与其他激发三线态分子发生作用而激发形成单线态氧，这也是光动力治疗（PDT）的基本原理。而对于有机室温磷光分子，其能量应该更多以磷光的方式直接辐射出来，这就需要尽量减小材料与氧分子接触的概率。早期发展的大多数有机室温磷光材料是芳香族化合物晶体，其中平面芳香环通过强烈的分子间 π-π 相互作用紧密堆积，能够对氧分子进行有效屏蔽，有利于室温磷光性能的提升。但是，换个角度，如果希望室温磷光材料对氧气产生信号响应，就需要分子堆积相对松散或具有丰富孔道结构，以便于接触氧气分子。例如，梁国栋团队报道了一种掺有 TBBU 分子的聚合物薄膜，对氧气具有高度敏感响应（图 6-2）。薄膜中，TBBU分子以均匀分散的微晶（约 100 μm）形式存在，由于分子非共面的 D-π-A 结构及其不对称性，晶体具有足够的氧分子扩散通道，展现出十分优异的氧气传感性能。此外，上述 TBBU 分子晶体的玻璃化转变温度和熔点分别为 89.9℃和 128.2℃，均远高于室温，而且其在室温下非常容易结晶，有利于强的分子间相互作用和室温磷光的产生[6]。

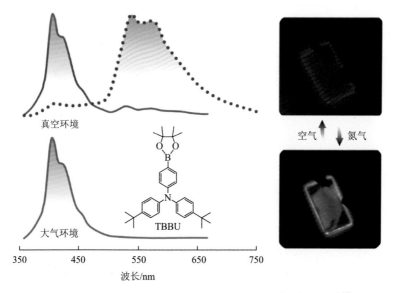

图 6-2　TBBU 分子晶体在真空中和空气中的室温磷光性能[6]

不仅受到分子结构和结晶状态的影响，分子的几何结构也会影响其氧气响应性能（图 6-3）。将噻蒽（TA）分子掺杂到聚甲基丙烯酸甲酯（PMMA）高分子薄膜中，在氮气环境中表现出室温磷光性质。在噻蒽分子及其衍生物 1TA2TA 和

1TA1TA 的晶体中，以噻蒽单元中两个硫原子所在直线为对称轴，在一定范围内二面角越大，室温磷光强度越低。通过理论计算及对比分子单晶结构发现，二面角增大会降低激发单线态 S$_1$ 和激发三线态 T$_1$ 间自旋轨道耦合（SOC）常数，最终造成室温磷光减弱。此外，相较于 TA 晶体，氧气更容易导致 PMMA 掺杂材料的室温磷光猝灭。这主要是因为高分子基质中存在丰富的氧气通道，有利于氧气扩散并与活性分子的三线态激子发生猝灭。而在惰性气氛（N$_2$）下，氧气猝灭反应不再发生，高分子基质的刚性结构能够保证强的室温磷光发射。另外，一些噻蒽衍生物也展现出相似的性质，室温磷光强度随着氧气浓度增加而显著降低，有望用于氧气传感器构筑[7]。

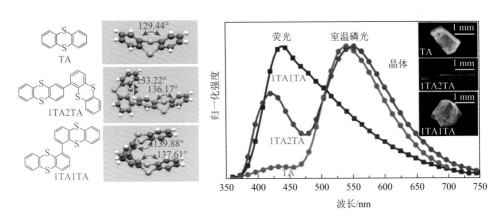

图 6-3　分子几何结构影响室温磷光性能[7]

实际上，在有机室温磷光材料研究早期，已经有大量荧光-磷光比率型氧探针分子被相继报道。例如，染料分子 BODIPY 的荧光效率达 99%，引入重原子后，形成的衍生物是性能良好的氧探针分子（图 6-4）。其三线态激子容易被氧猝灭，

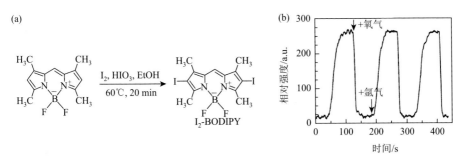

图 6-4　（a）I$_2$-BODIPY 染料结构；（b）浓度为 10^{-3} mol/L 的 I$_2$-BODIPY 样品在激发波长为 500～520 nm 时的磷光强度（发射波长：790 nm）变化[8]

所以在氧刺激下磷光减弱；与此同时，荧光强度却能保持基本不变，最终通过荧光、磷光强度的相对变化实现氧浓度的比率成像和检测。这些氧探针分子的设计策略和氧刺激响应室温磷光体系是一致的，具有一定参考意义[8-10]。

研究者还通过构建有机离子对，实现了无定形态下的 H_2O_2 刺激响应室温磷光性质。具有咔唑骨架的 CSA 分子设计如图 6-5 所示，咔唑骨架的 N 原子连接一个水杨醛单元，在二乙胺溶液中 CSA 分子上的酚羟基电离，并和胺正离子形成阴阳离子对（CSA-I）[11]。O、N 和 H 原子的存在，使这些离子对之间形成氢键相互作用，促进材料在无定形态下展现出优异的室温磷光性质。基于此，CSA-I 的室温磷光寿命达 140 ms，而 CSA 单晶仅为 30 ms。将 CSA-I 旋涂成膜后，其室温磷光能够被 H_2O_2 蒸气猝灭，磷光强度随接触时间延长而减弱。研究表明，磷光猝灭是 H_2O_2 导致的化学反应引起的，CSA-I 中的醛基被氧化成羧基，而羧基的强质子转移能力打破了原有阴阳离子对的平衡，最终导致磷光猝灭[11]。该项工作中，巧妙的分子设计克服了有机小分子晶体透气性不足、响应性差的问题，同时又利用阴阳离子对体系维持了足够的相互作用，保证了刺激发生前足够的室温磷光发射强度，取得了较为理想的效果。化学反应的参与，虽然增加了分子设计和材料构筑的复杂性，但是有利于构建性能更为出色的刺激响应室温磷光体系，是一个值得关注的研究方向。

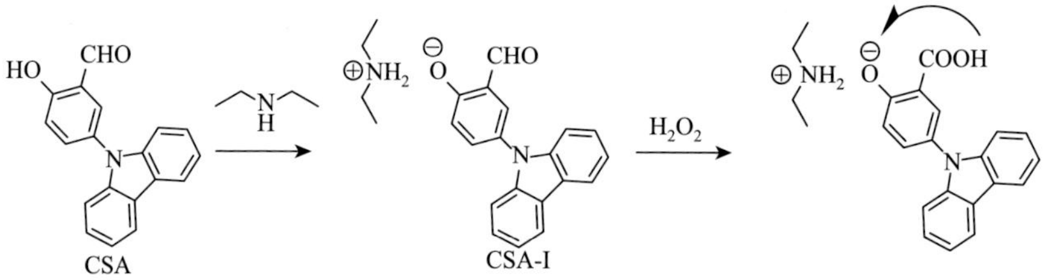

图 6-5　CSA 的结构及 CSA-I 的氧化反应示意图[11]

从机制上看，气体刺激响应有机室温磷光还比较单一，绝大部分材料是基于氧气对磷光的猝灭效应而开发的。多数情况下，采用物理手段（如封装、涂层等）或惰性气体隔绝氧气与材料的接触能够激活有机材料的室温磷光。此外，正如上面提到的，气体刺激响应室温磷光材料也能够基于化学反应进行设计开发，引入特定的化学反应活性基团能够极大地丰富该类材料，促进相关应用的发展。虽然目前这类报道还较少，但是毫无疑问该策略将会吸引越来越多研究者的关注。

6.3 溶剂刺激响应有机室温磷光

6.3.1 水刺激响应

目前，水刺激响应室温磷光聚合物材料报道较多，在一些材料中磷光被水猝灭，而另一些则被激活。黄维等通过自由基交联共聚将多个有机磷光发射中心共轭键合到聚合物主链上，从而在环境条件下获得了激发波长可调的室温磷光材料，如共聚物材料 PDNA，其由丙烯酸和多种发光体的自由基交联共聚而得［图 6-6（a）和（b）］。聚丙烯酸（PAA）富含羧基和羟基，一方面可提高自旋轨道耦合，增强系间窜越，促进三线态激子的产生[12]。另一方面，聚合物基体和发光体之间形成的氢键网络极大地限制了分子运动，抑制了激发三线态的无辐射衰减，有利于室温磷光。对这些材料制备的图案进行润湿时，水分子会减弱聚合物链间的氢键网络，使材料失去室温磷光发射能力。加热后水分蒸发，材料重新获得室温磷光特性，此过程可逆［图 6-6（c）］。一些含有丰富非金属配位键的聚合物室温磷光材

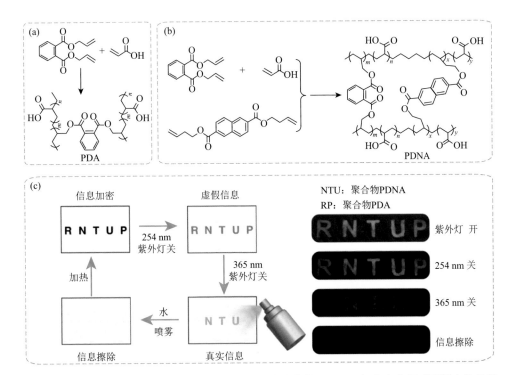

图 6-6　（a）二元共聚化合物 **PDA**；（b）三元共聚化合物 **PDNA**；（c）水分子减弱聚合物链间的氢键网络，导致材料失去室温磷光发射能力[12]

料也可表现出溶剂刺激响应特性。2007 年，第一例含硼聚合物室温磷光材料被报道，该聚合物由二氟化硼二苯甲酰甲烷（BF$_2$dbm）与具有良好生物相容性、生物可降解性的聚乳酸（PLA）偶联而得[13]。此后，含硼聚合物室温磷光材料被相继报道。吴锦荣等通过乙烯基苯基硼酸（VPBA）和丙烯酰胺衍生物的自由基共聚开发了一类无定形室温磷光聚合物（图 6-7）。该聚合物中，硼与氮/氧原子之间形成的非金属配位键可通过电荷转移促进三线态激子产生，并且能够形成局部刚性环境而抑制三线态无辐射弛豫，进而产生较强的室温磷光[14]。同时，配位键对水的敏感特性赋予材料以水为基础的自我修复能力，而且这一自愈合过程还伴随室温磷光的关闭和开启。

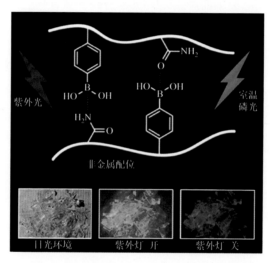

图 6-7　基于硼-氮/氧配位键的水刺激响应室温磷光体系[14]

　　聚乙烯醇（PVA）由于具有良好的吸湿性，也可用于水刺激响应室温磷光材料的构筑。最近，李振团队将磷光发色团 DPP-BOH 与聚合物基质 PVA 在碱性水溶液中共价连接，得到了一种新型的水/热刺激响应室温磷光薄膜材料［图 6-8（a）］[15]。由于芳基硼酸和 PVA 之间形成 B—O 共价键，以及 PVA 链间的氢键相互作用提供的刚性环境，所制备的聚合物薄膜表现出超长的室温磷光，寿命达 2.43 s，磷光量子效率为 7.51%。水分子会破坏相邻 PVA 链间的氢键，从而改变该体系的刚性，因此该薄膜的室温磷光特性对水、热刺激非常敏感。通过在该体系中引入另外两种长波发射的荧光染料，聚合物薄膜的余辉颜色能够通过能量转移从蓝色转变到绿色与橙色，并同时兼具刺激响应特性。基于这三种长余辉材料的水/热刺激响应、多色调控及完全水溶液处理等特点，它们被成功地应用于信息防伪、丝网印刷和指纹记录等领域。在此工作基础上，通过类似的反应，他们还获得了一系列基于芳基硼酸和 PVA 的具有全色域可调的刺激响应室温磷光材料［图 6-8（b）］[16]。随着芳基硼酸中的 π 共轭体系逐渐增大，聚合物薄膜的室温磷光发射逐步红移，从而实现了磷光颜色调制。而且，这类材料的室温磷光特性可以很容易地通过加热和水熏蒸的交替刺激予以循环调控。当其中三种芳基硼酸与 PVA 同时反应时，更是得到了一种具有激发依赖特性的室温磷光材料。此时，材料的刺激响应特性仍然可以保留。研究表明，这些材料在多级信息加密和多色纸墨等领域中具有广阔的应用前景。值得强调的是，这类刺激响应型室温磷光材料是在纯水相中制备的，无须任何有机溶剂，绿色环保。

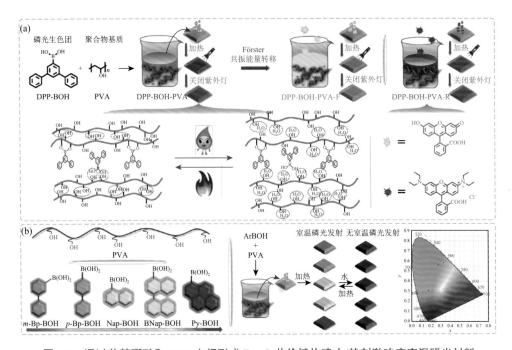

图 6-8　通过芳基硼酸和 PVA 之间形成 B—O 共价键构建水/热刺激响应室温磷光材料

（a）通过共振能量转移获得颜色可调，兼具水/热刺激响应的室温磷光材料[15]；（b）通过拓展发光分子的共轭结构获得全色域可调的水/热刺激响应室温磷光材料[16]

　　目前，水诱导有机室温磷光材料的研究主要围绕碳点材料开展，即室温磷光碳点。室温磷光碳点（carbon dots，CDs）是一类比较特殊的有机磷光材料，常常体现出优异的溶剂诱导磷光特性，特别是其独特的水诱导室温磷光发射。就碳点的形态和化学结构而言，可以分为以下三种类型：石墨烯量子点（graphene quantum dots，GQDs）、碳纳米点（carbon nanodots，CNDs）和聚合物碳点（PCDs）。为了便于探讨其刺激响应室温磷光特性，在此并不专门对碳点进行分类。此外，为了获得性能更为均衡的室温磷光碳点，常常需要在碳点合成过程中加入另外的碳源或修饰分子，所以实际上这里探讨的并不是通常意义上的碳点，更为准确的描述是：存在碳点结构的有机室温磷光材料体系，特别是具有刺激响应室温磷光的碳点体系。

董川等利用溶剂热法，分别以 L-天冬氨酸、尿素、葡萄糖等为碳源制备了一系列碳量子点，纯化后加入含有三聚氰胺的水溶液中进行二次溶剂热处理，获得改性碳点 M-CDs，其在水溶液中即具有室温磷光性质（图 6-9）[17]。事实上，几乎其他所有基于碳点结构的室温磷光材料只在干燥状态下发出磷光[18]。在水的存在下，碳点和基体之间的氢键相互作用遭到破坏，磷光会发生广泛的猝灭。而且，水中溶解氧的存在进一步促进了磷光猝灭。这些不利因素严重阻碍了室温磷光材料在水中的应用，特别是在生物成像和化学传感领域。在 M-CDs 中，碳点和三聚氰胺构建的氢键网络能有效促进水溶液中碳点的室温磷光，赋予其不仅具有664 ms 的超长磷光寿命，而且在 468 nm 激发下的水性环境中具有 25%的总量子效率。氢键网络对于在水性环境中实现室温磷光至关重要，碳点和三聚氰胺中共价键的存在进一步稳定了氢键骨架和三线态。此外，在 M-CDs 内部形成的结合水在稳定水溶液中的室温磷光方面也具有不可或缺的作用。

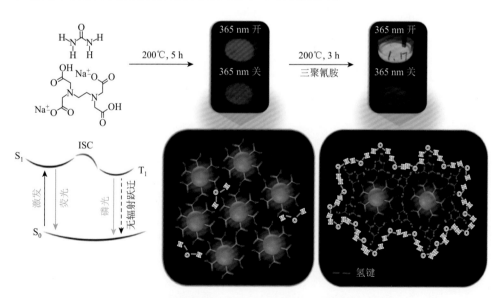

图 6-9　具有碳点结构的有机室温磷光材料 M-CDs[18]

由于三聚氰胺在碳点体系中出色的水增强室温磷光特性，最近的工作中，单崇新等利用三聚氰胺和苯甲酸形成聚合物微米棒结构，实现了水诱导的室温磷光发射。引入水时，有机微米棒的室温磷光强度大大增加，裸眼能观察到 12 s 的超长余辉[19]。实验和理论研究表明，在加入水之后，水分子与有机微米棒形成分子间氢键，限制了分子内部的转动和振动，有效地稳定了三线态激子。同时，氢键降低了单线态 S_1 和三线态 T_1 之间的能级差，从而提升了激子系间窜越能力。因此，该材料在引入水后其发光寿命从 1.94 ns 提升到 1.64 s。这一工作表明在自组装体系中也能实现水刺激响应室温磷光，是对碳点室温磷光机制的旁证和补充。

周明等报道了一种利用水分子在碳点 CDs 和三聚氰酸（CA）颗粒之间构建氢键网络来制备长余辉室温磷光材料的简便策略（图 6-10）[20]。该体系中，水分子不仅不会猝灭磷光，反而会增强磷光发射。这种异常的增强行为可能归因于碳点和氰尿酸颗粒之间水诱导形成的氢键网络，与基于三聚氰胺构建的室温磷光碳点体系相似。氰尿酸是一种独特的环状酰胺，由三个氢键给体和三个受体位点组成，从而为氢键形成提供了可能性。水存在下，氰尿酸颗粒的表面可以通过氢键相互作用吸附一层高度有序的水分子（非冻结结合水），这种类型的水具有独特的结构特性，包括难于冷冻、难以分离及受限的迁移和溶解度。并且，这些结合的水分子可以在碳点和氰尿酸颗粒之间构建坚固的氢键桥网络，这将大大增强整个体系的刚性，从而促进磷光发射。而且，CDs-CA 悬浮液在 373 nm 激发下表现出 687 ms 的磷光寿命，并基于其可见磷光被成功应用于离子检测，例如，Fe^{3+} 的检出限低至 32 μmol/L。CDs-CA 悬浮液还成功地用于测定真实湖水和复杂蛋白质溶液中的 Fe^{3+}，具有极强的实用性。

上述水刺激响应室温磷光体系大多数基于极易形成丰富氢键网络的均三嗪核心分子构筑而成，但这类分子的种类和修饰性亟须拓展。近年来，一些非均三嗪核心的碳点（和聚合物点）类材料被相继报道，特别是一些具有羧酸基团的分子，同样具备良好的氢键网络形成能力。林恒伟等报道了一种具有双重发射、鲁棒性和聚集诱导发光特性的室温磷光碳点（图 6-11）。通过对偏苯三甲酸（TA）进行水热处理得到 TA-CDs，在 365 nm 紫外灯激发下，固态粉末表现出独特的白色瞬态发光和黄色磷光余辉。TA-CDs 粉末的黄色室温磷光来自碳点聚集形成的新激发三线态，而白光瞬态发射则是其蓝色荧光和黄色磷光双重发射混合的结果。TA-CDs 粉末被研磨后其室温磷光发射基本不受影响，这在传统的纯有机室温磷光体系中较为少见。更难得的是，随着水含量逐渐增加，TA-CDs 在四氢呋喃/水混合溶液中表现出明显的聚集诱导磷光特性，这是首例具有聚集诱导发光（AIE）特征的室温磷光碳点体系[21]。

在水热处理过程中，TA 通过脱羧和碳化反应转化为 TA-CDs，其中包含多种较大的 π 共轭结构。由于存在多个发射中心，TA-CDs 在分散状态下明显表现出与激发有关的荧光特征（激发依赖性）。在固态下，TA-CDs 的发射光谱同时包含荧光（约 430 nm）和磷光（465 nm 和 550 nm）。TA-CDs 粉末中室温磷光的产生可能归因于其大的共轭结构，水诱导可促进其发生 π-π 堆积进而形成聚集体。这种聚集体对稳定 T_1 态有重要作用，从而促进其室温磷光发射。

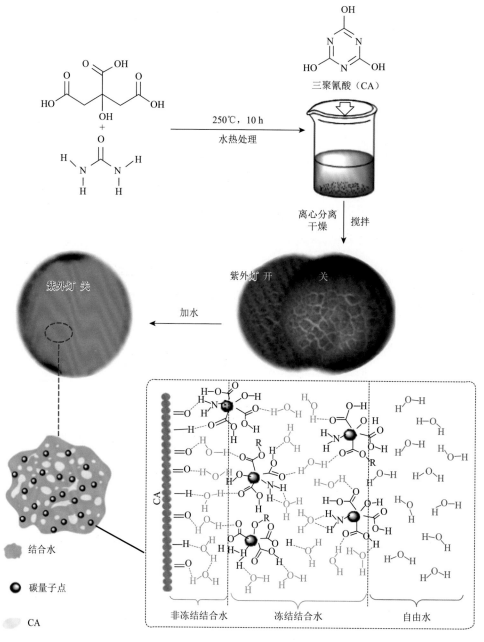

图 6-10　利用氢键网络构建水刺激响应室温磷光碳点体系[20]

图 6-11　TA-CDs 的制备过程，以及在固态下紫外灯开关时的发射特性[21]

6.3.2　非水溶剂刺激响应

　　一些具有室温磷光性质的纯有机材料对非水溶剂也能做出响应。早期的研究主要是基于材料和溶剂结合后部分溶解，或者溶剂蒸气缓慢地在材料体相中扩散，导致材料晶体结构发生变化，实现材料室温磷光特性的开-关切换。例如，董永强等报道了一种二苯甲酮-咔唑衍生物 1CA，其固体能够在氯仿熏蒸后获得室温磷光性能，但是丙酮、二氯甲烷、四氯化碳及四氢呋喃等溶剂却不能激活其磷光（图 6-12）[22]。研究表明，这种室温磷光激活现象源自溶剂诱导产生的同质多晶，不同溶剂能够诱导同一种分子生长多达 4 种不同的晶体，其中仅有氯仿诱导的晶型具有室温磷光发射性能。单晶分析发现，晶体中氯仿分子和二苯甲酮衍生物之间存在丰富的氢键作用，这是其产生室温磷光的主要原因。通过加热，晶体中的氯仿分子挥发逃逸，分子间相互作用减弱，材料则失去室温磷光性能。

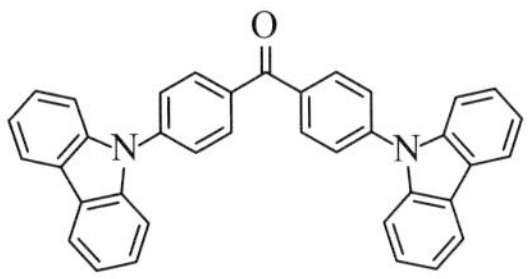

图 6-12　二苯甲酮-咔唑衍生物 1CA 的分子结构[22]

　　张锁江等报道了一种结合外部重原子效应的溶剂刺激响应室温磷光体系，并探讨其防伪应用（图 6-13）[23]。他们基于 *N*-烯丙基喹啉阳离子合成了一系列卤素类有机磷光离子盐，这些离子盐的阴离子包括 Br^-、I^- 及 PF_6^-，其中 I^- 和 PF_6^- 对应的离子盐没有显著室温磷光，外部溶剂刺激也不能诱导其发光。但是 *N*-烯丙基喹啉溴化物在滴加少量氯仿溶剂后表现出极强的室温磷光发射能力，若对其进行加热，氯仿挥发导致其磷光又逐渐减弱。此过程可以循环进行，具有可逆性。基于该 *N*-烯丙基喹啉盐的出色光学性能，包括溶剂刺激响应的发光颜色和磷光寿命，他们探索了通过有机盐和挥发性溶剂来编码图像的潜在应用。总体上，有机离子材料的室温磷光机制还有待进一步研究，就上述实例来讲，其中碘和溴对应的离子盐展现出完全不同的溶剂响应特性，让人费解。一方面外部卤素阴离子（Br⁻、I⁻）均可充当电子给体，喹啉阳离子具有吸电子特性，成盐后形成的产物具有良好的电荷转移特性，对室温磷光有利，但是这种作用与室温磷光的关系在该有机盐体系中尚不清晰。若要进一步开发具有刺激响应特性的有机离子盐类室温磷光材料，尚需要深入研究并解答此问题。

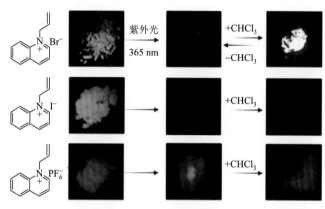

图 6-13　卤素类有机磷光离子盐[23]

后来，一些性质更为丰富的刺激响应室温磷光体系被报道。例如 2020 年，池振国团队报道了 DOS 分子，该分子由二苯基砜连接两个常见的电子给体构成，即吩噻嗪和吩噁嗪（图 6-14）[24]。使用该分子制备的试纸条可检测多达十种的常见挥发性有机化合物（VOCs）：不同有机化合物熏蒸刺激后，试纸条在 365 nm 紫外灯照射下发出不同颜色的光。DOS 分子在不同的溶剂条件下能够培养出多种单晶，这些晶体的光物理性质各不相同，包括热活化延迟荧光（TADF）、室温磷光、力致发光（ML）等。其独特的结构设计保证了 DOS 分子优异的发光性能，吩噁嗪和吩噻嗪给体单元在化学结构上非常相似，但是吩噻嗪单元中的 S 原子更大，赋予该单元更大的结构灵活性。不同的外部刺激发生时，包括热、力及不同极性溶剂，吩噻嗪单元易沿着 N-S 轴发生二面角折叠运动，从而给予 DOS 极大的分子构象多样性。实际上，吩噻嗪给体单元的供电子能力取决于这种折叠运动的程度，而吩噁嗪给体单元则由于保持相对稳定的平面构象，其供电子能力几乎保持不变。DOS 的不对称设计也能对带隙产生影响，可通过两种给体之间的竞争来调节主要的发色团及其发光性质。值得指出的是，该分子仅在三氯甲烷和丙酮中生长出的晶体具有室温磷光性质，相比于其他溶剂环境培养的单晶，这两种晶体中 DOS 分

子的 S_0-S_1 能隙（ΔE）更大，吩噁嗪为主要发色单元，三线态激子倾向于进行磷光辐射跃迁。整体上，该分子集合了两个主要发色单元，并且具有丰富的构象，通过调节这些构象实现了多种刺激响应发光。就 DOS 的结构而言，其杂原子和电荷转移（CT）特性能够增强系间窜越，有利于三线态激子的产生，从而促进磷光。

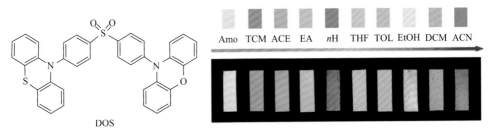

图 6-14　DOS 分子在不同溶剂熏蒸后的发光性质[24]

DOS 制备的试纸受不同溶剂刺激后的光致发光情况，试纸初始态为无定形薄膜（Amo），激发波长为 365 nm，溶剂分别对应氯仿（TCM）、丙酮（ACE）、乙酸乙酯（EA）、正己烷（nH）、四氢呋喃（THF）、甲苯（TOL）、乙醇（EtOH）、二氯甲烷（DCM）、乙腈（ACN）

6.4　热刺激响应室温磷光

热刺激响应室温磷光材料的研究相对较早。通常情况下，加热会增强分子运动，导致更多的能量以无辐射的方式耗散。换言之，加热将导致三线态激子无辐射失活增强，磷光减弱。目前报道的单组分温度响应/热响应有机室温磷光材料，在一定范围内，磷光强度大多数与温度呈负相关，随着温度升高而减弱。例如，陈润锋等设计合成了具有高不对称因子的刺激响应室温磷光分子，其不仅具有手性发光能力，而且磷光可通过紫外灯照射进一步活化，寿命从 80 ms 提高到 600 ms。活化后的磷光材料在 50℃时迅速失活，手性磷光几乎消失（图 6-15）[25]。

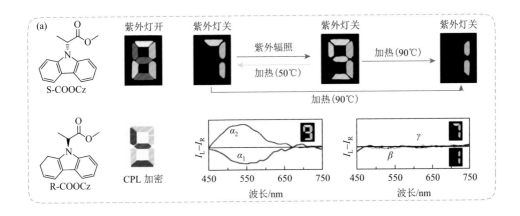

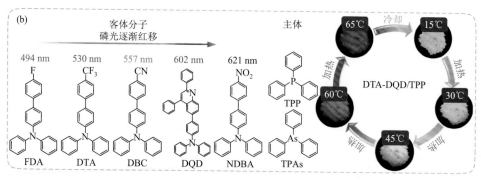

图 6-15 分子结构和热刺激响应室温磷光

（a）具有高不对称因子的热刺激响应室温磷光分子[25]；（b）多客体掺杂体系在不同温度环境下展现不同颜色的室温磷光[26]

　　董宇平等构建了一系列具有不同发光颜色的室温磷光掺杂体系[26]。通过在相同的主体中引入不同的客体分子，其室温磷光颜色实现了从青色（502 nm）到橘红色（608 nm）的调节。他们还进一步利用不同客体掺杂材料在同一温度环境下发光强度差异较大的特点，制备了三组分掺杂体系。该体系具有热致磷光变色性质，室温环境下显示绿色磷光，随着温度升高逐渐转变为橙色。

6.5 酸/碱刺激响应室温磷光

　　酸碱度（pH）是化学、环境、生物等领域最为基础的衡量参数之一。有机发光材料已被广泛应用于 pH 传感，包括传统的 pH 试纸，以及各类高灵敏 pH 探针。目前，被用于 pH 传感的绝大多数有机发光材料是基于荧光分子，而基于磷光的 pH 传感材料还处于起步阶段。酸（或碱）可以通过影响电荷转移过程或改变分子间相互作用来调控分子的发光行为。在纯有机体系中，分子内或分子间电荷从电子给体转移至受体可以显著增强系间窜越能力，从而提高室温磷光效率[27]。2018 年，张国庆等设计合成了一系列包含吡啶和喹啉单元的硫醚化合物（ASA、DSD、DSA、DSQ 和 DSP）（图 6-16）。其中，DSP 和 DSQ 分子具有酸响应室温磷光特性，当其暴露在盐酸、乙酸等酸性蒸气后，这些分子从几乎无磷光转变为能够发射亮黄色和绿色室温磷光，寿命较短，分别为 10.2 μs 和 58 μs。对于 DSP，用浓度为 0~150 mg/m³ 的 HCl 气体熏蒸时，随着 HCl 浓度增加，黄色磷光逐渐增强[28]。将 507 nm 处的发光强度线性拟合，结果显示，检出限为 8.3 mg/m³，约是工厂车间最高允许浓度 [15 mg/m³，《工业企业设计卫生标准》（GBZ 1—2010）] 的一半。虽然该检出限距离大气环境中最高容许浓度（MAC，7.5 mg/m³）尚有差距，但在特定场景中 DSP 仍具有实用价值。

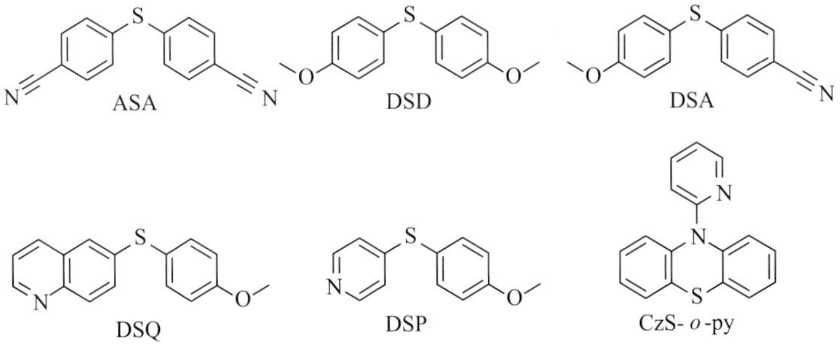

图 6-16　具有酸"启亮"室温磷光特性的硫醚化合物（DSP，DSQ）和展现酸/碱"开-关"室温磷光效应的吩噻嗪衍生物 CzS-*o*-py[28]

　　李振等以吩噻嗪单元为核心，引入吡啶基团，设计并合成了三种纯有机小分子 CzS-*o*-py、CzS-*m*-py 和 CzS-*p*-py。三种化合物的晶体分别用 HCl 蒸气熏蒸后，其发光行为都发生了相应的变化，其中 CzS-*o*-py 由黄色持久性室温磷光变为蓝色荧光发射，CzS-*m*-py 由蓝色荧光变为黄色荧光发射，而 CzS-*p*-py 由黄色持久性室温磷光变为几乎不发光。经氨气熏蒸后，它们的初始光致发光行为可以恢复，表现出一定的可逆性。他们认为吡啶基团的引入在这些可逆的光物理行为中发挥了至关重要的作用，它可以对 HCl 气体产生化学响应，同时，HCl 分子能够改变分子构象的稳定性，从而促使分子发生有序的运动达到另外一种稳定的堆积模式，进而影响发光性质[29]。

　　受结晶诱导磷光（CIP）现象的启发，钱兆生等设计了一种六硫苯代衍生物 HHPB，通过引入具有酸碱响应性的羟基，该分子在不同 pH 的水溶液中实现了聚集态和分散态之间的自由转换，其发光在蓝色/绿色荧光和黄色磷光之间可逆转变 [图 6-17（a）]。改变 HHPB 悬浮液的 pH，在 7.0～12.0 范围内，伴随着从聚集态到溶解态的转变，HHPB 的发光从黄色逐渐转变为绿色。与此同时，发射寿命则从 10.7 μs 急剧下降到 2.5 ns，说明材料发光发生了从磷光到荧光的转换[30]。该工作表明，结晶诱导磷光策略也可以作为设计 pH 响应室温磷光材料的理论基础。

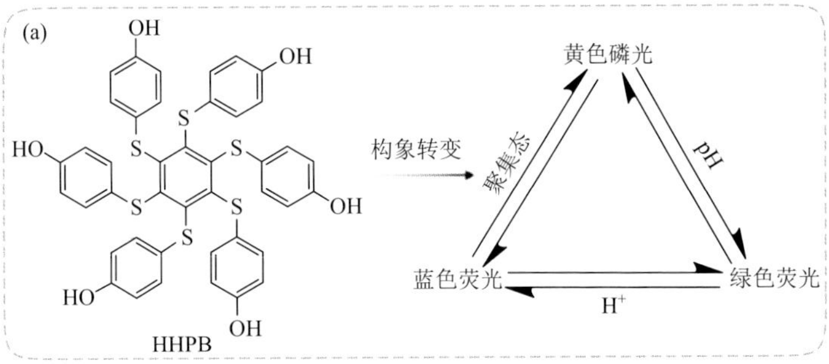

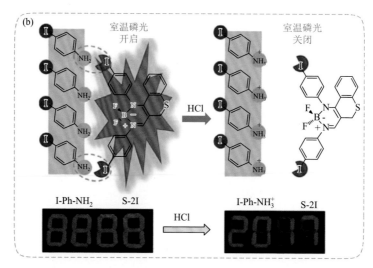

图 6-17 （a）六硫苯代衍生物 HHPB 酸碱响应特性[30]；（b）主客体掺杂体系用于制备酸碱响应性室温磷光材料[31]

主客体掺杂体系也可以用于制备酸碱响应性室温磷光材料。2018 年，付红兵及其研究团队通过调节掺杂体系中主客体分子间相互作用实现了 pH 响应的室温磷光 [图 6-17（b）]。该材料以 I-Ph-NH₂ 作为刚性主体，微量的 S-2I 或 S-2CN 作为客体（发光中心）。S-2I 和 S-2CN 的单组分晶体和溶液都无室温磷光，但当它们分别作为发光中心掺杂进 I-Ph-NH₂ 以后，形成共晶的室温磷光显著增强。对于 S-2I 和 I-Ph-NH₂ 形成的共晶，磷光量子效率和寿命分别为 15.96% 和 0.83 ms，经盐酸蒸气处理后，共晶中的卤素键 S-2I⋯I-Ph-NH₂ 被破坏，磷光消失。而 S-2CN 与主体形成的共晶中，存在的 S-2CN⋯I-Ph-NH₂ 相互作用在盐酸刺激下不易受影响，发光性能基本保持不变[31]。

功能性的分子梭型分子机器能在外部刺激下做出响应，发生穿梭运动，在分子开关、信息存储和医药运输等领域都有重要的潜在应用价值。在一些报道中，研究人员将分子梭引入刺激响应室温磷光材料的构建中。2016 年，马骧等成功设计合成了具有室温磷光信号输出、酸碱响应性质的葫芦脲（cucurbit[7]uril，CB[7]）/溴代异喹啉衍生物（IQC[5]）分子梭（图 6-18）。该结构中的室温磷光信号由水溶液中 CB[7] 和 IQC[5] 的络合产物发出。在酸性条件下，IQC[5] 末端羧基质子化导致其与 CB[7] 开口周围高密度电子云气氛之间产生静电吸引，CB[7] 主体主要在客体 IQC[5] 的含羧基端与之结合。该状态下，含有异喹啉芳香结构的一端暴露在溶液体系，得不到"保护"的异喹啉在光激发状态下容易通过无辐射过程耗散能量，磷光强度很低。相反，在碱性环境下，IQC[5] 的羧基端去质子化，显负电性，CB[7] 环状结构受到静电排斥而穿梭到含异喹啉片段的一端，磷光发光中心得到很好的"保护"，材料体系的室温磷光得以增强。进一步的实验表明，该分子梭结构在 pH 为 4～7 的范围内有非常出色的响应特性，但由于金属阳离子易与 CB[7]形成配合物，因此在实际应用过程中其抗干扰性有待提升。值得指出的是，该工作是第一个以室温磷光信号作为穿梭信息输出的分子梭结构[32]。

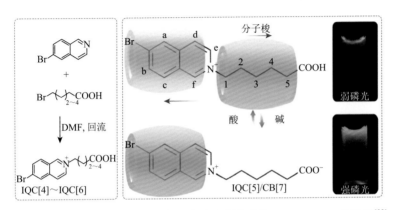

图 6-18　具有室温磷光信号输出、酸碱响应性质的 IQC[5]/CB[7]分子梭[32]

6.6　光刺激响应室温磷光

6.6.1　单组分材料的光刺激响应

光刺激响应室温磷光材料大体上可分为两类：单组分材料和多组分材料。目前，这两类材料以固态为主。一般认为固态中分子构象较为稳定，但光照作用下分子吸收能量，其相对运动加剧，易导致材料发光性质产生变化。李振等发现光刺激可以增强分子间 π-π 相互作用，进而增强材料的室温磷光性能（图 6-19）。他们在研究一系列氧化吩噻嗪衍生物的室温磷光性质时发现：在氧化吩噻嗪衍生物 CS-CH₃O、CS-CH₃、CS-Br、CS-Cl 和 CS-F 中，具有给电子基团的 CS-CH₃O 和 CS-CH₃，其磷光寿命相较于另外三个具有吸电子取代基的化合物更短。单晶结构显示，具有吸电子取代基的化合物的分子间 π-π 距离更短，这很可能是因为吸电子基团的诱导效应降低了相应 π 体系的电子云密度，进而减少分子间的 π-π 排斥，从而促进了分子的紧密堆积。基于此，他们引入了具有更强吸电子能力的取代基——三氟甲基（—CF₃），得到的化合物 CS-CF₃ 在初始状态下无明显室温磷光，但经 356 nm 紫外灯（0.35 mW/cm²）照射约 5 min 后，肉眼可观察到强烈的磷光发射，其寿命达 299 ms。在自然条件下静置 2 h 后，材料恢复到初始状态，并能够再次实现紫外光诱导的室温磷光发射，过程可逆。他们将这一奇特现象称为"光诱导室温磷光"，该项工作也是首例关于纯有机化合物的光诱导室温磷光现象报道。进一步实验探究表明：365 nm 紫外灯照射下，CS-CF$_3$ 晶体从初始态到磷光态的转变需要 4 min 左右。超过 4 min 后，其磷光强度和寿命不再发生明显变化。停止紫外灯照射后，CS-CF$_3$ 晶体又会缓慢回到初始状态。此外，光照前后 CS-CF$_3$ 晶体的紫外光吸收无变化，表明光活化过程中分子结构并未发生明显改变。而在单晶结构中，发现相邻两个 CS-CF$_3$ 分子间苯环距离从 3.999 Å 降低到 3.991 Å。这些结果表明紫外光激发作用下晶体堆积发生了改变，增强了分子间 π-π 相互作用，从而促进了室温磷光产生[33]。

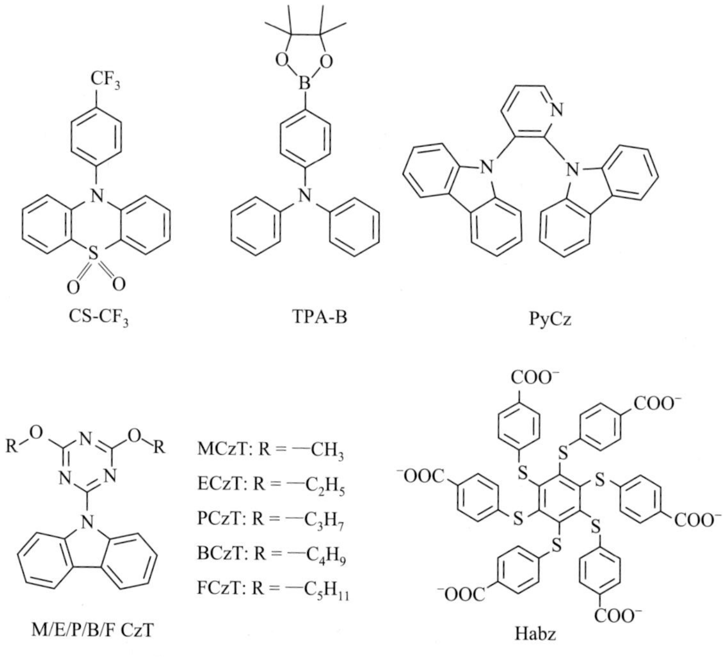

图 6-19　一些具有光刺激响应室温磷光性质的分子

　　为了进一步确认分子运动是导致室温磷光的主要原因，他们还进行了低温（77 K）对照实验。在液氮温度下，CS-CF$_3$ 晶体经过 5 min 的 365 nm 紫外灯照射，材料的室温磷光强度和寿命都没有明显变化，表明低温抑制了分子运动，从而限制了晶体从初始态到磷光态的转变。此外，低温还能抑制晶体从磷光态到初始态的弛豫：光诱导后的磷光态晶体在 77 K 下静置 2 h 后，室温磷光寿命能够保持在 256 ms，而室温环境下静置同样时间的对照组的磷光寿命衰减至 37 ms。同样地，相较于室温环境，低温环境下磷光强度衰减也更小。这些对比实验进一步证明了分子运动是导致光诱导室温磷光的主要原因。最后，研究人员利用 CS-CF$_3$ 可逆的光诱导室温磷光特性，进一步验证了其在"双重防伪"方面的应用潜力。

2019 年，该团队在 TPA-B 分子构成的晶体中观察到了与 CS-CF$_3$ 晶体相似的光诱导室温磷光性质[34]。TPA-B 晶体在 365 nm 紫外灯短暂激发后仅可见极其微弱的磷光，但随着激发时间延长，磷光寿命逐渐变长，光照 20 min 后达到稳定状态，此时寿命为 211.13 ms。光激活前后的单晶结构对比表明，分子间距离变短，相互作用增强。因此，光激活过程中，分子运动导致分子间距离变化，最终增强了分子间相互作用，是光诱导室温磷光非常重要的一个原因。

黄维等以三嗪为中心，咔唑为取代基，通过不同链长的烷氧基链修饰得到了一系列具有光诱导室温磷光性质的化合物（图 6-20）。含有—OCH$_3$ 和—OC$_2$H$_5$ 链的分子在短暂激发后能够观察到长寿命室温磷光，而被—OC$_3$H$_7$、—OC$_4$H$_9$ 和—OC$_5$H$_{11}$ 修饰的分子则需在强紫外光照（80 mW/cm^2）数分钟后才出现长寿命磷光。以—OC$_4$H$_9$ 修饰的分子 BCzT 为例，从 0 min 到 10 min，随着紫外光照射时间的延长，该分子的磷光在室温条件下逐渐被光激活，寿命从 1.8 ms 延长至 1330 ms，磷光强度也增强近 30 倍。将激活的样品置于室温条件约 3 h 后，可恢复至初始状态。单晶结构表明光活化后相邻分子间距离变短，由此产生更强的分子间相互作用，这种作用对稳定三线态激子和抑制无辐射跃迁大有裨益，是室温磷光发射的必要条件。此外，与带—OCH$_3$ 的分子（晶体）相比，BCzT 构成的晶体中相邻分子重叠更小，分子间相互"钳制"相对较弱，研究人员推测这有利于可能存在的分子运动，为激活-失活的动态转换提供了基础。通过原子力显微镜（AFM）观察光激活前后的晶体，发现紫外灯照射前，晶体表面呈平滑层状堆积，紫外灯持续照射 5 min 后晶体表面虽然保持了层状结构，但是出现了波浪状起伏的褶皱，并在静置两天后恢复原貌，再次确认了光诱导分子运动的存在[35]。晶体对比分析及理论计算表明，该系列分子被激活及失活的时间对分子中烷氧基链长度有一定的依赖性，随着烷基链长度的增加，其被激活与失活时间逐渐缩短。最近，该团队报道了一种高度扭曲的分子 PyCz，通过溶剂挥发法得到了该分子的块状（PyCz-B）和针状（PyCz-N）两种晶体。紫外灯照射后，这两种晶体均具有光激活的动态磷光现象。不同的是，光照 3 s 后，便可明显观测到 PyCz-B 的长寿命室温磷光，而 PyCz-N 则需 6 min 的光激活。PyCz-B 晶体的光激活速度和失活速度都明显快于 PyCz-N，再次表明了分子排列与动态长寿命室温磷光现象之间存在紧密联系[36]。晶体数据显示，光激活后晶体中分子排布变得更加紧密，这大大限制了分子运动，对抑制无辐射跃迁有利，从而使得磷光寿命变长。此外，PyCz-N 晶体中分子间的相互作用远强于 PyCz-B 晶体，紧密的堆积使得分子不易发生运动，从而导致其较慢的动态光活化/失活速度。

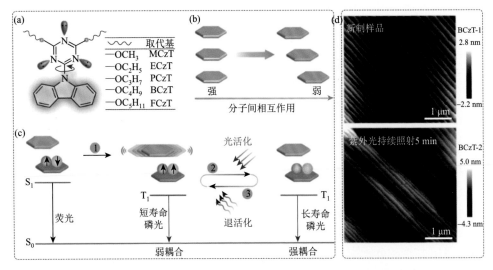

图 6-20 （a）一系列咔唑衍生物的分子结构式；（b）分子间相互作用示意图；（c）光诱导室温磷光机制；（d）持续光照促使分子运动并改变晶体的堆积状态进而导致室温磷光增强/激活[35]

在上述所有示例中，光刺激下的分子运动均在固体材料中发生，这些结果表明：光刺激导致分子排列的细微差别是引起光诱导室温磷光现象的主要原因之一。那么在液体中是否存在类似的现象呢？相比于固体环境，分子在液体中的运动具有更大的自由度，单分子运动可控性变差，要实现光诱导室温磷光具有很大挑战性。朱亮亮等在 2019 年报道了一种六硫醚苯衍生物（Habz），并利用其在基态和激发态之间显著不同的分子构象实现了这一目标[37]。这种分子以微小的聚集体形式分散在水溶液中，光激发作用下，由于分子构象发生变化，促进分子形成更大的聚集体。与此同时，计算表明激发状态下该分子解离速率会比聚集速率慢许多，从而保证了分子主要以聚集体的形式存在。在该工作中，他们进一步证实，水中的光控聚集对室温磷光的产生起着重要作用。透射电子显微镜（TEM）和动态光散射（DLS）实验表明，没有光激发时，水溶液中的分子以直径约 15 nm 的聚集体形式分布，而在光激发状态下，微粒聚集增强，形成了直径超过 200 nm 的聚集体，呈正态分布。随着激发光源的关闭，聚集体逐渐解离变小，回到初始状态，这一"聚集-解离"过程可以重复达数千次。值得注意的是，正是由于溶液中分子运动的自由度提高，磷光启亮过程可在 1 min 内完成，显示出更加灵敏的光诱导室温磷光现象。由于该工作中具有聚集诱导室温磷光性质的分子并不具有良好的水溶性，光诱导过程是让小尺寸"纳米颗粒"聚集成大尺寸"纳米颗粒"，因此并不是完全意义上的溶液态光诱导室温磷光。可以预期，如果实现了从分子级别分散态到纳米级别聚集态的转变，将可能实现响应速度更快的光诱导室温磷光。

6.6.2　多组分掺杂体系的光刺激响应

近年来，一些基于氧气敏感特性制备的光刺激响应室温磷光材料得到了广泛关注。德累斯顿工业大学的 Reineke 等对掺杂体系的磷光发射行为进行了系统而深入的研究，揭示了氧气在室温磷光方面的独特作用（图 6-21）。在 2017 年的报道中，Reineke 等主要研究了 NPB 分子在不同状态下激发单线态和三线态激子之间的动力学行为，对比了 NPB 分子分别在高分子 PMMA 和小分子 TCTA 基质中掺杂后的光物理性质[38]。他们发现通过更换掺杂系统中的主体材料，以及改变成膜方式等可以实现单线态和三线态激子布居数的调节，进而促进材料高效率或长寿命（磷光）发光。此外，在氮气和真空环境下，掺杂体系都有高效的室温磷光，而在大气环境中，磷光强度和寿命都大幅降低，表明氧气对三线态激子具有重要影响。

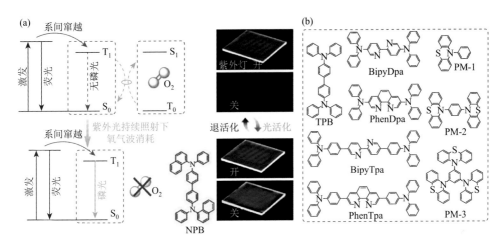

图 6-21　（a）NPB 掺杂于 PMMA 薄膜中的光激活室温磷光性质；（b）一些具有光激活室温磷光性质的客体分子结构[4, 38-40]

2019 年，该团队再次使用 NPB 分子和 PMMA 构建了掺杂体系，得到了"可编程的透明发光标签"。对于该体系，NPB 分子在 365 nm 紫外光照射过程中能够促进基质材料中的氧分子转变成单线态氧，当氧分子被极大消耗后，这些发光分子由于基质提供的刚性环境抑制了无辐射能量耗散而发射磷光。加热或长时间静置被激活的材料可以让材料再次失活，此过程可以反复循环。同时，加热过程可以通过红外辐照替代，所以激活和失活过程都可以通过"非接触"形式完成，极大地提高了激活过程的灵活性。而且，得益于发光分子较低的掺杂量（NPB，2 wt%），掺杂体系几乎完全保留了 PMMA 材料的高可塑性和高透光性。因此，该材料在实际应用中几乎不受应用场景的限制，能够在塑料、金属、玻璃等绝大部分基材上按照所需尺寸进行快速和多次（＞40 个循环）非接触式打印信息，分辨率可达 700 dpi 以上。据核算，这种材料成本每平方米低于 1.5 美元（约合人民币 10.5 元，2022 年），具有很高的应用前景[38,39]。李振等也报道了一系列吩噻嗪衍生物掺杂 PMMA 的光诱导室温磷光材料，这些材料被紫外光持续照射之后，即便没有隔氧层，磷光量子效率依然保持在 20%～30%。同时，这些吩噻嗪衍生物掺杂系统展现的光诱导室温磷光具有极高亮度，即使在白天（室外）也能轻易读出写入的信息[40]。

除了以上有机小分子掺杂体系，贾叙东等报道了碳点（CDs）和聚吡咯烷酮（PVP）组成的柔性薄膜，也表现出光诱导长寿命室温磷光现象。能量密度为 10 mW/cm²、波长为 400 nm 的光，持续照射该掺杂薄膜 30 s 后，其室温磷光寿命超过 500 ms。激活后的材料随着氧气的再次"渗入"，光照下磷光即时启亮能力逐渐减弱，加热同样能够加速"失活"过程，体现出与小分子掺杂体系类似的性质。但是，与小分子掺杂体系相比，碳点自身往往呈黄色或棕色，常导致掺杂材料的透明度降低[41]。

值得注意的是，在这一类由掺杂体系构建的光刺激响应室温磷光材料中，虽然已经通过实验证实了氧气在光诱导过程中的决定性作用，但是到目前为止，氧气在激活过程中的具体机制仍需探索，氧气在激活过程中如何被"消耗"并不清楚。早期的研究指出，电磁辐照过程中高分子基质（及高分子中残留的单体）可能产生自由基，并和氧发生反应，导致局部乏氧，有利于掺杂分子的三线态能量通过辐射跃迁释放，但是这种认知尚缺乏直接证据[42]。

此外，还可以基于光交联和氢键增强作用制备光刺激响应室温磷光材料。在另外一些掺杂体系中，通过持续光照促进高分子链间的共价交联作用，以及主客体分子间的氢键增强，也能实现光诱导室温磷光，其中比较典型的一类就是以 PVA 为主体的掺杂体系[43,44]。2018 年，杨朝龙等将六（对羧酸基苯氧基）环三磷腈（G）掺杂在 PVA 聚合物中，获得了具有光诱导室温磷光性质的材料［图 6-22（a）和（b）］[43]。无论在固体还是液态环境下，G 分子本身几乎没有荧光和磷光，但在掺杂体系中，由于 G 分子富含羧基，能够和 PVA 分子链间形成丰富的氢键，这些氢键极大地限制了 G 分子的无辐射能量耗散，光照下有较弱的磷光。另外，持续的紫外光照射会促进 PVA 聚合物链间形成丰富的 C—O—C 交联键，在一定时间范围内，这些交联键会随着光照时间延长而愈加丰富，PVA 链间的振动耗散被进一步抑制，进而促进 G 分子所处的环境更加刚性，有利于室温磷光性能提高。该项工作中，掺杂体系在 254 nm 紫外光持续照射 65 min 后，其寿命和量子效率从 0.28 s 和 2.85% 分别提高到了 0.71 s 和 11.23%。该体系中，磷光性能受多种因素影响，包括 G 分子的浓度、光照时间、温度及高分子 PVA 的分子量等。他们通过红外光谱、核磁共振波谱、拉曼光谱和 X 射线光电子能谱（XPS）等手段研究了这一过程，基本确认了该体系中的光诱导增强室温磷光由 G 分子和 PVA 间的氢键及 PVA 链间共价交联共同主导。值得一提的是，通过对比不同浓度的掺杂体系，以及掺杂前后各组分的核磁共振氢谱，能够直接追踪 G 分子中—COOH 质子的信号，从而说明氢键及交联键的生成情况。

由于聚苯乙烯、聚甲基丙烯酸甲酯和聚乙烯吡咯烷酮等高分子中缺乏丰富的羟基来形成链间交联，所以相比 PVA 掺杂体系，室温磷光性能较差。而在一些 G 分子衍生物与 PVA 构筑的掺杂体系中，氢键形成能力也直接导致其室温磷光性能产生明显差异，一些羰基衍生物在掺杂后虽然表现出相似的光诱导室温磷光现象，但是强度和寿命更低。在另一基于 PVA 的掺杂体系中，研究人员对客体发光分子结构差异引起的光诱导室温磷光进行了更为系统的讨论 [图 6-22（c）][44]。通过对比含有 C—O—C、C—SO$_2$—C、C—S—C 和 C—C(CH$_3$)$_2$—C 等基团分子的性质，发现含有砜基（O=S=O）的分子 SDP，其自旋轨道耦合作用更强，有利于单线态到三线态的系间窜越，因此在紫外光持续照射后展现优异的磷光性能。对于含有 C—C(CH$_3$)$_2$—C 单元的分子，则由于甲基的自由度更高，容易引起无辐射能量耗散，磷光几乎消失。

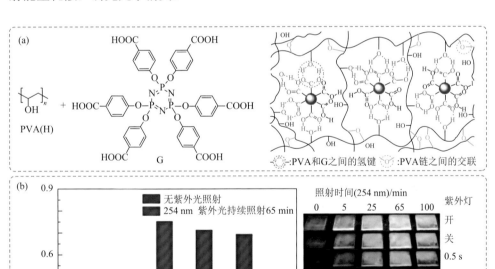

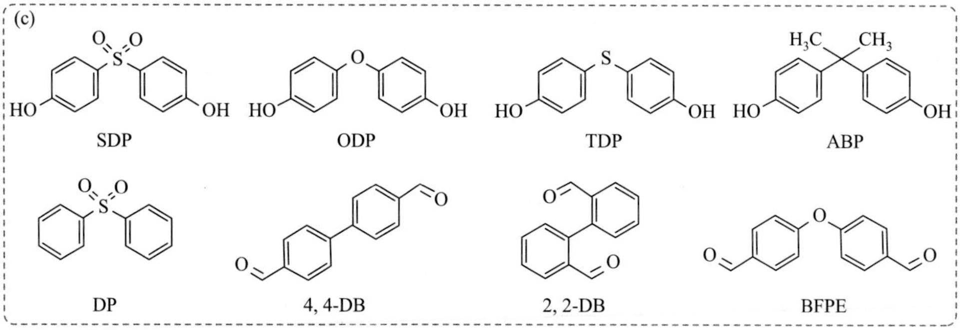

图 6-22 （a）分子 G 与 PVA 的分子间相互作用；（b）基于 G-PVA 体系的光激活室温磷光性质；（c）其他有机小分子掺杂剂[41, 42]

　　上述例子表明，紫外光照射引起的交联反应能抑制无辐射跃迁，从而稳定掺杂体系中的三线态激子，是一种较为有效的光诱导室温磷光体系的构建手段。但是应该注意到，这类材料相较于基于氧气敏感特性制备的光诱导室温磷光体系，其诱导时间过长，需要持续数十分钟甚至 1 h 以上的光照才能获得较强的室温磷光，且不具备可逆性。同时，现阶段所使用的高分子主体几乎都是聚乙烯醇类材料，未来，发展更为丰富的高分子主体对于拓展这类光诱导室温磷光材料走向实际应用具有深远意义。而且，这些基于光交联构建的光诱导室温磷光体系，其磷光强度和寿命常常随着辐照时间逐渐延长而呈现出先增后减的趋势，一般解释为非共价交联键在光照作用下的动态变化所致，但其内在过程并不清晰，尚缺乏深入研究。另外，发光分子和/或主体分子之间是否发生光化学反应等问题也值得更进一步探究。

　　从实际应用层面看，利用高分子材料构建的光诱导有机室温磷光体系已展现出诱人的应用潜力。首先，由于采用"光"作为刺激手段，能够轻易实现"非接触式"的响应，赋予这类材料信息写入和读出的高效性。同时，材料成型容易，且能够柔性化，可塑性极强，对应用环境和使用对象适应性强，在防伪和信息加密等领域容易与现有高分子材料加工工艺相结合，有利于规模化生产与应用。而且，可基于材料发光机制找寻更多应用场景，特别是氧气敏感型光刺激响应室温磷光材料（高分子掺杂体系），可应用到如裂纹检测、气密性监测等领域[38]。

6.7 力刺激响应室温磷光

　　力刺激响应室温磷光材料属于机械刺激响应材料的一种。从激发源和作用效果来看，可将其分为两类，即力刺激响应光致室温磷光材料和力致室温磷光材料。前者的主要特征为：刺激发生前后材料的磷光量子效率和寿命等发生明显变化，这些变化依赖于材料中晶体堆积和分子构象等的转变,材料的发光仍需要外加激发光源。力致室温磷光材料则无须外加激发光源,仅通过外力作用即可激活材料的室温磷光,力是这类材料唯一的刺激响应条件。

6.7.1 力刺激响应光致室温磷光材料

目前,绝大多数已报道的有机室温磷光过程都是通过紫外线照射源所诱发。多数情况下,材料的磷光性质依赖于分子的晶体结构。因此,好的晶型会赋予材料室温磷光性能或增强分子室温磷光发射强度,但是力刺激过程中材料的晶体结构常常被破坏,原本具有室温磷光性质的材料发射减弱,甚至消失(图 6-23)。唐本忠等于 2010 年首次报道了二苯甲酮及其衍生物在晶体状态下的室温磷光发射行为,并将其归纳为结晶诱导室温磷光[45]。随后,越来越多的室温磷光材料相继被报道,其中很大一部分有机分子的室温磷光行为都受到晶体中分子堆积的影响。例如,研究人员发现 CZBP 分子晶体在研磨过程中光致发光光谱蓝移,磷光发射光谱强度急剧降低。研磨前后的粉末 XRD 结果显示晶体结构被破坏,材料趋于非晶态。CZBP 溴取代的衍生物 BCZBP 和 DBCZBP 也出现类似现象,且拥有双重发射和更大比例的磷光。它们的磷光发射通过晶态和非晶态之间的相互转化表现出可逆性。同样地,ICz-DPS 晶体显示出深蓝色荧光和亮黄色磷光,研磨使材料发生晶态到非晶态转变,研磨后在 559 nm 处的磷光峰明显降低,重度研磨后,ICz-DPS 仅剩下蓝色荧光发射[46, 47]。

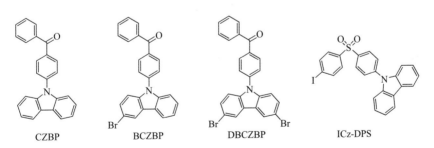

图 6-23 一些具有力刺激响应室温磷光特性的分子

尽管大多数纯有机室温磷光材料在力刺激下由于晶型的破坏会导致磷光急剧减弱,但也有例外。李振等报道了一例反常的力刺激启亮磷光现象(图 6-24)。他们发现化合物 Czs-ph-3F 在晶态下仅表现出蓝色荧光,但经研磨后能够展现长寿命室温磷光,寿命为 20 ms[48]。研究发现,吩噻嗪衍生物在力刺激下晶体中部分构象转变是产生这一现象的主要原因。化合物 Czs-ph-3F 在晶态时呈现准轴向

（quasi-axial，ax）构象，此时没有室温磷光性质。力刺激使其晶体中部分构象转变为有利于室温磷光发射的准赤道（quasi-equatorial，eq）构象，从而在力刺激后产生了独特的室温磷光启亮现象。该材料通过加热或溶剂熏蒸能恢复到初始的构象和荧光状态，表现出可逆的刺激响应磷光特性。理论模拟计算和拉曼光谱也进一步证明了 Czs-ph-3F 在力刺激前后部分构象的变化，以及 eq 构象更有利于室温磷光发射。而且，将具有 eq 构象的单氟取代吩噻嗪衍生物 Czs-ph-F 掺入 Czs-ph-3F 晶体模拟其在研磨态的构象情况，实验结果进一步证明构象的部分改变是 Czs-ph-3F 具有独特力刺激启亮室温磷光现象的内在原因。这是首例机械刺激开启长寿命有机室温磷光的报道。

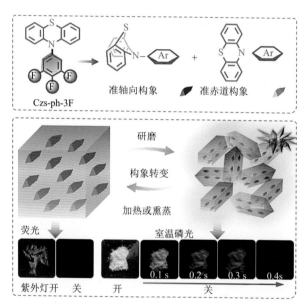

图 6-24　机械力改变吩噻嗪衍生物分子构象，实现可调节的室温磷光发射[48]

6.7.2　力致室温磷光材料

力致室温磷光是力致发光的一种，通常所说的力致发光（mechanoluminescence，ML）是指由机械力作用于固体而导致其发光的现象。这一独特的发光现象具有悠久的历史，最早的报道来自弗朗西斯·培根于 1605 年发表的"学术的进展"（Advancement of learning），其中提到"用刀刮坚硬的糖块时会放出亮光"。对于大多数的纯有机化合物，由于受到 π-π 堆积的影响，其力致发光一般较弱。2015 年，池振国等报道了同时具备聚集诱导发光和力致发光性质的分子，为开发高效的力致发光材料开辟了一条新的道路。这些材料的力致发光光谱几乎都与光致荧光光谱相对应，表明为力致荧光，而关于高效的力致磷光材料却鲜有报道（图 6-25）。2017 年，李振等取得突破，报道了首例具有聚集诱导发光和力致室温磷光的分子 DPP-BO。该分子性质独特，其力致发光光谱中有两个分别位于 350 nm 和 450 nm 处的发射峰。其中，350 nm 处的发射峰与荧光发射峰一致，而 450 nm 处与 DPP-BO 的低温磷光发射峰相吻合。该现象表明，力致发光与光致发光具有相似的激发态能级特征，同时存在激发单线态和三线态。此后，该组报道了另一个纯有机分子 CzS-C₂H₅，在室温下同时具有力致磷光和光致磷光性质。晶体结构分析和理论计算表明，室温磷光和力致发光性能与分子堆积密切相关。尤其是，具有分子间电荷转移特性的分子二聚体的形成和破坏，对光致发光和力致发光过程中的系间窜越及激发三线态发射都有重要影响[49, 50]。

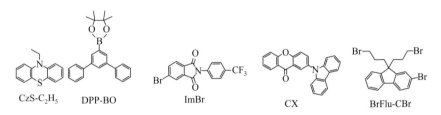

图 6-25　一些具有力致室温磷光特性的分子

以前的研究表明，光致发光中长寿命的室温磷光更可能在具有特定分子堆积特征（如 H 聚集、分子间 n-π 电子耦合和 π-π 堆积）的晶体中实现。基于这一经验，许炳佳等于 2018 年开发了以 N-苯基邻苯二甲酰亚胺为核心单元的纯有机化合物 ImBr。研究证实了力刺激可以导致分子同时产生瞬时发光和长寿命磷光余辉，具备优异的多色发射能力。分子中 N-（4-三氟甲基苯基）邻苯二甲酰亚胺单元有利于分子晶体形成非中心对称空间排列，而且分子二聚体间呈现的 H 聚集能够稳定激发三线态，这些因素共同促进了力刺激长寿命室温磷光的产生。而且，ImBr 中引入溴取代基促进了自旋轨道耦合并提高了单线态与三线态间的系间窜越效率。最终，在 ImBr 晶体中观察到了明显的、包含蓝色荧光和黄色磷光的双重发射，而且这种双重发射导致分子光致发光为白色[51]。同一时期，池振国等报道了具有力致长寿命室温磷光性质的分子 CX。在 CX 晶体中，分子间存在较强的 n-π 相互作用，导致具有不同激发态特性的单元间产生强的分子间电子耦合（IEC）。这些耦合主要发生在羰基氧的孤对电子（n）和芳香环 π 单元之间，并产生（n, π*）和（π, π*）等不同的 T₁ 状态，有利于磷光发射。与此同时，正因为分子间电子耦合作用明显，导致了力刺激诱导的长寿命室温磷光强烈依赖于分子间的相互作用，两种不同的 CX 晶体，一个具有力刺激长寿命磷光而另一个不具有。此外，两种晶体均显示出随着温度降低，机械刺激导致的磷光强度增加现象：一种是力致磷光强度增加，另一种是力致磷光特性被激活。实际上，外部重原子效应也是开发力刺激长寿命室温磷光的有效途径。利用这一策略，李振课题组制备了四种溴取代的芴基衍生物，其中 BrFlu-CBr 可在紫外光激发下实现荧光-磷光双重发射，也可以通过力刺激实现这一双重发射特性。在机械力刺激过程中，能够分辨出三种不同的力致发光光谱[52, 53]。在力学刺激下，力致发光初始呈青色，随后变为蓝色。去除机械刺激后，可观察到绿白色的磷光发射。

6.8　多重刺激响应室温磷光

近年来，一些同时具有多重刺激响应特性的材料也被开发出来。例如，陈润锋等通过将具有手性中心的酯链直接键合到非手性磷光体上，成功获得了具有手性发光性能的有机化合物。这种化合物中的手性链不仅负责"传导"手性磷光发光中心，同时还能作为构象调节单元，在外部刺激下，有效调控分子聚集态的排列，进而实现不同性能的磷光发射。该材料初始磷光性能较差，但经紫外光持续照射激活后，磷光寿命提高约 8 倍，达到了 600 ms。激活后长寿命室温磷光材料的即时启亮特性能够在常温下保持 2 h，并且在加热处理后快速恢复到初始状态，例如，当加热温度升高到 90℃时，材料失去磷光活性。该过程可重复多次。这类在不同阶段施加不同刺激作用而实现室温磷光"开-关"循环的手段比较常见，如前面提到的溶剂响应室温磷光，常常也与热刺激作用"搭配"使用，实现刺激响应的循环[54]。

在上述例子中，虽然同一种材料对不同刺激做出了响应，但是不同刺激方式对应的响应并不相同，例如，光照对应材料的磷光启亮，而加热对应材料的磷光关闭；研磨促使 ODBTCZ 分子形成的晶体发光颜色发生变化，同时逐渐失去室温磷光发射能力，二氯甲烷熏蒸可恢复其磷光性能。Czs-ph-3F 晶体仅产生蓝色荧光发射，而研磨后出现具有明显绿色余辉的磷光，研磨粉末在加热或熏蒸刺激后会返回非磷光状态。

所以严格来说，具有多重刺激响应室温磷光材料方面的研究当前几近空白。主要原因有两个：一方面，纯有机室温磷光材料的开发本身就是富有挑战性的课题，刺激响应室温磷光材料无疑难度更大，更何况具有多重刺激响应性能的材料；另一方面，此领域还处于发展初期，除了针对构建室温磷光的"要素"进行刺激响应材料设计以外，仍缺乏有效的设计策略和规律总结。

2020 年，李振等利用主客体掺杂体系中距离敏感的 Förster 共振能量转移（FRET）过程，开发了具有多重刺激响应特性的室温磷光材料（图 6-26）[55, 56]。

共振能量转移理论是光学、材料及生物检测等领域十分重要的基础理论。共振能量转移过程是单分子、量子点、蛋白质及其衍生物、酶、纳米级器件或纳米材料系统中的有效能量转移途径。研究表明，一旦主客体粒子足够靠近且取向合适，此体系内就可能产生电子耦合，从而促进激发能在溶液中的分子之间、具有发色基团的聚合物中、晶体材料中及薄膜之间的界面中传递。研究人员将共振能量转移的距离敏感性应用到具有力和/或热刺激响应室温磷光材料中，拓展了共振能量转移理论的实践范围。

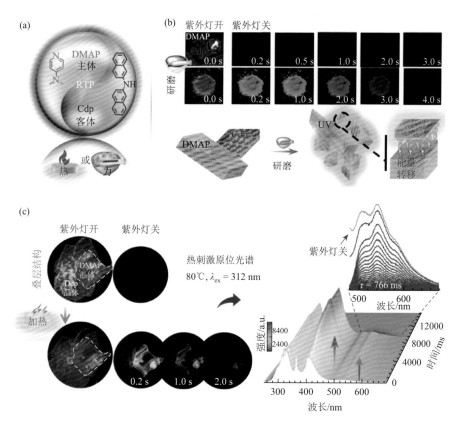

图 6-26　（a）基于 FRET 构建具有多重刺激响应特性的室温磷光材料体系；（b）力刺激响应室温磷光；（c）热刺激响应室温磷光[55]

Förster 给出的共振能量转移理论描述由麦克斯韦的电磁理论所衍生，并指出共振能量转移过程发生在近场区域。因此，将客体粒子推进到主体粒子的近场区域的过程中，它们相互靠近，很可能在界面层发生能量转移，而研磨和加热是推动客体进入主体"近场区域"最简单直接的方式。基于这一设想，研究人员提出了初步的构筑策略，即备选分子应满足三个主要条件：

（1）主体分子能够提供刚性环境。

（2）客体分子具备较强的系间窜越能力，以产生潜在的室温磷光发射。

（3）主体和客体之间有效的光谱重叠，以实现共振能量转移过程。

综合光物理性质、原料成本和操控性等因素，研究人员选择 4-二甲氨基吡啶（DMAP）作为主体分子，并依据 DMAP 的发射光谱选择了 2, 2-二萘胺（Cdp）和 N-苯基-2-萘胺（Cnp）两种分子作为客体分子。

主体（DMAP）和客体（Cdp）的样品以 100∶1（质量比）混合，未观察到明显磷光，然后对其研磨，研磨后的样品在紫外光激发后可观察到强烈的室温磷光发射。在研磨过程中，监测了混合样品（DMAP 和 Cdp）的光致发光光谱。发现随着研磨时间的延长，主体发射（334 nm）的强度逐渐降低，相应的荧光寿命从 2.09 ns 逐渐缩短至 1.15 ns；同时，客体的荧光（405 nm）强度逐渐增强，显示出典型的共振能量转移过程。根据主体荧光寿命变化计算得出的共振能量转移效率显示，研磨程度增加可提高共振能量转移效率（E_{FRET}），在研磨 120 s 后 E_{FRET} 达到 66.86%。研磨样品发射光谱与 Cdp 在 77 K 时的磷光光谱一致，表明研磨诱导的室温磷光发射来自客体 Cdp。这些结果表明，实验选择的主客体样品通过研磨即可快速获得共振能量转移系统，并获得了预期的力响应室温磷光效果。

除研磨之外，加热混合样品也是促进客体进入主体粒子近场中以加强分子相互作用的有效方法。当 DMAP 和 Cdp 样品在 25℃混合时，没有观察到明显的室温磷光发射。随着加热温度升高，主体冷却到室温后的发射（334 nm）减弱，客体发射（荧光 405 nm 和磷光 500～600 nm）增强。样品在 110℃加热约 10 min 后肉眼可观察到室温磷光余辉持续 4 s 以上，对应的共振能量转移效率为 54.47%。而室温磷光量子效率和寿命可分别达到 3.16% 和 756 ms，展现出良好的热响应室温磷光效果。

研磨和加热混合样品都可以激活室温磷光发射，并且磷光激活过程伴随着共振能量转移效率的增加。客体分子 Cdp 的磷光增强原因主要有两方面：第一，刺激作用使得 Cdp 分子和主体 DMAP 足够近，保证了共振能量转移的发生，同时这一距离也使得 DMAP 中的孤对 n 电子和 Cdp 的 π 结构相互作用，促进了单线态到三线态的系间窜越（S_1-T_n），进而促进磷光产生。第二，DMAP 微晶的刚性很强，Cdp 分子与之在界面处发生作用后其振动受到了抑制，无辐射能耗降低，有利于室温磷光产生。因此，共振能量转移过程对 Cdp 分子室温磷光的加强不仅依赖分子本身的光物理性质，也受分子聚集态的影响。

值得注意的是，主体和客体之间苛刻的要求常被用于分子生物学领域的特异性识别和检测。而共振能量转移的距离敏感性常作为光学"分子尺"，用于单分子分析以及完整的细胞和整个生物体中，以确定分子的空间邻近性。在上述实例中，研究人员利用共振能量转移过程的距离敏感性构筑了具有多重刺激响应性的纯有机室温磷光材料，表明其在宏观材料构筑方面也极具潜力，在一定程度上打破了微观和宏观发光材料设计的界限。通过对共振能量转移过程的探究性实验，初步揭示了共振能量转移与刺激响应室温磷光之间的关系。基于其出色的力和热刺激响应室温磷光效果，该材料被成功应用于同步热敏打印和信息加密中。此类材料构筑策略具有普适性，可以极大地拓展室温磷光材料在任意尺度和环境下的应用，为纯有机刺激响应室温磷光材料开发提出了新的思路，有望快速拓展这类材料的应用前景。

6.9　总结与展望

　　根据刺激源的差异，所有这些刺激响应室温磷光材料被分为六类：气体响应性、溶剂响应性、热响应性、pH 响应性、光响应性和力响应性。如果从发光的内部机制进行分类，发现无论刺激的性质如何，分子结构、堆积模式和周围环境的变化均是材料具备刺激响应性的主要内在原因。在此，以上分类并不包括激发源不同导致的刺激响应室温磷光，如力致室温磷光。对于这种材料体系，磷光发射可以在没有光照射的情况下通过机械刺激予以实现。从机制和应用的角度来看，这是刺激响应室温磷光材料的重要扩展。最近的报道显示，X 射线也能激发一些有机材料，并发射长寿命室温磷光[57]。我们倾向于将这一类材料归类为"多激发模式室温磷光材料"，虽然实际上也可以认为是刺激响应材料的一类，但为了避免重复，在此不做过多讨论。无论是通过激发模式的切换获得刺激响应特性还是影响发光环境导致刺激响应，可以预见的是，从这些例子中获得的信息都可以帮助科学家对刺激响应室温磷光有更深入的了解，从而推动整个磷光材料领域不断向前发展。

　　由于刺激响应有机室温磷光是一个新的研究领域，具有这些特性的材料仍属"小众"，而性能出众的则更为珍惜。因此，目前该领域面临的首要任务仍然是开发更多性能优异的新材料体系。根据前面总结分析，为开发新的刺激响应有机室温磷光材料，可以围绕以下三个方面展开：

　　（1）用新的官能团修饰经典的磷光核心，这些新的官能团可以在外部刺激下经历分子结构或构象转变，从而赋予材料刺激响应性。

　　（2）选择具有自由旋转或振动单元的磷光核，它们可以在外部刺激下驱动整个分子的规则运动，从而导致分子堆积和排列的改变。

　　（3）开发具有室温磷光发射的主客体系统，在这些系统中，可以在外部刺激下轻松调整磷光发射单元所处的环境。

　　同时，还需认识到，以应用为导向在刺激响应室温磷光材料开发中也很重要。

一方面，与传统的刺激响应型荧光材料相比，磷光材料在对比度和灵敏度方面具有优势，这势必推动其走向实际应用。另一方面，在外部刺激下，室温磷光寿命的变化是除发光颜色和强度外的第三个监测参数，赋予其在诸如时间分辨生物成像等领域得天独厚的优势。相应地，随着材料的丰富、特性的细化及应用场景的扩展，将促进刺激响应室温磷光材料研究的迅速发展。

（王雲生 杨 杰 李 振）

参考文献

[1] Li Y, Gecevicius M, Qiu J. Long persistent phosphors-from fundamentals to applications. Chemical Society Reviews, 2016, 45 (8): 2090-2136.

[2] Zhao W, He Z, Tang B Z. Room-temperature phosphorescence from organic aggregates. Nature Reviews Materials, 2020, 5 (12): 869-885.

[3] Kenry, Chen C, Liu B. Enhancing the performance of pure organic room-temperature phosphorescent luminophores. Nature Communications, 2019, 10 (1): 2111.

[4] Yang J, Fang M, Li Z. Stimulus-responsive room temperature phosphorescence in purely organic luminogens. InfoMat, 2020, 2 (5): 791-806.

[5] Fang M, Yang J, Xiang X, et al. Unexpected room-temperature phosphorescence from a non-aromatic, low molecular weight, pure organic molecule through the intermolecular hydrogen bond. Materials Chemistry Frontiers, 2018, 2 (11): 2124-2129.

[6] Zhou Y, Qin W, Du C, et al. Long-lived room-temperature phosphorescence for visual and quantitative detection of oxygen. Angewandte Chemie International Edition, 2019, 58 (35): 12102-12106.

[7] Liu H, Gao Y, Cao J, et al. Efficient room-temperature phosphorescence based on pure organic sulfur-containing heterocycle: folding-induced spin-orbit coupling enhancement. Materials Chemistry Frontiers, 2018, 2 (10): 1853-1858.

[8] Ermolina E G, Kuznetsova R T, Aksenova Y V, et al. Novel quenchometric oxygen sensing material based on diiodine-substituted boron dipyrromethene dye. Sensors and Actuators B: Chemical, 2014, 197: 206-210.

[9] Bergström F, Mikhalyov I, Hägglöf P, et al. Dimers of dipyrrometheneboron difluoride (BODIPY) with light spectroscopic applications in chemistry and biology. Journal of the American Chemical Society, 2002, 124 (2): 196-204.

[10] Zhang C, Zhao J, Wu S, et al. Intramolecular RET enhanced visible light-absorbing BODIPY organic triplet photosensitizers and application in photooxidation and triplet-triplet annihilation upconversion. Journal of the American Chemical Society, 2013, 135 (28): 10566-10578.

[11] Xu W, Yu Y G, Ji X N, et al. Self-stabilized amorphous organic materials with room-temperature phosphorescence. Angewandte Chemie International Edition, 2019, 58 (45): 16018-16022.

[12] Gu L, Wu H, Ma H, et al. Color-tunable ultralong organic room temperature phosphorescence from a multicomponent copolymer. Nature Communications, 2020, 11 (1): 944.

[13] Zhang G, Chen J, Payne S J, et al. Multi-emissive difluoroboron dibenzoylmethane polylactide exhibiting intense

fluorescence and oxygen-sensitive room-temperature phosphorescence. Journal of the American Chemical Society，2007，129（29）：8942-8943.

[14] Wu Q，Xiong H，Zhu Y，et al. Self-healing amorphous polymers with room-temperature phosphorescence enabled by boron-based dative bonds. ACS Applied Polymer Materials，2020，2（2）：699-705.

[15] Li D，Yang Y，Yang J，et al. Completely aqueous processable stimulus-responsive organic room temperature phosphorescence materials：design strategy，tunable afterglow color and corresponding applications. Nature Communications，2022，13：347.

[16] Li D，Yang J，Fang M，et al. Stimulus-responsive room temperature phosphorescence materials with full-color tunability from pure organic amorphous polymers. Science Advances，2022，8：eabl8392.

[17] Gao Y，Zhang H，Jiao Y，et al. A strategy for activating the room temperature phosphorescence of carbon dots in aqueous environment. Chemistry of Materials，2019，31（19）：7979-7986.

[18] Li Q，Zhou M，Yang Q，et al. Efficient room-temperature phosphorescence from nitrogen-doped carbon dots in composite matrices. Chemistry of Materials，2016，28（22）：8221-8227.

[19] Liang Y C，Shang Y，Liu K K，et al. Water-induced ultralong room temperature phosphorescence by constructing hydrogen-bonded networks. Nano Research，2020，13（3）：875-881.

[20] Li Q，Zhou M，Yang M，et al. Induction of long-lived room temperature phosphorescence of carbon dots by water in hydrogen-bonded matrices. Nature Communications，2018，9（1）：734.

[21] Jiang K，Gao X，Feng X，et al. Carbon dots with dual-emissive，robust，and aggregation-induced room-temperature phosphorescence characteristics. Angewandte Chemie International Edition，2020，132（3）：1279-1285.

[22] Li C，Tang X，Zhang L，et al. Reversible luminescence switching of an organic solid：controllable on-off persistent room temperature phosphorescence and stimulated multiple fluorescence conversion. Advanced Optical Materials，2015，3（9）：1184-1190.

[23] Xiong Q，Xu C，Jiao N，et al. Pure organic room-temperature phosphorescent N-allylquinolinium salts as anti-counterfeiting materials. Chinese Chemical Letters，2019，30（7）：1387-1389.

[24] Li W，Huang Q，Mao Z，et al. Selective expression of chromophores in a single molecule：soft organic crystals exhibiting full-colour tunability and dynamic triplet-exciton behaviours. Angewandte Chemie International Edition，2020，59（9）：3739-3745.

[25] Li H，Li H，Wang W，et al. Stimuli-responsive circularly polarized organic ultralong room temperature phosphorescence. Angewandte Chemie International Edition，2020，59（12）：4756-4762.

[26] Lei Y，Dai W，Guan J，et al. Wide range color tunable organic phosphorescence materials for printable and writable security inks. Angewandte Chemie International Edition，2020，59（37）：16054-16060.

[27] Li E，Guo S，Qin Y，et al. Achieving dual persistent room temperature phosphorescence from polycyclic luminophores via inter/intramolecular charge transfer. Advanced Optical Materials，2019，7（19）：1900511.

[28] Huang L K，Chen B，Zhang X P，et al. Proton-activated "off-on" room-temperature phosphorescence from purely organic thioethers. Angewandte Chemie International Edition，2018，57（49）：16046-16050.

[29] Tian Y，Gong Y，Liao Q，et al. Adjusting organic room-temperature phosphorescence with orderly stimulus-responsive molecular motion in crystals. Cell Reports Physical Science，2020，1（5）：100052.

[30] Xu J，Feng H，Teng H，et al. Reversible switching between phosphorescence and fluorescence in a unimolecular system controlled by external stimuli. Chemistry：A European Journal，2018，24（49）：12773-12778.

[31] Xiao L，Wu Y，Yu Z，et al. Room-temperature phosphorescence in pure organic materials：halogen bonding

switching effects. Chemistry: A European Journal, 2018, 24 (8): 1801-1805.

[32] Gong Y, Chen H, Ma X, et al. A cucurbit[7]uril based molecular shuttle encoded by visible room-temperature phosphorescence. ChemPhysChem, 2016, 17 (12): 1934-1938.

[33] Yang J, Zhen X, Wang B, et al. The influence of the molecular packing on the room temperature phosphorescence of purely organic luminogens. Nature Communications, 2018, 9: 840.

[34] Dang Q, Hu L, Wang J, et al. Multiple luminescence responses towards mechanical stimulus and photo-induction: the key role of the stuck packing mode and tunable intermolecular interactions. Chemistry: A European Journal, 2019, 25 (28): 7031-7037.

[35] Gu L, Shi H, Gu M, et al. Dynamic ultralong organic phosphorescence by photo-activation. Angewandte Chemie International Edition, 2018, 57 (28): 8425-8431.

[36] Gu M, Shi H, Ling K, et al. Polymorphism-dependent dynamic ultralong organic phosphorescence. Research, 2020, 2020: 1-9.

[37] Jia X, Shao C, Bai X, et al. Photoexcitation-controlled self-recoverable molecular aggregation for flicker phosphorescence. PNAS, 2019, 116 (11): 4816-4821.

[38] Redondo C S, Kleine P, Roszeitis K, et al. Interplay of fluorescence and phosphorescence in organic biluminescent emitters. Journal of Physical Chemistry C, 2017, 121 (27): 14946-14953.

[39] Gmelch M, Thomas H, Fries F, et al. Programmable transparent organic luminescent tags. Science Advances, 2019, 5 (2): eaau7310.

[40] Wang Y, Yang J, Fang M, et al. New phenothiazine derivatives that exhibit photoinduced room-temperature phosphorescence. Advanced Functional Materials, 2021, 31: 2101719.

[41] Liu Y, Huang X, Niu Z, et al. Photo-induced ultralong phosphorescence of carbon dots for thermally sensitive dynamic patterning. Chemical Science, 2021, 12 (23): 8199-8206.

[42] Bilen C S, Morantz D J. Confirmation of the role of radicals in energy transfer resulting in induced phosphorescence of irradiated doped poly (methyl methacrylate). Polymer, 1976, 17 (12): 1091-1094.

[43] Su Y, Phua S Z F, Li Y, et al. Ultralong room temperature phosphorescence from amorphous organic materials toward confidential information encryption and decryption. Science Advances, 2018, 4 (5): eaas9732.

[44] Zhang Y, Gao L, Zheng X, et al. Ultraviolet irradiation-responsive dynamic ultralong organic phosphorescence in polymeric systems. Nature Communications, 2021, 12 (1): 2297.

[45] Yuan W Z, Shen X Y, Zhao H, et al. Crystallization-induced phosphorescence of pure organic luminogens at room temperature. Journal of Physical Chemistry C, 2010, 114 (13): 6090-6099.

[46] Gong Y, Chen G, Peng Q, et al. Achieving persistent room temperature phosphorescence and remarkable mechanochromism from pure organic luminogens. Advanced Materials, 2015, 27 (40): 6195-6201.

[47] Mao Z, Yang Z, Mu Y, et al. Linearly tunable emission colors obtained from a fluorescent-phosphorescent dual-emission compound by mechanical stimuli. Angewandte Chemie International Edition, 2015, 127 (21): 6368-6371.

[48] Ren J, Wang Y, Tian Y, et al. Force-induced turn-on persistent room temperature phosphorescence in purely organic luminogen. Angewandte Chemie International Edition, 2021, 133 (22): 12443-12448.

[49] Yang J, Ren Z, Xie Z, et al. AIEgen with fluorescence phosphorescence dual mechanoluminescence at room temperature. Angewandte Chemie International Edition, 2017, 129 (3): 898-902.

[50] Yang J, Gao X, Xie Z, et al. Elucidating the excited state of mechanoluminescence in organic luminogens with

room-temperature phosphorescence. Angewandte Chemie International Edition，2017，129（48）：15501-15505.

[51] Li J A，Zhou J，Mao Z，et al. Transient and persistent room-temperature mechanoluminescence from a white-light emitting AIEgen with tricolor emission switching triggered by light. Angewandte Chemie International Edition，2018，130（22）：6559-6563.

[52] Mu Y，Yang Z，Chen J，et al. Mechano-induced persistent room-temperature phosphorescence from purely organic molecule. Chemical Science，2018，9（15）：3782-3787.

[53] Wang J，Wang C，Gong Y，et al. Bromine-substituted fluorene：molecular structure，Br-Br interactions，room-temperature phosphorescence，and tricolor triboluminescence. Angewandte Chemie International Edition，2018，130（51）：17063-17068.

[54] Huang L，Liu L，Li X，et al. Crystal state photochromism and dual mode mechanochromism of an organic molecule with fluorescence，room temperature phosphorescence，and delayed fluorescence. Angewandte Chemie International Edition，2019，131（46）：16597-16602.

[55] Wang Y，Yang J，Fang M，et al. Förster resonance energy transfer：an efficient way to develop stimulus-responsive room-temperature phosphorescence materials and their applications. Matter，2020，3（2）：449-463.

[56] Wang Y，Yang J，Gong Y，et al. Host-guest materials with room temperature phosphorescence：tunable emission color and thermal printing patterns. SmartMat，2020，1（1）：e1006.

[57] Wang X，Shi H，Ma H，et al. Organic phosphors with bright triplet excitons for efficient X-ray excited luminescence. Nature Photonics，2021，15：187-192.

第7章

有机室温磷光材料在生物成像方面的应用

健康是人生最大的财富，为确保健康生活，疾病的快速诊断和治疗已成为更多科学家和产业人士关注的焦点，其中，疾病的诊断高度依赖各种生物医学成像结果。与相对成熟的磁共振成像（MRI）、超声成像、计算机断层扫描（CT）成像等相比，光学成像具有高灵敏度、高精确度、非侵入性、多通路复用等优势，因而获得了越来越多科学家的青睐[1]，一些有机小分子荧光染料更是在临床诊断中大显身手。例如：早在 1959 年，吲哚菁绿（indocyanine green，ICG）就被美国食品药品监督管理局批准应用于肝功能诊断[2]。在荧光成像过程中，荧光成像剂需要外部光源持续激发，经常伴随生物组织自发荧光的产生，干扰荧光成像剂的发光及其检测，进而降低荧光成像的灵敏度与精准度[3]。最近，科学家开发了如近红外II区荧光成像[4]、生物发光成像[5]、化学发光成像[6]等多种方法降低这种影响，然而，这些方法均需要特殊的光学成像系统，以目前的技术手段而言，暂时不适合大范围推广。

采用磷光材料代替荧光成像剂是提高光学成像灵敏度与精准度的另一种途径。磷光发光机制如图 7-1（a）所示，在激发光照射下，磷光分子从基态被激发到激发单线态，随后，产生的激子经过系间窜越过程，从最低激发单线态跃迁到激发三线态，所谓的磷光就是激发三线态回到基态所伴随的辐射跃迁产生的发射。与从激发单线态回到基态所产生的荧光发射过程不同，激发三线态和基态不同的自旋多重度导致磷光过程是被跃迁选择规则所禁止的，十分缓慢，因此磷光的寿命远长于荧光（寿命通常为纳秒级别），可达到微秒级，甚至秒级[7-9]。寿命相对较长的磷光分子，在移除激发光源后，其余辉可以持续一段时间，赋予其在没有激发光源的情况下可以进行生物成像，从而避免生物组织自发荧光的干扰，提高成像的精确度和灵敏度 [图 7-1（b）][10]。通常，激发三线态不仅能通过辐射跃迁发射磷光回到基态，还可以将能量转移给周围的氧气分子，形成活性很高的单线态氧或其他活性氧从而氧化附近的生物大分子，产生细胞毒性进而杀伤附近的肿瘤细胞或细菌[11, 12]。这种治疗方法，就是医学中所谓的"光动力治疗"。因此，在适当的条件下，磷光分子可以兼具成像和杀伤的功能，实现诊疗一体化，节省时间和治疗成本[10]。

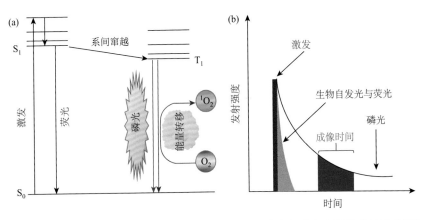

图 7-1　（a）磷光和单线态氧产生的机制图；（b）荧光、磷光和生物自发荧光的寿命图及磷光延迟成像示意图

S_0：基态；S_1：最低激发单线态；T_1：最低激发三线态

　　与金属配合物等传统磷光材料由于重金属的存在而通常具有较高毒性不同，经过精心设计的纯有机室温磷光材料在室温条件下既具有高磷光量子效率和长寿命，又具有良好的生物相容性，在生物医学应用方面更具优势。近几年，在科学家的努力下，有机室温磷光材料已经被应用于各种细胞和活体成像，同时也被应用于癌细胞和耐药性细菌的光动力杀伤。本章将从有机室温磷光纳米晶的制备、有机室温磷光材料在生物成像和光动力治疗中的应用等方面，详细讨论这一新兴领域的研究进展。

7.2　有机室温磷光纳米晶的制备

　　前面的内容已经阐明，避免水和氧气对三线态激子的猝灭、抑制无辐射跃迁是产生室温磷光并提高其效率的关键。目前，主要通过以下几种策略予以实现：制备晶体材料[13]、超分子凝胶包裹的主客体掺杂[14]、刚性基质保护[15, 16]、引入聚合物基质辅助[17]等。除了形成晶体外，其他策略都是通过在原有的有机室温磷光分子中引入额外组分为磷光的产生提供刚性环境，因此在某种程度上稀释了室温磷光分子核心组分的浓度。此外，在生物应用中，必须确保所有材料均具有良好的生物相容性，这就提高了辅助组分的设计难度。因此，形成晶体是将室温磷光材料应用于生物医学领域较为理想的途径。若将有机室温磷光晶体应用于活体成像，一个必不可少的步骤就是制备相应的纳米晶。顾名思义，纳米晶是尺寸在纳米级别的晶体。研究结果已经证实，即便形成纳米晶的有机分子是强疏水性的，其形成纳米晶后依然可以具有较好的水分散性[18]。同时，纳米晶也可以避免尺寸相对较大的晶体在生物体内堵塞血管等不良影响[19]。因此，科学家探讨了"如何制备尺寸均一的有机纳米晶"，并通过大量的工作，成功开发了一些通用的方法[20, 21]，主要包括自上而下法和自下而上法。

自上而下法是指利用外力将尺寸较大的晶体粉碎成纳米晶方法的统称[20]。研磨是其中最具代表性的方法[22]，主要分为球磨、湿法球磨、流体研磨和介质研磨等[23]。以球磨为例［图 7-2（a）］，首先，在一个封闭的容器中，将大晶体和磨球按适当比例加入，然后在高速旋转下，大晶体与磨球相互碰撞或与容器碰撞而破碎成更小的晶体。事实上，球磨的效果并不好，即使研磨非常充分，也只能将大晶体的尺寸缩小成微米级，而难以形成纳米晶[24]。此外，在这种干法球磨的过程中，设备很容易被污染，钢球也很容易受损。湿法球磨是对干法球磨的一个重要改进。在湿法球磨中，不仅仅是磨球，介质也会为晶体的粉碎提供作用力，因此可用来制备尺寸为 100~200 nm 的晶体[25]。而且，湿法研磨也可以减少晶体和磨球之间的接触，降低对设备的污染[26]。然而，无论哪种研磨方法，研磨过程中，设备两个部件之间的高机械力都可能导致磨机部件变形和晶体的晶格变形，从而降低获得的纳米晶的质量。因此，研磨必须根据实际情况对各种条件进行优化以减少不利影响。高压均质法是通过高压来粉碎晶体的另一种自上而下法[27, 28]。在高压均质过程中，晶体会受到高剪切力和冲击力的作用，进而破碎产生小尺寸晶体。活塞式研磨器［图 7-2（b）］就是依据此法设计的。在研磨器中，高速运动的活塞推动着大晶体的悬浮液通过一个狭窄的缝隙，悬浮液动能的增加会降低其表面压力，并导致溶剂蒸发，形成气泡。悬浮液通过狭窄的间隙随后再次进入较大的空腔，气压的改变引起之前产生的气泡内爆，释放能量，从而粉碎大晶体，形成纳米晶。

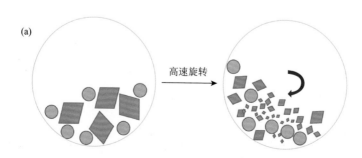

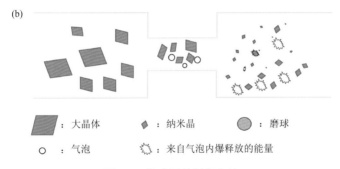

图 7-2　纳米晶的制备方法

（a）球磨法；（b）高压均质法

使用上述自上而下法制备纳米晶需要大尺寸晶体和相应的设备，在某种程度上限制了它们的应用。与此相反，自下而上法不需要大的晶体，主要是通过有机分子之间的自组装作用制备纳米晶[20]。溶液沉淀法是其中最简易的制备方法。首先配制有机化合物的溶液，然后将其加入该化合物的不良溶剂中。由于溶解度降低，有机晶体会从溶液中析出[29]。这种方法具有两个明显的优势：第一，它不需要很昂贵的仪器和设备，也不需要大的有机晶体；第二，可以通过改变溶剂、温度、两种溶剂混合的速率等获得不同尺寸的纳米晶。可是，这也意味着需要大量的预实验来优化制备符合要求的相应尺寸晶体的具体条件。在特殊情况下，还需要加入一些额外的添加剂（如抑制剂、稳定剂）等来辅助纳米晶的生成[30]。需要特别指出的是，对于不同的分子，合适的添加剂是不同的，具体结晶的条件也不相同。虽然近年来冷冻干燥、基质辅助限制等方法的利用扩大了溶液沉淀制备纳米晶方法的适用范围[31]，但整体而言这种方法依然缺乏普适性。

2017 年，刘斌等开发了一种普适性的自下而上法，即应力诱导-晶种辅助法[32]，通过尽可能加快晶体的成核速率并尽可能降低晶体生长速率以获得纳米晶［图 7-3（a）］。该过程主要分为沉淀、晶种加入和超声处理三个步骤。首先，将待结晶分子的浓溶液加入不良溶剂中，形成纳米聚集体。其次，将相同化合物的少量晶种加入上述混合液中。晶种的加入，为纳米晶的生长提供了方向，提高了晶体的成核速率。最后，对体系进行强力超声处理。超声波所提供的能量可以用来控制晶体的生长速度，加速晶体的分离。而且，分离的晶体还可以作为下次制备纳米晶的晶种。整个制备过程仅需几分钟，具有广泛的适用性。通过这种方法，已经有许多化学结构不同、性质不同、尺寸不同的有机分子被制成纳米晶[30, 32, 33]。

这种方法刚刚被开发不久，刘斌等就成功制备了室温磷光材料的纳米晶，并利用其磷光进行了癌细胞成像[34]。他们选择 C-C4-Br［图 7-3（b）］进行后续研究，其晶体的磷光光谱覆盖了整个红光区域,量子效率和寿命分别为11%和0.14 s

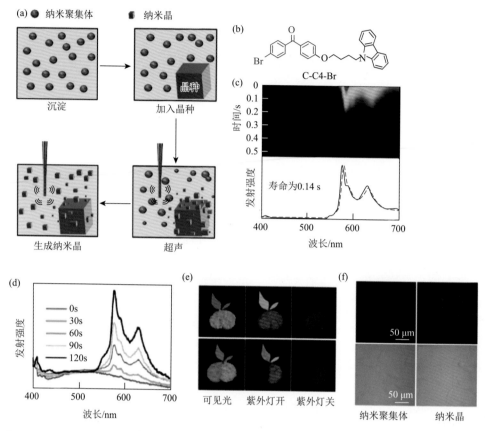

图 7-3 （a）应力诱导-晶种辅助法制备有机纳米晶的示意图[32]；（b）C-C4-Br 的化学结构式；
（c）在室温下 C-C4-Br 晶体的稳态和延迟 30 ms 的发光光谱；（d）C-C4-Br 悬浮液超声不同
时间后的发光光谱图；（e）在不同激发条件下 C-C4-Br（橙色果实）和荧光素（绿色叶子）的
纳米晶体和无定形纳米颗粒的发光照片；（f）C-C4-Br 无定形纳米颗粒和纳米晶与
MDA-MB-231 乳腺癌细胞孵育后的激光共聚焦荧光显微图片[34]

[图 7-3（c）]。由于 C-C4-Br 的无定形聚集体不具有任何磷光发射，因而可以通过
磷光亮度的提升监测纳米晶的制备过程。如图 7-3（d）所示，仅需 2 min，整个
纳米晶的制备即可完成，这是"应力诱导-晶种辅助法"制备纳米晶速度优势的一
个重要例证。图 7-3（e）生动形象地表现了通过室温磷光进行延迟成像的优势。
第一行，橘子果实的成分是 C-C4-Br 晶体，而叶子由荧光素（一种商业化的荧光
染料，可以发射出明亮的绿光）构成；在第二行，则用无定形态的 C-C4-Br 替换
了部分 C-C4-Br 晶体，制备橘子果实的左半边。在紫外光的激发下，可以清楚地
观测到荧光素的绿光和 C-C4-Br 晶体的红光，对应传统荧光成像时的情形。而一
旦关闭紫外灯，就只能观测到 C-C4-Br 晶体所发射出的红光，对应于利用室温磷

光材料所进行延迟发光成像的情形。利用室温磷光进行延迟成像的最大优势，就是能避免生物组织自发荧光或其他荧光分子发光的干扰。随后，刘斌等利用激光共聚焦荧光显微镜，使用 C-C4-Br 纳米晶作为室温磷光成像剂，对 MDA-MB-231 乳腺癌细胞进行细胞成像，获得了令人满意的结果［图 7-3（f）］。

虽然类似于"应力诱导-晶种辅助"这类自下而上方法是高效制备纳米晶的通用方法，但也并不能适用于所有室温磷光纳米晶的制备。2015 年，黄维等利用分子的 H 聚集稳定其激发三线态，开发出一系列高效有机室温磷光材料［图 7-4（a）］[35]。其中，OS1 晶体的磷光寿命长达 1.06 s。随后，浦侃裔等将其应用于活体生物成像[36]。然而，当浦侃裔等利用自下而上法制备纳米晶时，发现 OSN-B 纳米晶的寿命只有 492 ms，其原因就在于自下而上生成纳米晶主要还是依靠分子间的自组装作用，此过程难以确保生成的晶体均为 H 聚集。因此，他们更换为采用自上而下的方式制备纳米晶，所得到的纳米晶 OSN-T 就可以最大程度保留初始大晶体中的 H 聚集态。相应地，其寿命可以达到 861 ms，甚至在移除激发光 10 s 后，其磷光发射依然清晰可见［图 7-4（b）］。作为对照，在相同的条件下，已经不能观察到任何来源于 OSN-B 的磷光信号。浦侃裔等进一步在活体实验中验证了这两种纳米晶性能的差异，如图 7-4（c）～（e）所示，在移除激发光 10 s 后，只有自上而下制备的纳米晶 OSN-T 的信号依然清晰可见，其亮度达到了自下而上制备的 OSN-B 纳米晶的 22 倍。OSN-T 纳米晶还被应用于小鼠淋巴结的磷光成像，信噪比可达 40［图 7-4（f）和（h）］。而作为对照，很难从相同条件下的荧光成像图中［图 7-4（g）和（h）］获得任何有用信息。这也是第一次在活体层面上证明了磷光成像对比传统荧光成像的优势。

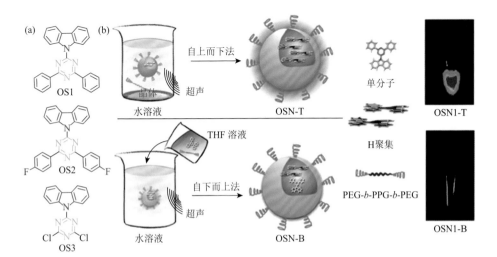

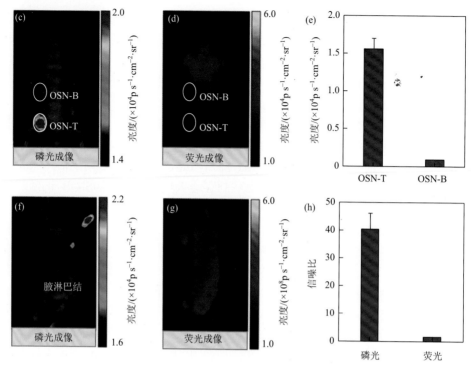

图 7-4 （a）OS1～OS3 的化学结构式；（b）纳米晶的制备方法，以及相应 OSN1 纳米颗粒在 PBS 溶液（pH = 7.4）中的磷光图片（延迟 10 s，浓度为 $1.6×10^{-6}$ mol/L）；两种不同纳米晶的活体磷光成像图 [（c），延迟 10 s 成像] 和荧光成像图（d），圆圈为纳米晶皮下注射位置，浓度为 $1.6×10^{-6}$ mol/L；（e）在（c）中磷光成像亮度的定量图；将浓度为 $1.6×10^{-6}$ mol/L 的 OSN-T 纳米晶注射到小鼠前爪 1 h 后的淋巴结磷光成像图 [（f），延迟 10 s 成像] 和荧光成像图（g）；（h）在（f）和（g）中淋巴结光学成像的信噪比[36]

　　最近几年，为了满足生物医用的要求，在室温磷光材料性能不断提升的同时，其相应纳米晶的制备方法也有很大进步。相对而言，自下而上法制备纳米晶的速度快，适用范围广，且不需要额外的设备或提前制备大晶体，在很多时候都是实验室从事相关研究的首选。然而，当室温磷光性能对分子堆积方式有特殊要求时，就需要使用自上而下法来制备纳米晶，以确保分子堆积方式与原有高性能大晶体尽可能相同。特别是近年来，越来越多的例子表明：许多材料的室温磷光性能非常依赖于其分子间的堆积方式[37]。这也就促使自上而下制备纳米晶（特别是大规模制备纳米晶）方法的进一步优化。总而言之，现有的技术手段已经能够满足实验室科学研究的需求，这也在很大程度上促进了有机室温磷光材料在生物成像中的应用。

7.3　有机室温磷光材料的生物医学应用

在上节介绍纳米晶的制备方法时，通过刘斌和浦侃裔等的工作，详细展示了利用室温磷光进行光学成像的优点。然而，一个无法回避的问题是，大多数有机室温磷光的激发光源均为紫外光，对生物组织可产生严重的伤害，而且其在生物体内的穿透深度很浅[10]。为了解决这一问题，黄维等通过向 *N*-苯甲酰基咔唑上引入氯原子，设计并合成了 CPhCz 分子［图 7-5（a）］[38]。氯原子的引入是其设计的关键，主要具有 3 个作用：①通过重原子效应促进激发单线态到激发三线态的系间窜越；②可以调节固态分子的堆积方式，确保整个分子在聚集态或晶体中倾向于产生 H 聚集，进而稳定激发三线态；③其拉电子作用引起分子的吸收光谱红移。因此，CPhCz 在 405 nm 可见光的激发下，发射出绿色的室温磷光［图 7-5（b）］。由于分子的 H 聚集是该分子产生室温磷光的关键，因此，其相应的纳米晶也需要通过自上而下法制备。同时，他们选择使用两亲性共聚物 F127（聚氧乙烯-聚氧丙烯-聚氧乙烯三元嵌段共聚物）包覆制备的纳米晶，以进一步提高其水分散性和生物相容性。这种纳米晶水溶液在可见光激发后，其室温磷光寿命长达 0.65 s，成功实现了 HepG2 肝癌细胞的可视化［图 7-5（c）］，而且当移除激发光源后，绿色的室温磷光依然可以持续几秒，从而实现延迟成像。

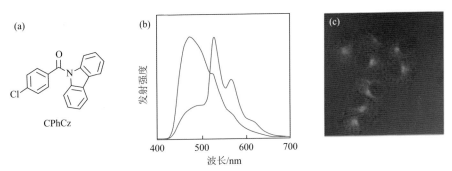

图 7-5　（a）CPhCz 的化学结构式；（b）室温下 CPhCz 固体的荧光光谱（蓝线）和磷光光谱（红线）；（c）CPhCz 纳米晶与 HepG2 肝癌细胞孵育后的激光共聚焦荧光显微图片，激发波长为 405 nm，采集信号波长区域为 500～560 nm[38]

为进一步提高室温磷光纳米晶的生物相容性，唐本忠等开发了采用天然两亲性生物大分子包覆纳米晶制备相应纳米颗粒的方法[39]。皂苷是在多种植物的根、树皮、叶子和花中广泛存在的一类两亲性甾醇，具有抗菌、防虫等功效，在植物的防御系统中起着重要作用[40]。而且，皂苷与生物膜（如细胞膜）的磷脂、胆固醇等具有独特的生物相互作用。如图 7-6（a）所示，当皂苷的浓度高于临界胶束浓度时，它们会相互作用并与膜胆固醇聚集，在细胞膜上形成短暂的孔隙，从而让纳米颗粒顺利进入细胞。他们选择 BDBF 分子［图 7-6（b）］作为研究对象，其纳米晶的磷光发射峰为 520 nm，处于绿光区域，量子效率高达 36%，寿命为 0.23 s。然而，由于 BDBF 纳米晶本身较差的生物相容性和癌细胞靶向性，在 BDBF 纳米晶与 HeLa 乳腺癌细胞孵育 5 min 后的激光共聚焦荧光显微图中几乎看不到任何信号［图 7-6（c）］。当使用皂苷包覆 BDBF 纳米晶后，情况得到了极大改善［图 7-6（d）］，特别是用大量水洗去过量的 BDBF 纳米晶后，只有在 HeLa 乳腺癌细胞中可以看到绿色的磷光发射［图 7-6（e）］，且成像的清晰度和分辨率远高于作为对照的荧光成像结果。

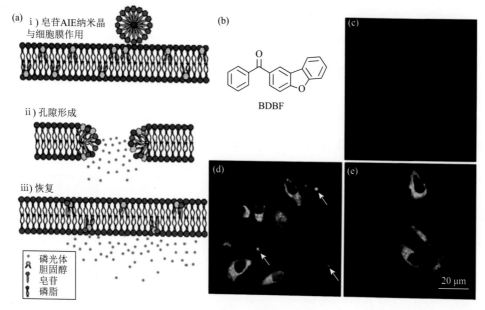

图 7-6 （a）皂苷将纳米晶体输送到细胞内部的过程示意图；（b）BDBF 的化学结构式；（c～e）BDBF 纳米晶与 HeLa 乳腺癌细胞孵育 5 min 后的激光共聚焦荧光显微图，其中（c）为单独纳米晶孵育，（d）为皂苷包覆的纳米晶孵育，并在孵育后用少量水洗，（e）为皂苷包覆的纳米晶孵育，并在孵育后用大量水洗，BDBF 纳米晶浓度为 1 µg/mL，激发波长为 405 nm，采集信号波长区域为 500～550 nm[39]

与可见光相比，近红外光受光散射效应影响较小，且生物组织对近红外光的吸收能力也较弱，所以近红外光在生物组织中具有更深的穿透深度[11]。因此，使用近红外激光作为室温磷光的激发源，可以进一步提高成像的清晰度和分辨率。与传统的光激发过程不同，双光子激发是指当高强度激光（通常是飞秒脉冲激光器）照射待激发分子时，待激发分子同时吸收两个长波长光子从而到达激发态的过程[41]。其最大的优势就是可以将激发波长红移到近红外区域。2019 年，吴骊珠等基于二氟化硼-β-二酮结构开发了可双光子激发的有机室温磷光分子 H-NpCzBF$_2$、Br-NpCzBF$_2$ 和 I-NpCzBF$_2$［图 7-7（a）］[42]。在这些分子中，二氟化硼作为吸电子基团，咔唑作为给电子基团。这种给-受体的结构，赋予这些分子较大的双光子吸收截面。而在萘环上引入的卤素原子可因重原子效应增强分子的系间窜越，进而提高室温磷光的效率。特别需要指出的是，这几个分子无

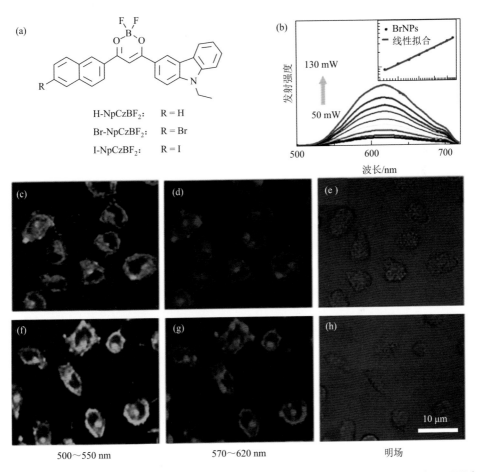

图 7-7　（a）H-NpCzBF$_2$、Br-NpCzBF$_2$ 和 I-NpCzBF$_2$ 的化学结构式；（b）BrNPs 在不同强度 820 nm 的飞秒脉冲激光激发下的室温磷光发射光谱，以及其发射强度与激发光强度关系图；（c～h）BrNPs（浓度为 1 μmol/L）与 HeLa 乳腺癌细胞孵育后的激光共聚焦荧光显微图，其中（c～e）为 488 nm 单光子激发，（f～h）为 820 nm 双光子激发，（c，f）采集信号波长区域为 500～550 nm；（d，g）采集信号波长区域为 570～620 nm，（e，h）为明场图[42]

须形成晶体，只需形成二聚体即可具有室温磷光的性质。其中，Br-NpCzBF$_2$ 的性能最好，通过纳米沉淀法制备的无定形态纳米水分散液（BrNPs）在 820 nm 双光子激发下，可以发射出波长为 636 nm 的红色磷光，磷光量子效率为 6.5%，磷光寿命为 34.5 μs［图 7-7（b）］。如图 7-7（c）～（h）所示，无论是分辨率还是对比度，双光子磷光成像的效果都高于相同条件下的单光子磷光成像。

除了用于癌细胞成像，室温磷光材料最近还被用于其他细胞（如神经元[43]、绿豆芽细胞[44]等）的可视化，也获得了优于传统荧光成像的效果。相对于细胞成像，活体生物成像在疾病诊断方面更具有临床应用价值。然而，受限于现有仪器设备条件及更加复杂的生命环境，活体磷光延迟成像对室温磷光材料的性能，特别是在磷光寿命方面的性能提出了更高的要求。例如，前面在介绍纳米晶制备时所提到浦侃裔等的工作，进行活体成像时所用的纳米晶磷光寿命就长达 861 ms，远高于当时其他有机室温磷光材料在水中的寿命[36]。

2018 年，李振等通过对芳环上取代基进行优化，制备了一系列骨架完全相同，仅仅是一个苯环上取代基略有不同的室温磷光材料［图 7-8（a）][45]。不同取代基的引入，对分子的堆积方式产生了很大影响：引入拉电子基团会降低与其相连芳环上的电子云密度，进而降低芳环间的电子斥力，导致芳环间具有更短的距离和更强的 π-π 相互作用，反之亦然［图 7-8（b）][46]。强的分子间 π-π 相互作用可以稳定激发三线态，提高室温磷光性能。因此，在室温磷光发射峰没有特别明显改变的前提下［图 7-8（c）]，室温磷光寿命从含推电子基取代的 CS-CH$_3$O 的 88 ms，提升到了引入最强拉电子基团的 CS-F 的 410 ms［图 7-8（d）]。由于分子间的强相互作用是 CS-F 高效室温磷光的保证，因而采取了自上而下的方法制备了其相应纳米晶，并用两亲性共聚物 F127 进一步包覆以制备具有良好水分散性和生物相容性的纳米颗粒。在移除激发光源 10 s 后，依然可以检测到 CS-F 纳米颗粒的磷光发射。将 CS-F 纳米颗粒的水分散液（0.5 mg/mL，50 μL）注射进小鼠前爪 1 h 后，用 365 nm 紫外灯激发小鼠 1 min，然后移除激发光源，进行小鼠淋巴结的磷光成像，结果如图 7-8（e）所示。由于没有任何背景信号和生物自发荧光的干扰，图像具有非常高的信噪比、清晰度和对比度，再次展示了磷光成像在活体生物成像中的优势。

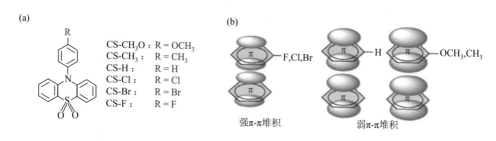

(a)

CS-CH$_3$O : R = OCH$_3$
CS-CH$_3$: R = CH$_3$
CS-H :   R = H
CS-Cl :   R = Cl
CS-Br :   R = Br
CS-F :   R = F

(b)

强 π-π 堆积   弱 π-π 堆积

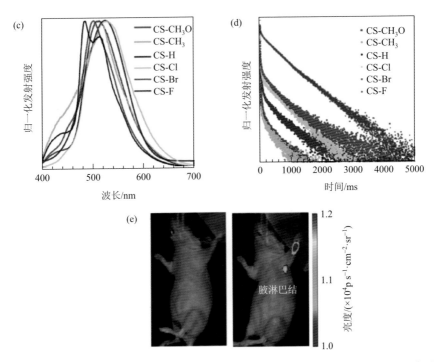

图 7-8　（a）CS-R 系列室温磷光材料的化学结构式；（b）取代基对芳环电子云密度的影响并进而影响其 π-π 相互作用的示意图；（c）CS-R 系列室温磷光材料在结晶状态下的室温磷光光谱图；（d）CS-R 系列室温磷光材料的磷光亮度随时间衰减；（e）在小鼠前爪皮内注射 CS-F 纳米颗粒 **1 h** 后的小鼠淋巴结磷光成像图，左图为背景图[45]

　　2019 年，袁望章等基于 *N*-羰基咔唑的结构，设计并合成了一系列具有高效室温磷光发射的分子 DCED、*o*-PBCM、*p*-PBCM 和 *m*-PBCM [图 7-9（a）][47]。他们将两个 *N*-羰基咔唑连接到了一起制备了 DCED，以增强系间窜越。而且，将苯环进一步引入 DCED 中的两个羰基之间，制备了三个异构体 *o*-PBCM、*p*-PBCM 和 *m*-PBCM。苯环的引入延长了共轭，有利于降低分子激发三线态能级。同时，这些分子中都含有两个咔唑基团，分子间可以产生强的 π-π 相互作用，以稳定激发三线态，进而实现更高的磷光量子效率和更长的磷光寿命。由于这几个分子的结构非常相似，它们的磷光发射光谱极其相近，均为黄光发射。但是它们的发光效率却有着十分巨大的差异，其中，将两个 *N*-羰基咔唑通过苯环的间位而连接的 *m*-PBCM 具有最好的性能，在晶体状态下的磷光量子效率为 5.7%，寿命可达到 710.6 ms [图 7-9（b）]。更为重要的是，*m*-PBCM 的晶体在剧烈研磨形成无定形态后，依然具有非常明亮的磷光发射。因此，使用 *m*-PBCM 进行生物成像时，无须将其提前制备成纳米晶，极大简化了操作步骤。他们采用共沉淀法，使用分子量约为 2000 的两亲性聚合物磷脂-聚乙二醇将 *m*-PBCM 包覆，制备成了无定形态的纳米颗粒。在移除激发光源 30 s 后，*m*-PBCM 纳米颗粒在多种不同水体系中的磷光发射依然清晰可见[图 7-9（c）]。同时，*m*-PBCM 纳米颗粒还兼具高的光稳定性和低的生物毒性。随后的活体生物延迟磷光成像结果[图 7-9（d）和图 7-9（e）]更是体现出 *m*-PBCM 纳米颗粒在生物医用领域的应用前景：其成像信噪比高达 428，比之前使用其他室温磷光材料进行延迟磷光成像的结果有了数量级的提升。

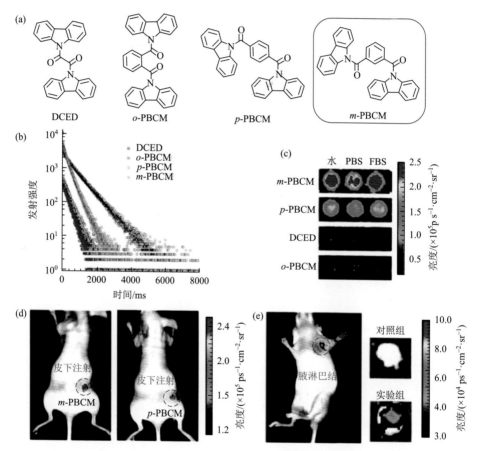

图 7-9　（a）DCED、*o*-PBCM、*p*-PBCM 和 *m*-PBCM 的化学结构式；（b）磷光亮度随时间衰减图；（c）纳米颗粒在不同溶液中的磷光图片（激发后延迟 30 s 成像）；（d）*p*-PBCM 和 *m*-PBCM 的纳米颗粒在小鼠皮下注射后的延迟磷光成像图；（e）在小鼠前爪皮内注射 *m*-PBCM 纳米颗粒 1 h 后的小鼠淋巴结磷光成像图[47]

　　相比于细胞成像，活体成像对穿透深度提出了更高的要求，促进了具有近红外室温磷光发射材料的研发。2020 年，李振等利用磷光共振能量转移过程开发了首例纯有机近红外磷光纳米颗粒，并成功将其应用于活体磷光成像[48]。他们开发的 mTPA-N 纳米颗粒是由两亲性聚合物 F127 包覆 mTPA 纳米晶和硅 2, 3-

萘酞菁双（三己基硅氧化合物）（NCBS）制备的［图 7-10（a）］，其中，mTPA
晶体在 450 nm 可见光激发下，可发射峰值在 530 nm 的绿色磷光，寿命为
25.3 ms；而 NCBS 则是一种商业化的近红外荧光染料，具有从 250 nm 至 800 nm
的宽吸收和波长在 780 nm 的近红外发射。mTPA-N 纳米颗粒在 450 nm 激发下，
磷光共振能量转移作用确保其可产生来源于 NCBS 的 780 nm 发射，寿命可达
9.1 μs。由于近红外发射更深的穿透深度，mTPA-N 纳米颗粒具有明显优于 mTPA
的活体成像效果［图 7-10（b）～（e）］，其活体淋巴结成像的信噪比可达 104。

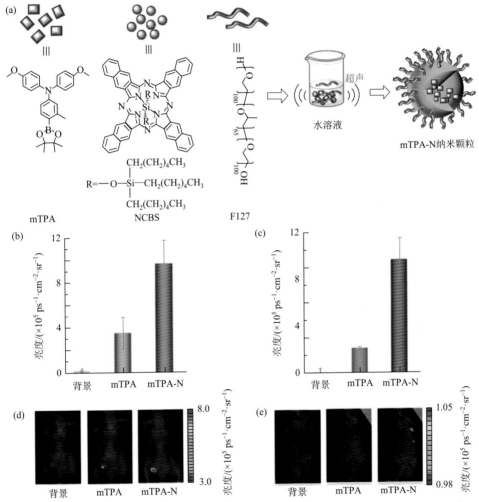

图 7-10　（a）mTPA、NCBS 和 F127 的化学结构式以及 mTPA-N 纳米颗粒的制备过程示意图；
（b）皮下注射 mTPA 纳米颗粒或 mTPA-N 纳米颗粒 5 s 后的磷光成像强度定量图；（c）足底
注射 mTPA 纳米颗粒或 mTPA-N 纳米颗粒 1 h 后的磷光成像强度定量图；（d）图（b）相对应
的磷光成像图；（e）图（c）相对应的磷光成像图[48]

随后，李振等于 2022 年进一步开发了具有长波长磷光发射的单组分有机室温磷光材料[49]。他们选择以三苯胺为电子给体，苯并噻二唑为电子受体，羧基为末端官能团设计合成了 s-DTBT、d-DTBT 和 t-DTBT 三种磷光发射峰处于 635～660 nm 之间的室温磷光材料 [图 7-11（a）]。其中，末端羧基的引入可以形成分子间氢键，增加分子间相互作用，有利于抑制无辐射跃迁；而给-受体结构可增强分子内电荷转移，使吸收波长红移（它们三个的吸收峰均为 488 nm），并提高其吸光度，以增强光捕获能力。因此，它们甚至可被手机光源激发，实现室温磷光发射。使用 F127 将它们进行包覆后，即可制备成相应具有水分散性的纳米颗粒，其近红外发射的寿命分别为 7.17 μs、4.19 μs 和 3.97 μs [图 7-11（b）]。无论是使用太阳激发还是手机光源（功率密度：5 mW/cm^2）激发，这三种纳米颗粒均具有良好的活体成像性能。其中，s-DTBT 纳米颗粒的效果最佳[图 7-11（c）和（d）]，使用手机光源激发时，信噪比可达 230，甚至优于使用太阳光激发的结果（信噪比为 191）。该工作首次实现了低功率可见光激发的近红外室温磷光，显著提高了室温磷光活体成像的安全性。

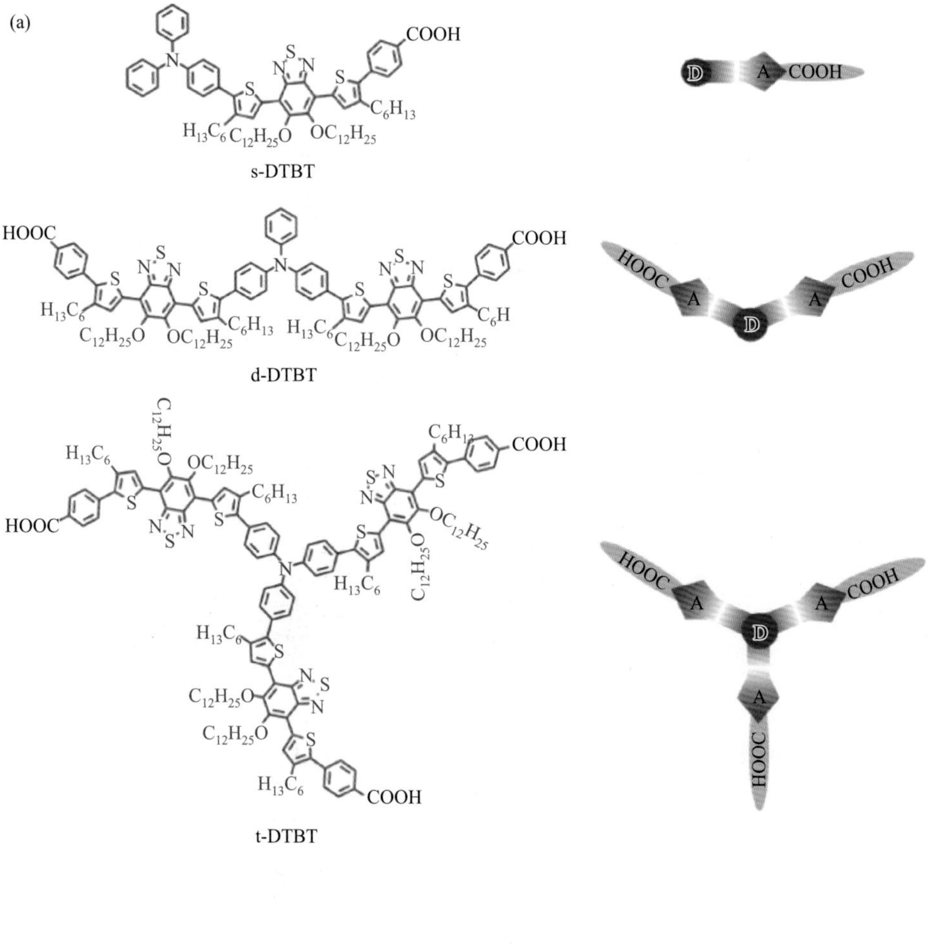

(a)

s-DTBT

d-DTBT

t-DTBT

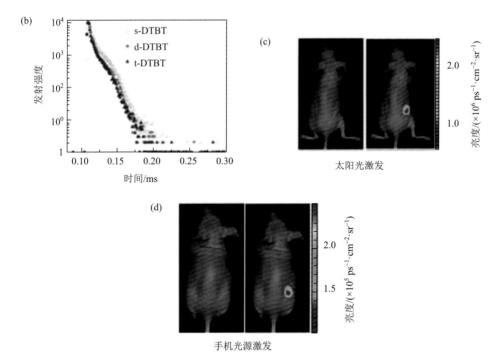

图 7-11 （a）s-DTBT、d-DTBT 和 t-DTBT 的化学结构式；（b）s-DTBT、d-DTBT 和 t-DTBT 纳米颗粒在水溶液中的磷光衰减曲线；（c，d）皮下注射 s-DTBT 纳米颗粒在太阳光（c）或手机闪光灯（d）激发下的磷光成像图，延迟 10 s 成像，左图为背景图[49]

除了近红外发射，当前纯有机室温磷光材料相对较短的激发波长也是其生物医学应用的一大阻碍。经过科学家这几年的不懈努力，用于活体成像的室温磷光材料激发光也仅仅红移至可见光区域，依然未能达到理想的近红外区域。2021 年，李振等提出了另一种方法来尝试解决这一难题[50]。他们通过主客体掺杂体系，开发了一系列具有超长发光寿命的室温磷光材料 [图 7-12（a）]。将 CzS-CH$_3$ 以 1% 质量分数掺杂在 CS-CH$_3$ 晶体中所形成的 M-CH$_3$ 共晶是其中的代表，其通过 F127 包覆形成的纳米晶在水溶液中的余辉时长达 25 min，是当前的记录。基于 M-CH$_3$ 纳米晶超长的余辉时间，李振等改变了传统磷光成像的步骤，首先在体外预先激发 M-CH$_3$ 纳米晶，再将其注射进体内，在没有额外激发光源的前提下进行活体磷光成像 [图 7-12（b）]，避免了活体成像时紫外光激发较低的穿透深度及其较高的能量对活体产生的副作用。此外，M-CH$_3$ 纳米晶的磷光会被血液中的 Fe^{2+}/Fe^{3+} 猝灭，然而在进入肿瘤部位时恢复 [图 7-12（c）]，因而可以进一步用于肿瘤诊断。

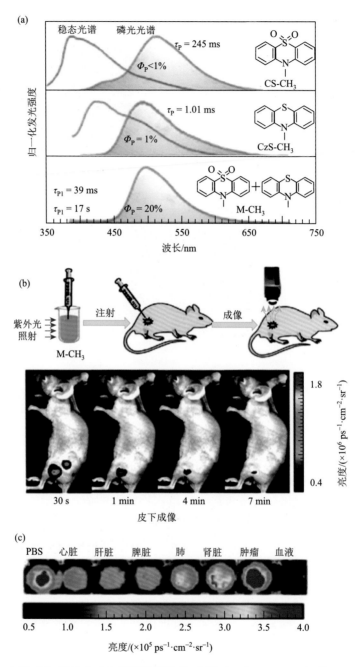

图 7-12 （a）CS-CH₃ 和 CzS-CH₃ 的化学结构式，以及 CS-CH₃、CzS-CH₃ 和 M-CH₃（CS-CH₃ 与 CzS-CH₃ 以质量比 100∶1 的比例形成的共晶）晶体的稳态荧光和室温磷光光谱；（b）皮下注射预先经 365 nm 紫外光照射后的 M-CH₃ 纳米晶的活体时间分辨成像图；（c）M-CH₃ 纳米晶与各种组织孵育后的磷光成像图[50]

　　相比于正常组织细胞，无限增殖是癌细胞的最大特点。癌细胞在增殖过程中会消耗大量氧气，因而肿瘤周围的环境长期处于乏氧状态[51]。因此，在现代医学中，活体生命中的缺氧环境检测对癌症的早期诊断具有十分重要的意义。通常情况下，氧气对磷光具有猝灭效果，之前提到需要制备纳米晶，其中一个重要原因就是减少氧气和水对室温磷光的猝灭。基于此，合理设计室温磷光分子，控制氧气对室温磷光材料猝灭的浓度范围，理论上就可以实现氧气含量的检测，进而诊断癌症。Fraser 等的工作非常具有代表性，他们设计了如图 7-13（a）所示的三个碘代二氟化硼聚乳酸衍生物，并通过引入碘原子和调节聚合物分子量的大小实现了荧光和磷光的双重发射[52]。研究结果表明，聚乳酸组分的分子量越小，聚合物光致发光中磷光的占比也越高。因此，分子量较小的 P1 基本上只有磷光发射，而分子量相对较大的 P2 和 P3 则兼具荧光发射和磷光发射 [图 7-13（b）]。这些聚合物中的磷光发射均是氧气敏感的：氧气的浓度越低，其发光亮度越高；而荧光发射在不同氧含量的环境下非常稳定。更为重要的是，这些聚合物中，荧光与磷光的亮度比例与氧含量在全范围内（即空气中氧含量为 0%～100%）完全呈正比关系。随后，分子量适中，具有合适初始荧光和磷光双重发射的 P2 被应用于活体生物乏氧成像，并以此进行癌症诊断。如图 7-13（c）～（f）所示，在血管或正常组织处，由于氧含量相对较高，P2 荧光与磷光的亮度比例也相对较高（红色区域）；而在肿瘤所在部位，由于乏氧的微环境，P2 的磷光亮度提升，导致荧光与磷光亮度比例降低（蓝色区域）。

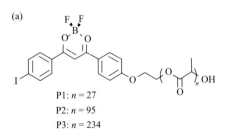

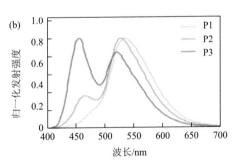

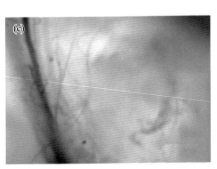

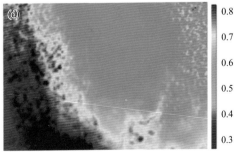

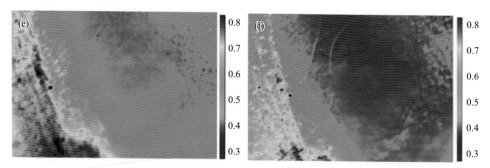

图 7-13　（a）P1～P3 的化学结构式；（b）P1～P3 固体粉末在氮气气氛下的稳态发射光谱，激发光源波长为 365 nm；（c～f）聚合物 P2 在活体小鼠中，4T1 乳腺癌细胞的成像图，其中（c）为明场图，（d～f）分别为氧气浓度为 95%、21%、0% 时荧光与磷光比例的成像图，荧光的采集波长范围是 430～480 nm，磷光的采集波长范围是 530～600 nm[52]

　　使用室温磷光材料进行成像的过程中，激发三线态除了可以通过辐射跃迁发射磷光回到基态外，还可以将能量传递给周围的氧气分子，形成活性很高的单线态氧或其他活性氧，产生"光动力治疗"的效果[11, 12]。这也是室温磷光材料在生物医学领域中的另一大应用。黄维等在这方面的工作非常具有代表性，他们设计并合成了如图 7-14（a）所示的 DBCz-BT 分子，其中苯并噻二唑作为核，溴原子通过重原子效应来增强系间窜越，而两个刚性的咔唑基团作为间隔基团降低分子间的相互作用（如分子间的三线态湮灭）以降低其无辐射跃迁[53]。使用 F127 将 DBCz-BT 包覆形成的纳米颗粒，可以发射峰值在约 600 nm 的橙红色磷光，寿命为 167 μs［图 7-14（b）］。DBCz-BT 纳米颗粒的磷光寿命远低于之前介绍的其他用于成像的室温磷光材料，其重要的原因就是纳米颗粒为无定形态，而非纳米晶。这种无定形态的结构可确保 DBCz-BT 分子与氧气充分接触。因此，在 410 nm 可见光的持续激发下，DBCz-BT 纳米颗粒可以源源不断地产生单线态氧。9, 10-蒽二基-二（亚甲基）二丙二酸（ADMA）是常用的单线态氧指示剂。遇到单线态氧时，ADMA 会发生降解，其紫外-可见吸收光谱随之改变。如图 7-14（c）所示，在 410 nm 光源的激发下，50 μg/mL 的 ADMA 在 2 min 内即可被 0.8 mg/mL 的 DBCz-BT 纳米颗粒完全降解。高效的单线态氧产量赋予 DBCz-BT 纳米颗粒良好的光动力治疗效果，并在以 HeLa 乳腺癌细胞作为模型的细胞层面上或活体小鼠层面上得到证实［图 7-14（d）和（e）］。

　　随后，他们又将 DBCz-BT 纳米颗粒应用于光动力杀菌消毒[54]。一直以来，人类对付细菌所最仰仗的武器就是抗生素。然而，近年来抗生素的滥用导致了诸多耐药型细菌，甚至是"超级细菌"的诞生，对公众的健康造成了严重威胁[55]。而光动力治疗的本质是通过氧化生物大分子的方式直接对细菌造成杀伤，因而受耐药性的限制相对较小。耐甲氧西林型金黄色葡萄球菌（MRSA）就是一种典型的"超级细菌"。黄维等在大鼠烧伤部位用 MRSA 细菌对其进行感染，模拟活体生物在受伤后被超级细菌感染的情形。如图 7-14（f）所示，使用 DBCz-BT 纳米颗粒进行光动力治疗后，伤口部位与正常体表几乎无异，而相应的空白对照处则有非常明显的感染，表明 DBCz-BT 纳米颗粒对耐药性细菌有优越杀伤力。扫描电子显微镜照片 [图 7-14（g）和（h）] 明确展示：光动力治疗后，伤口处已经几乎观察不到任何细菌的存在；而对照实验组，细菌已经遍布不经处理的伤口。

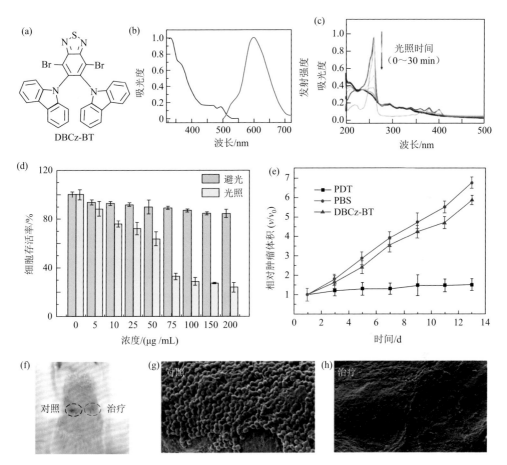

图 7-14 　（a）DBCz-BT 的化学结构式；（b）DBCz-BT 纳米颗粒在水中的激发光谱图（黑线）和光致发光光谱图（红线，600 nm 处的发射峰为磷光发射）；（c）在 DBCz-BT 纳米颗粒的存在下，ADMA 在 410 nm 光照不同时间（0～30min）后的紫外-可见吸收光谱；（d）不同浓度 DBCz-BT 纳米颗粒与 HeLa 乳腺癌细胞孵育后，HeLa 乳腺癌细胞的存活率；（e）在光动力治疗后，光动力治疗组或对照组的小鼠肿瘤尺寸随时间变化趋势[53]；（f）大鼠烧伤被细菌感染后对照组与光动力治疗组的照片；（g，h）光动力治疗 3 d 后，对照组（g）和治疗组（h）的大鼠伤口皮肤表面的扫描电子显微镜照片[54]

7.4 总结与展望

有机室温磷光材料在生物医学中的应用是一个新兴方向。相对于有机室温磷光机制的深入研究、性能的提升，科学家对有机室温磷光材料在生物医学领域中的应用研究相对较少。令人兴奋的是，已有的初步研究结果已经展现出有机室温磷光材料在生物医学领域的巨大优势：长寿命的发光可以应用于延迟发光成像，进而消除在传统光学成像中生物背景荧光的干扰，提高成像的信噪比和对比度；同时，有机室温磷光材料在激发后还可以产生单线态氧，可用于光动力治疗。为实现有机室温磷光材料的临床应用，目前还有很长一段路要走：

（1）现有大多数有机室温磷光材料的激发和发射光谱偏蓝，特别是其激发光谱主要集中在紫外区域或蓝光区域，穿透深度不够，且对生命体有一定伤害。如何将其最佳激发和发射波长红移至近红外区域（至少到 650 nm，进入活体第一近红外透明区），是目前该领域亟须解决的难题。已经有报道表明，通过磷光共振能量转移，可以将室温磷光的发射红移至近红外区域。而双光子激发的手段可以部分解决激发的问题，但是由于设计理念的不同，目前绝大多数有机室温磷光材料的双光子吸收截面都很小，导致其双光子激发的效率很低。

（2）需要研制有机室温磷光延迟成像的专用仪器。目前，有机室温磷光的活体延迟成像都使用普通的活体成像仪（如 IVIS 成像系统），并采用生物发光或化学发光成像模式，通过人工控制激发光源予以实现。相对复杂的人工操作导致成像的延迟时间较长：目前文献报道的成像最短延迟时间为 10 s，表明目前活体延迟成像对室温磷光材料的最低要求是在移除激发光 10 s 后依然可以观测到磷光信号。仪器的限制导致活体延迟成像对室温磷光材料性能具有较高要求，这也是目前使用有机室温磷光材料进行活体生物应用研究相对较少的一个重要原因。

（3）虽然在理论上有机室温磷光材料可以同时具备延迟成像和光动力治疗的功能，然而成像和治疗所涉及的能量转移过程却是矛盾的：磷光是有机室温磷光分子的激发三线态返回基态的辐射跃迁；而单线态氧的产生则是其激发三线态与周围氧气相互作用的结果。因此，如何平衡二者，设计出兼具高效室温磷光发射和单线态氧生成的材料，以实现真正意义上的诊疗一体化，也是该领域将来一个重要的研究方向。

（4）有机室温磷光材料在成像或治疗后的代谢、降解等代谢动力学方面的研究也是实现其将来临床应用的基础，然而现阶段，这方面的研究基本处于空白。基于生命体中快速代谢的角度思考，开发具备可生物降解的高效室温磷光材料具有十分重要的意义。

　　作为新兴的研究领域，有机室温磷光材料的生物医学应用吸引着越来越多科技工作者的关注，在他们的不断努力下，有望在不久的将来，在疾病的诊断和治疗中看到越来越多有机室温磷光材料的身影。

（武文博）

参 考 文 献

[1] Wu W，Li Z. Nanoprobes with aggregation-induced emission for theranostics. Materials Chemistry Frontiers，2021，5（2）：603-626.

[2] 注射用吲哚菁绿使用说明书. https://baike.so.com/doc/9870400-10217458.html. [2023-04-05].

[3] Rao J，Dragulescu-Andrasi A，Yao H. Fluorescence imaging *in vivo*：recent advances. Current Opinion in Biotechnology，2007，18（1）：17-25.

[4] Hong G S，Diao S，Chang J L，et al. Through-skull fluorescence imaging of the brain in a new near-infrared window. Nature Photonics，2014，8（9）：723-730.

[5] Xiong L，Shuhendler A J，Rao J. Self-luminescing BRET-FRET near-infrared dots for *in vivo* lymph-node mapping and tumour imaging. Nature Communications，2012，3：1193.

[6] Zhen X，Zhang C，Xie C，et al. Intraparticle energy level alignment of semiconducting polymer nanoparticles to amplify chemiluminescence for ultrasensitive *in vivo* imaging of reactive oxygen species. ACS Nano，2016，10（6）：6400-6409.

[7] Baryshnikov G，Minaev B，Ågren H. Theory and calculation of the phosphorescence phenomenon. Chemical Reviews，2017，117（9）：6500-6537.

[8] Fang M，Yang J，Li Z. Recent advances in purely organic room temperature phosphorescence polymer. Chinese Journal of Polymer Science，2019，37（4）：383-393.

[9] Yang J，Fang M，Li Z. Stimulus-responsive room temperature phosphorescence in purely organic luminogens. InfoMat，2020，2（5）：791-806.

[10] Zhi J，Zhou Q，Shi H，et al. Organic room temperature phosphorescence materials for biomedical applications. Chemistry：An Asian Journal，2020，15（7）：947-957.

[11] Wu W，Bazan G C，Liu B. Conjugated-polymer-amplified sensing，imaging，and therapy. Chem，2017，2（6）：760-790.

[12] Hu F，Xu S，Liu B. Photosensitizers with aggregation-induced emission：materials and biomedical applications. Advanced Materials，2018，30（45）：1801350.

[13] Yuan W Z，Shen X Y，Zhao H，et al. Crystallization-induced phosphorescence of pure organic luminogens at room temperature. Journal of Physical Chemistry C，2010，114（13）：6090-6099.

[14] Wang H，Wang H，Yang X，et al. Ion-unquenchable and thermally "on-off" reversible room temperature phosphorescence of 3-bromoquinoline induced by supramolecular gels. Langmuir，2015，31（1）：486-491.

[15] Martínez-Martínez V，Llano R，Furukawa S，et al. Enhanced phosphorescence emission by incorporating aromatic halides into an entangled coordination framework based on naphthalenediimide. ChemPhysChem，2014，15（12）：2517-2521.

[16] Bolton O，Lee K，Kim H J，et al. Activating efficient phosphorescence from purely organic materials by crystal design. Nature Chemistry，2011，3（3）：205-210.

[17] Zhang G，Chen J，Payne S J，et al. Multi-emissive difluoroboron dibenzoylmethane polylactide exhibiting intense fluorescence and oxygen-sensitive room-temperature phosphorescence. Journal of the American Chemical Society，2007，129（29）：8942-8943.

[18] Wu W，Saran U V，Liu B. Nanocrystals with crystallization-induced or enhanced emission//Tang Y H，Tang B Z. Principles and Applications of Aggregation-Induced Emission. Cham：Springer，2019：291-306.

[19] He C，Hu Y，Yin L，et al. Effects of particle size and surface charge on cellular uptake and biodistribution of polymeric nanoparticles. Biomaterials，2010，31（13）：3657-3666.

[20] Fery-Forgues S. Fluorescent organic nanocrystals and non-doped nanoparticles for biological applications. Nanoscale，2013，5（18）：8428-8442.

[21] Canakci A，Erdemir F，Varol T，et al. Determining the effect of process parameters on particle size in mechanical milling using the Taguchi method：measurement and analysis. Measurement，2013，46（9）：3532-3540.

[22] Rasenack N，Müller B W. Micron-size drug particles：common and novel micronization techniques. Pharmaceutical Development and Technology，2004，9（1）：1-13.

[23] Loh Z H，Samanta A K，Heng P W S. Overview of milling techniques for improving the solubility of poorly water-soluble drugs. Asian Journal of Pharmaceutical Sciences，2015，10（4）：255-274.

[24] Tozuka Y，Imono M，Uchiyama H，et al. A novel application of α-glucosyl hesperidin for nanoparticle formation of active pharmaceutical ingredients by dry grinding. European Journal of Pharmaceutics and Biopharmaceutics，2011，79（3）：559-565.

[25] Hou T H，Su C H，Liu W L. Parameters optimization of a nano-particle wet milling process using the Taguchi method，response surface method and genetic algorithm. Powder technology，2007，173（3）：153-162.

[26] Charkhi A，Kazemian H，Kazemeini M. Optimized experimental design for natural clinoptilolite zeolite ball milling to produce nano powders. Powder Technology，2010，203（2）：389-396.

[27] Keck C M，Müller R H. Drug nanocrystals of poorly soluble drugs produced by high pressure homogenization. European Journal of Pharmaceutics and Biopharmaceutics，2006，62（1）：3-16.

[28] Kipp J. The role of solid nanoparticle technology in the parenteral delivery of poorly water-soluble drugs. International Journal of Pharmaceutics，2004，284（1-2）：109-122.

[29] Chung H R，Kwon E，Oikawa H，et al. Effect of solvent on organic nanocrystal growth using the reprecipitation method. Journal of Crystal Growth，2006，294（2）：459-463.

[30] Fateminia S M A，Wang Z，Liu B. Nanocrystallization：an effective approach to enhance the performance of organic molecules. Small Methods，2017，1（3）：1600C2.

[31] Waard H，Hinrichs W，Frijlink H. A novel bottom-up process to produce drug nanocrystals：controlled crystallization during freeze-drying. Journal of Controlled Release，2008，128（2）：179-183.

[32] Fateminia S M A，Wang Z，Goh C C，et al. Nanocrystallization：a unique approach to yield bright organic nanocrystals forbiological applications. Advanced Materials，2017，29（1）：1604100.

[33] Fateminia S M A，Kacenauskaite L，Zhang C J，et al. Simultaneous increase in brightness and singlet oxygen generation of an organic photosensitizer by nanocrystallization. Small，2018，14（52）：1803325.

[34] Fateminia S M A，Mao Z，Xu S，et al. Organic nanocrystals with bright red persistent room-temperature

phosphorescence for biological applications. Angewandte Chemie International Edition，2017，56（40）：12160-12164.

[35] An Z，Zheng C，Tao Y，et al. Stabilizing triplet excited states for ultralong organic phosphorescence. Nature Materials，2015，14（7）：685-690.

[36] Zhen X，Tao Y，An Z，et al. Ultralong phosphorescence of water-soluble organic nanoparticles for *in vivo* afterglow imaging. Advanced Materials，2017，29（33）：1606665.

[37] Li Q，Li Z. Molecular packing：another key point for the performance of organic and polymeric optoelectronic materials. Accounts of Chemical Research，2020，53（4）：962-973.

[38] Cai S，Shi H，Li J，et al. Visible-light-excited ultralong organic phosphorescence by manipulating intermolecular interactions. Advanced Materials，2017，29（35）：1701244.

[39] Nicol A，Kwok R T K，Chen C，et al. Ultrafast delivery of aggregation-induced emission nanoparticles and pure organic phosphorescent nanocrystals by saponin encapsulation. Journal of the American Chemical Society，2017，139（41）：14792-14799.

[40] Barr I，Sjölander A，Cox J. ISCOMs and other saponin based adjuvants. Advanced Drug Delivery Reviews，1998，32（3）：247-271.

[41] He G S，Tan L，Zheng Q，et al. Multiphoton absorbing materials：molecular designs，characterizations，and applications. Chemical Reviews，2008，108（4）：1245-1330.

[42] Wang X F，Xiao H，Chen P Z，et al. Pure organic room temperature phosphorescence from excited dimers in self-assembled nanoparticles under visible and near-infrared irradiation in water. Journal of the American Chemical Society，2019，141（12）：5045-5050.

[43] Chen X，Xu C，Wang T，et al. Versatile room-temperature-phosphorescent materials prepared from *N*-substituted naphthalimides：emission enhancement and chemical conjugation. Angewandte Chemie International Edition，2016，55（34）：9872-9876.

[44] Li W，Wu S，Xu X，et al. Carbon dot-silica nanoparticle composites for ultralong lifetime phosphorescence imaging in tissue and cells at room temperature. Chemistry of Materials，2019，31（23）：9887-9894.

[45] Yang J，Zhen X，Wang B，et al. The influence of the molecular packing on the room temperature phosphorescence of purely organic luminogens. Nature Communications，2018，9：840.

[46] Hunter C A，Sanders J K M. The nature of π-π interactions. Journal of the American Chemical Society，1990，112（14）：5525-5534.

[47] He Z，Gao H，Zhang S，et al. Achieving persistent，efficient，and robust room-temperature phosphorescence from pure organics for versatile applications. Advanced Materials，2019，31（18）：1807222.

[48] Dang Q，Jiang Y，Wang J，et al. Room-temperature phosphorescence resonance energy transfer for construction of near-infrared afterglow imaging agents. Advanced Materials，2020，32（52）：2006752.

[49] Fan Y，Liu S，Wu M，et al. Mobile phone flashlight excited red afterglow bioimaging. Advanced Materials，2022，34（18）：2201280.

[50] Wang Y，Gao H，Yang J，et al. High performance of simple organic phosphorescence host-guest materials and their application in time-resolved bio-imaging. Advanced Materials，2021，33（18）：2007811.

[51] Harris A L. Hypoxia：a key regulatory factor in tumour growth. Nature Reviews Cancer，2002，2（1）：38-47.

[52] Zhang G，Palmer G M，Dewhirst M W，et al. A dual-emissive-materials design concept enables tumour hypoxia imaging. Nature Materials，2009，8（9）：747-751.

[53] Shi H，Zou L，Huang K，et al. A highly efficient red metal-free organic phosphor for time-resolved luminescence imaging and photodynamic therapy. ACS Applied Materials & Interfaces，2019，11（20）：18103-18110.

[54] Wang S，Xu M，Huang K，et al. Biocompatible metal-free organic phosphorescent nanoparticles for efficiently multidrug-resistant bacteria eradication. Science China Materials，2020，63（2）：316-324.

[55] Tacconelli E，Carrara E，Savoldi A，et al. Discovery，research，and development of new antibiotics：the who priority list of antibioticresistant bacteria and tuberculosis. Lancet Infectious Diseases，2018，18（3）：318-327.

第8章

>>

有机室温磷光材料在光电子器件中的应用

8.1 引言

有机光电功能材料作为活性成分在光电器件中的应用，促进了有机功能材料学与电子信息学的高度融合与快速发展。有机材料的光电特性是高性能光电器件的核心，拓展有机光电功能材料的选择范围，进而制备出结构简单、性能优越的光电器件，可以极大提升我国有机光电产业在世界上的地位。迄今为止，有机光电器件的研究已有几十年历史，但基于纯有机室温磷光材料的光电器件研究还处于初始阶段[1]。本章首先介绍纯有机室温磷光材料与荧光材料、传统的金属配合物磷光材料的区别与联系；然后系统介绍纯有机室温磷光材料在光电器件的应用（包括有机电致发光器件、有机激光器件），着重介绍纯有机室温磷光材料在有机发光二极管中的应用，包括发光机制、器件结构、工作机制、基本性能，以及目前材料及相关器件性能的研究进展；同时，简要介绍有机室温磷光材料在有机激光中的应用（包括基本构造及应用现状）。本章最后总结目前有机室温磷光材料在有机光电器件应用中存在的问题，并对此领域的发展前景进行展望。

有机发光材料按激子多重性可以分为荧光材料和磷光材料，如图 8-1 所示。荧光材料，又称为荧光体，是由材料的最低激发单线态（S_1）向基态（S_0）进行光辐射跃迁而产生的发光，也就是常说的由单线态激子产生的发光。这类发光过程一般时间比较短，荧光寿命大约在 10^{-9} s 量级。磷光材料，一般情况下，是由材料的最低激发三线态（T_1）向基态进行光辐射跃迁而产生的发光，也是人们常说的三线态激子产生的磷光。磷光过程通常是一种自旋禁阻的跃迁过程，导致该过程发生的时间一般较长，磷光寿命在 10^{-3} s 量级以上，甚至达到秒级[2, 3]。

由于辐射跃迁需要遵守自旋守恒定律，大部分有机材料的激发态为单线态，在常温下通常只能产生荧光发射。传统磷光材料的形成一般需要引入贵金属（Pt、Ir 等），金属与配体之间产生自旋轨道耦合而形成配合物。这类磷光材料的三线态激子的辐射跃迁是金属与配体之间电荷转移态的三线态跃迁（^{3}MLCT）及与配体

三线态 π 电子跃迁 $^3(\pi\text{-}\pi^*)$ 的结合。理想状态下，电激发产生单线态激子与三线态激子的概率分别为 25% 和 75%。因此，磷光材料打破了荧光材料内量子效率 25% 的理论极限，使 100% 的内量子效率成为可能，这种巨大的理论优势为其在有机光电器件的应用提供了广阔的前景[4]。与荧光相比，磷光由于自旋禁阻特性，其发光寿命一般具有三个数量级的提高，尤其是在有机光伏器件中，激子扩散的提高可以显著提升激子利用率。传统的金属配合物磷光材料中，一般是由具有氧化或还原特性的金属离子与配体构成，利用较低的能级、配体到金属或金属到配体电荷转移的激发态来发射强烈的磷光，但这类金属离子往往需要与配体之间具有较强的相互作用，这样配合物单线态和三线态之间才可以进行有效的系间窜越。研究者对最外层电子结构具有 d^6 特性的金属离子（如 Os^{2+}、Ru^{2+}、Ir^{3+} 等）与配体之间形成的八面体空间结构的配合物展开了大量的探索[5, 6]。但是，采用过渡金属配合物制备的有机光电器件，其昂贵的造价成本及体系自身的毒性一直制约着产业化的进程[7]。相比之下，纯有机室温磷光（RTP）材料可以克服传统磷光材料需要重金属配合和低温发光的限制条件，同时，在室温下 100% 的理论内量子效率更是为其在光电器件上的应用提供了无限可能。

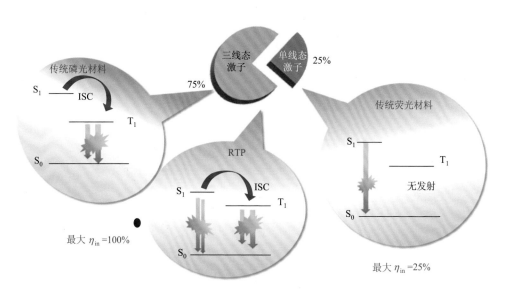

图 8-1 传统磷光、有机室温磷光及传统荧光材料的发光机制

近几年，随着纯有机室温磷光材料逐步发展，其发光波长可以覆盖整个可见光区。与有机室温磷光在生物成像与防伪方面的广泛应用相比，有机室温磷光在光电器件方面的潜在应用同样得到了研究者的高度关注，尤其是作为一种新型的发光活性材料应用于有机发光二极管，已取得了很好的研究进展。

8.2　有机室温磷光材料在有机发光二极管器件中的应用

有机发光二极管（OLEDs）具有全固态、成本低廉、易大面积化、光谱宽（覆盖整个可见光区域）、广视角（170°以上）、可制作成柔性器件、响应速度快、功耗低（低电压直流 3～10 V 即可驱动）、图片清晰、工作温度范围宽等特点。自从 1987 年首次被 C. W. Tang 报道[8]，OLEDs 已经取得快速发展，在全彩显示和白光照明领域展现出巨大的应用前景，是新一代节能、环保、健康、高品质电子产品。与诸多传统照明显示不同，OLEDs 照明是面光源照明，柔和、高显色指数、健康无辐射、接近自然光，适合室内照明和平板显示等，如图 8-2 所示。其中，作为 OLEDs 的核心，开发拓展有机电致发光材料的选择范围，尤其是开展纯有机室温磷光材料的深入探索，进而制备出性能优良、结构简单的有机电致发光器件，在满足 OLEDs 在平板显示和照明领域应用的同时，不仅可以极大地提升我国有机光电子产业的国际地位，也会带来深远的社会影响和巨大的经济效益。

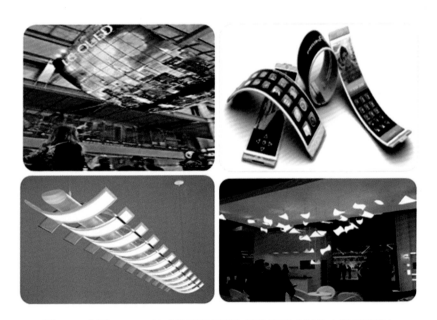

图 8-2　应用 OLEDs 技术的平板显示和固体照明（图片来源于网络）

1. OLEDs 的发光机制及示意图

OLEDs 是载流子双向注入的发光器件，即空穴和电子在有机活性层复合而产生发光的现象。其发光机制可以简化为以下四个主要过程（图 8-3）：①空穴和电子分别克服自身势垒从阳极和阴极向两个电极之间的活性层进行注入；②正负载流子在电场作用下在器件中进行相向传输；③空穴和电子在活性层中复合产生激子；④激子从激发态经辐射跃迁回到基态产生光。

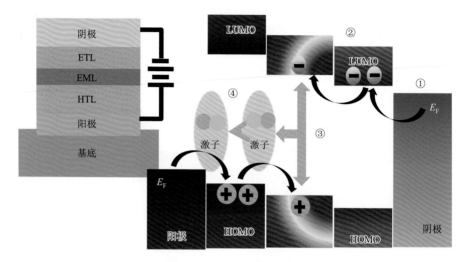

图 8-3 OLEDs 的发光机制

HTL 代表空穴传输层；EML 代表发光层；ETL 代表电子传输层

2. OLEDs 的器件结构及工作机制

随着 OLEDs 研究的深入，科研工作者对 OLEDs 的研究目标主要集中在以下几个方面：①提高器件的外量子效率；②降低器件的驱动电压；③增加器件的寿命和稳定性；④优化器件工艺，降低制作成本；⑤开发优质的光电材料。

根据 OLEDs 器件有机层的数量，可以将其分为单层器件、双层器件、三层器件及多层器件等，几种具有代表性的器件结构图及相关工作机制如图 8-4 所示。单层器件是 OLEDs 中最简单的器件结构，是由一层有机发光材料夹在一对正负电极之间构成的器件，在施加电压时，空穴和电子分别从阳极和阴极克服自身势垒注入有机层，二者复合产生激子后出现发光。基于这种结构的器件通常性能不高，主要是由于大部分有机材料传输性能单一，具有空穴和电子双重传输性能的双极性材料较少；而且器件所采用材料的迁移率往往偏低，且薄膜偏厚，不利于实现光电器件低电压、高效率工作的初衷。双层器件是在正负电极之间分别嵌入空穴传输材料和电子传输材料。一般情况下，空穴传输材料的空穴迁移率往往要比电子传输材料的电子迁移率高出 1~2 个数量级。同时，空穴传输材料的 HOMO 能级高于电子传输材料，在空穴传输层与电子传输层之间会出现高浓度空穴，并向电子传输层扩散，因此，这类器件的发光通常来自电子传输层材料。这类器件结构有利于解决金属功函与材料能级之间的匹配问题，在平衡空穴和电子注入与传输的同时可以提升载流子的复合效率，从而降低器件的驱动电压，提升光输出效率。为了进一步优化器件结构，提升器件性能，研究者提出并设计了三层器件结构。三层器件结构主要分为两种形式。第一种是由阳极、空穴传输层、阻挡层、电子传输层及阴极构成。该器件结构通过阻挡层的引入可以在一定程度上限制空穴和电子在空穴传输层与电子传输层之间的扩散。该类器件结构在兼有双层器件结构的优势上，可以分别在空穴与电子传输层区域实现不同颜色的发光，这也是实现白光发射的一种方法。另一种是由阳极、空穴传输层、发光层、电子传输层及阴极构成。这类器件结构中，发光层在进行辐射跃迁发射的同时，又进一步对电子/空穴向空穴传输层/电子传输层的传输起阻挡作用。因此，这类器件结构在合理的设计下可以将载流子很好地限制在发光层区域，防止激子湮灭，提高器件发光效率。多层器件是对三层器件结构的优化，通过功能层的引入，在提高载流子复合及激子辐射效率的同时，实现最优的器件性能。

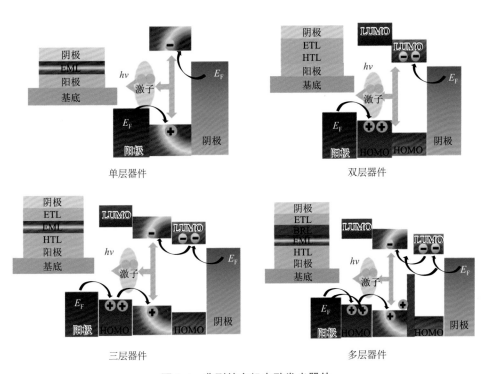

图 8-4　典型的有机电致发光器件

3. OLEDs 器件的基本性能

目前 OLEDs 器件性能参数主要包括发光颜色、启亮电压、发光效率、器件寿

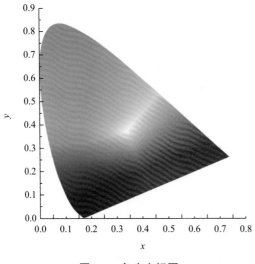

图 8-5　色度坐标图

命，以及白光下呈现的色温与显色指数等。OLEDs 发光颜色，即色度坐标（CIE 坐标，图 8-5）主要是由发光光谱和 1931 年由国际发光照明委员会所制定的标准色度坐标图组成。根据发光激子类型的不同，发光光谱分为磷光光谱和荧光光谱。同时根据激发形式的不同，又将其分为光致发光光谱和电致发光光谱。发光光谱的颜色主要取决于最强发射峰所对应的波长；此外，发光光谱的半峰宽是判断一个器件色纯度的重要指标之一，半峰宽窄的 OLEDs 器件说明其色纯度高，可以考虑作为单色器件，用于平板显示；相反，半峰宽宽的 OLEDs 器件适合做白光器件，用于白光照明。通常情况下，电致发光光谱也会随电流密度升高引起激子产生区域的不同而发生一些移动。人们常说的 CIE 坐标是以（CIE_X，CIE_Y，CIE_Z）来表示，其中两个值是彼此独立的，所以一般用（x，y）表示一种颜色，其中 CIE_X 值代表红色，标准红光的色度坐标为（0.67，0.33）；CIE_Y 值代表绿色，标准绿光的色度坐标为（0.21，0.71）；CIE_Z 值代表蓝色，标准蓝光的色度坐标为（0.14，0.08）。除此之外，标准白光的色度坐标为（0.33，0.33）。

OLEDs 启亮电压是器件在亮度为 1 cd/m² 时所需的工作电压。一般认为，低的开启电压表明载流子在注入过程中无须克服较大的势垒，电极与有机活性层之间接触为良好的欧姆接触。这里所提到的势垒主要包括器件阳极功函与有机材料 HOMO 能级差所产生的空穴注入势垒，以及器件阴极与有机材料 LUMO 能级差所产生的电子注入势垒。如果注入势垒较高，会导致需要较大的能量，也就是较大的驱动电压确保载流子注入有机层，这会导致器件老化加速，缩短其使用寿命。

OLEDs 发光效率是评价发光器件性能优劣的重要标准之一。OLEDs 发光效率主要以三个参数衡量，分别是量子效率（定义为器件光辐射总量子数占注入载流子数的百分比，主要取决于单位时间内的光通量）、流明效率（定义为器件发射亮度占输入功率的百分比，也就是光功率和电功率在一定电流密度下的比值，单位为 cd/A）和功率效率（定义为输入与输出光功率的比值，单位为 lm/W）。其中，量子效率可分为内量子效率（IQE）和外量子效率（EQE）。具体公式如下：

荧光内量子效率可表示为

$$IQE = \eta_r \chi_s \frac{K_r}{K_r + K_{nr}} = \eta_r \chi_s \Phi_{PL} \qquad (8-1)$$

磷光内量子效率可表示为

$$IQE = \eta_r \left[(1 - \chi_s) + \eta_{ISC} \chi_s \right] \frac{K_r}{K_r + K_{nr}} \qquad (8-2)$$

荧光和磷光外量子效率可表示为

$$EQE = \eta_e \eta_r \chi \frac{K_r}{K_r + K_{nr}} = \eta_e I \qquad (8-3)$$

式中，η_r 和 η_e 分别为载流子复合与注入之间的比例和光耦合输出效率；η_{ISC} 为单线态与三线态之间激子系间窜越效率；χ 和 χ_s 分别为光发射激子数与总激子数的比值和单线态激子百分数；K_r 和 K_{nr} 分别为发光材料从激发态产生光的辐射衰减速率常数和无辐射衰减速率常数；Φ_{PL} 为发光材料的荧光量子效率。

从式（8-1）～式（8-3）中不难发现，对于发光极强的材料（$K_r \gg K_{nr}$），$\dfrac{K_r}{K_r + K_{nr}}$ 可近似等于 1；在忽略器件深层陷阱，载流子复合效率为 1，最大光耦合输出效率为 20%，不存在单一载流子的情况下：

（1）荧光材料制备的 OLEDs：

最大内量子效率为

$$IQE = 1 \times 25\% \times 1 = 25\% \qquad (8-4)$$

最大外量子效率为

$$EQE = \eta_e IQE = 20\% \times 25\% = 5\% \qquad (8-5)$$

（2）磷光材料制备的 OLEDs：

最大内量子效率为

$$IQE = 1 \times [(1 - 25\%) + 1 \times 25\%] = 100\% \qquad (8-6)$$

最大外量子效率为

$$IQE = \eta_e IQE = 20\% \times 100\% = 20\% \qquad (8-7)$$

因此，与荧光 OLEDs 相比，磷光器件的理论内量子效率可以达到 100%，外量子效率最高可以达到 20%，在提高器件的性能上具有更大的应用潜力。

OLEDs 器件寿命是指在恒定电流或电压下，器件亮度下降到初始亮度一半所需要的时间，是判断 OLEDs 能否满足生产实际需求的基本指标之一。通常情况下，影响器件寿命的因素主要包括以下几个方面：①在器件封装过程中，水、氧的侵入，对电极及有机功能材料的破坏会造成发光黑斑的形成；②金属与有机材料或有机材料与有机材料之间存在较大的注入势垒同样影响器件的寿命；③与非掺杂器件相比，将有机发光层进行相应掺杂同样可以提高器件的寿命；④空穴与电子之间的不平衡传输（一般空穴迁移率明显高于电子迁移率）所产生的阳离子会对激子产生一定的湮灭效应。

OLEDs 色温和显色指数是评价白光 OLEDs 光色质量的参考标准。一般情况，色温是由黑体加热至与光源相同颜色或接近光色时所对应的温度，采用绝对温度（K）表示。通常用色温来评价白色光源的光色质量。与此同时，显色指数也是判断光源颜色特性的另一个重要参数。它是指待测光源与标准光源下同一物体颜色的符合程度，显色指数越高，该光源对颜色的还原性越好。

4. 有机室温磷光材料在 OLEDs 器件中的应用

OLEDs 器件包含多种功能性材料，开发性能优良的功能性材料一直是近些年研究的热点之一，高效的有机发光层材料更是制备 OLEDs 器件的核心组成部分。本节主要探讨纯有机室温磷光分子在 OLEDs 器件中的应用及相关性能，总结纯有机室温磷光材料的选择范围，为后续应用于 OLEDs 的纯有机室温磷光材料的选择开发，以及器件工艺与性能优化提供参考。

与传统的金属配合物磷光材料和热活化延迟荧光（TADF）材料在 OLEDs 中的广泛应用不同，纯有机室温磷光材料在 OLEDs 中的应用还处于起步阶段，主要原因包括以下两个方面：①纯有机室温磷光材料在室温和薄膜态下磷光量子效率依然偏低，大多数有机室温磷光材料所体现的较高磷光量子效率需要在晶体条件下。这是由于分子的振动和转动只有在刚性状态下才会受到更多的抑制，大幅度降低分子在该状态下的无辐射跃迁速率，能量更多以辐射方式耗散。②相比于配合物磷光材料，纯有机室温磷光材料具有较长的激发态寿命，目前报道的纯有机室温磷光材料寿命大多数以毫秒甚至秒为计量单位。如此长的激子寿命在应用器件中会增加三线态-三线态激子碰撞的概率，造成明显的激子湮灭，从而导致器件的效率下降[9]。

虽然纯有机室温磷光材料作为发光层在 OLEDs 中具有很大的应用潜力，但长的激发态寿命及在薄膜态下较低的磷光量子效率使该类材料在制备高效的器件中具有一定的挑战，到目前为止，只有少数材料在 OLEDs 中的应用得到了探索。2013 年，Negri 等首次报道了基于纯有机室温磷光材料 RTP-1（图 8-6）的有机电致发光器件[10]。室温下，RTP-1 固体呈现优异的磷光发射，量子效率超过了 80%，而在溶液状态下并没有观察到发光现象。他们将这一特殊的发光现象归因于刚性环境下，分子碳-硫键的旋转和构象迁移受限，抑制了磷光激发态的无辐射失活过程。以 RTP-1 为发光层活性材料，采用 ITO/PEDOT：PSS/PVK：PBD：RTP-1/Ba/Al 的器件结构，在电压为 11 V 时，表现出 0.1%的外量子效率和 0.5 cd/A 的电流效率。值得注意的是，该器件在不同的电压下呈现不同的电致发光光谱，说明如果采用合适的主体材料和器件结构，基于 RTP-1 制备 OLEDs 的性能有可能会得到进一步提高。

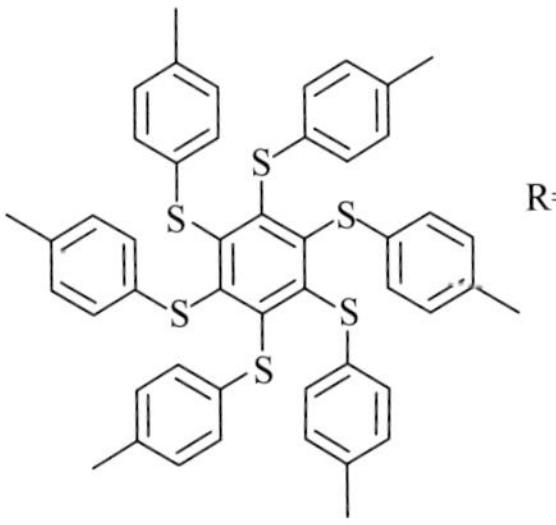

RTP-1

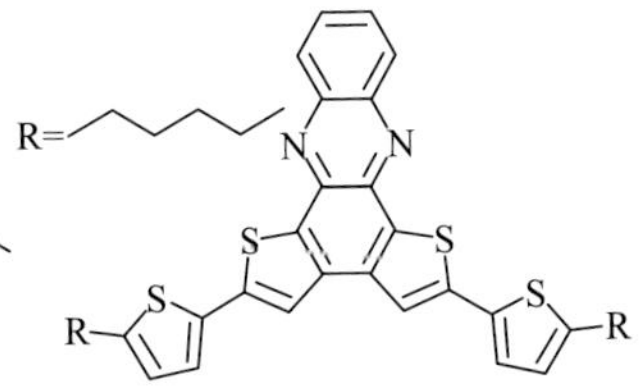

RTP-2

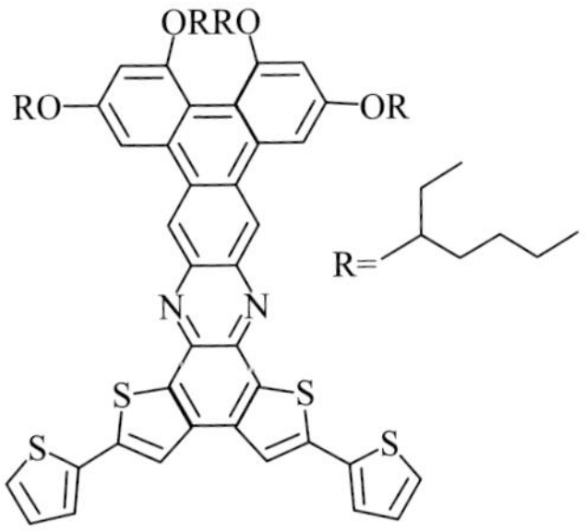

RTP-3

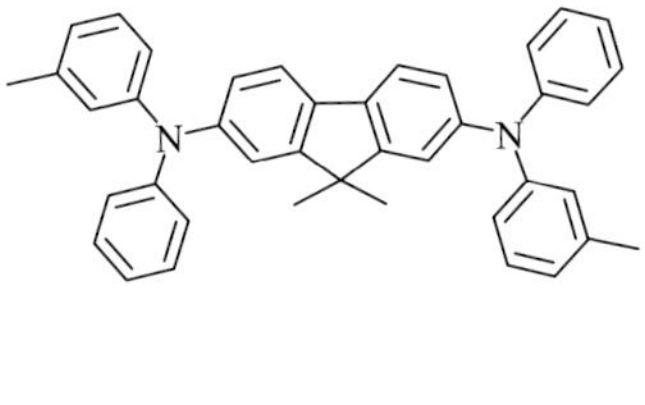

RTP-4

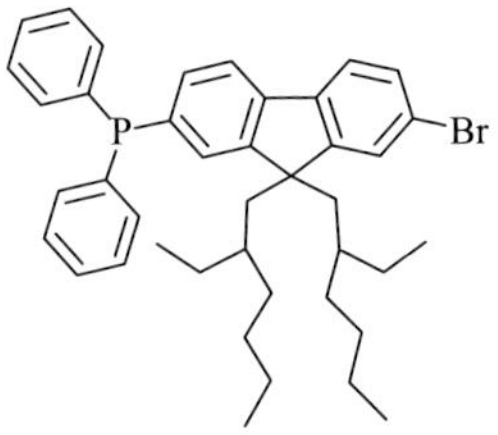

RTP-5

图 8-6　一些含烷基链的纯有机室温磷光分子

随后，Lupton 课题组设计合成了两种纯有机室温磷光材料 RTP-2 和 RTP-3[11]，采用 ITO/PEDOT：PSS/TPD/PVK：RTP-2（或 RTP-3）/PBD/CsF/Al 的结构制备相应的有机电致发光器件。其中 RTP-2 掺杂器件的电致发光光谱为 560 nm 和 690 nm，RTP-3 掺杂器件电致发光光谱为 630 nm 和 760 nm，这种双发射来自电激发下单线态和三线态的跃迁。RTP-2 和 RTP-3 对应的器件外量子效率非常低，分别仅为 2.54×10^{-4} 和 5.58×10^{-5}，应该是其较低的磷光量子效率（仅为 4.6%和 1.3%）所致。随后，他们又对该类有机室温磷光化合物掺杂在聚合物薄膜中的光致发光性能进行详细探讨[12]，同时表征和归属这类化合物光谱中的不同发射峰，并做了进一步的归纳，为该类材料在有机电致发光器件中的进一步应用提供了参考。

2016 年，Adachi 等将 RTP-4 掺杂在主体材料 3-（*N*-carbazolyl）-androst-2-ene（CzSte）中，在光激发下观察到蓝色荧光及绿色磷光两种发射。以 ITO/*α*-NPD/mCP/RTP-4：CzSte/TPBi/LiF/Al 的结构制备了相应有机电致发光器件，施加电压时，电子和空穴分别注入并结合形成激子，实现蓝光长余辉发射，并获得了 1%的外量子效率[13]。撤去电压时，器件维持绿光发射并具有 0.39 s 的余辉寿命，略低于其光致发光余辉寿命（0.61 s）。随后 Anzenbacher 等选取 RTP-5 作为活性层，采用溶液旋涂的方法制备了相应的发光器件[14]。为更好地限制和捕获电子，他们采用高 LUMO 能级的空穴传输材料 TCTA（图 8-7），以 ITO/PEDOT：PSS/TCTA：RTP-5/TPBI/CsF/Al 为器件结构，分别按质量比 1∶1 和 1∶9 进行掺杂，制备了两种简单三层器件 A 和 B。研究发现，A 和 B 呈现出相似的电致发光光谱，但由于 B 器件在重掺杂下低的电荷迁移率，其最大亮度仅为 76 cd/m², 远远低于 A 器件的最大亮度（570 cd/m²）。研究者同时还发现，在排除 TCTA 和 TPBI 电致发光光谱干扰的情况下，A 器件的电致发光光谱和薄膜光谱均呈现了相同的磷光发射，并没有出现荧光发射，说明室温下电致磷光现象的产生。

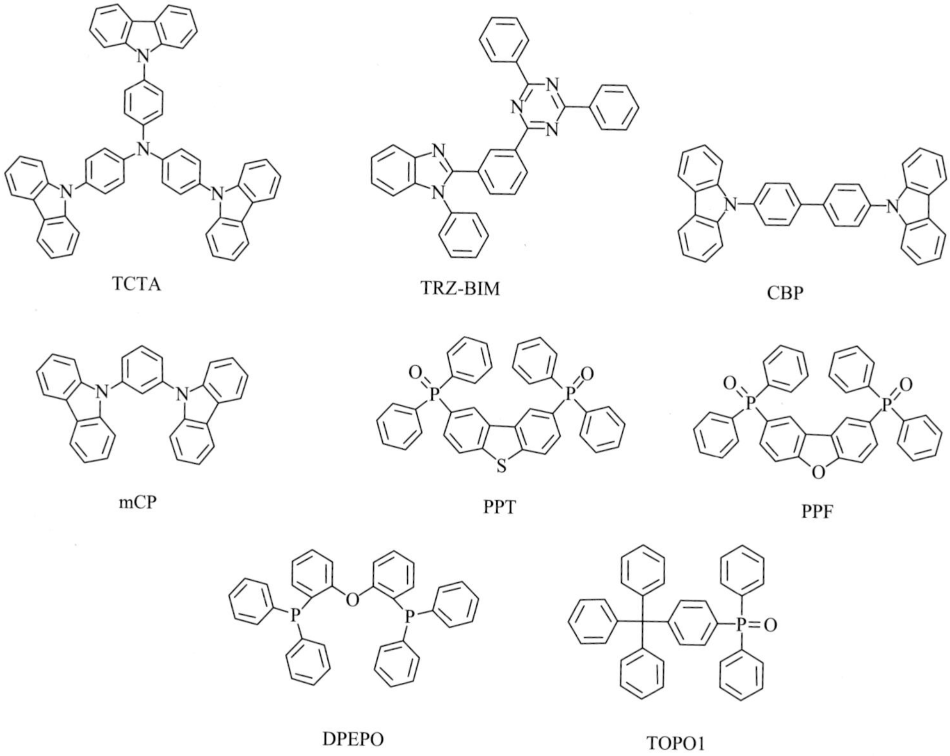

图 8-7　本章报道的功能材料的结构式

2019 年，张国庆等结合聚集诱导发光理念，通过在双咔唑化合物上引入不同取代基，设计了一系列聚集诱导磷光（aggregation-induced phosphorescence，AIP）分子：RTP-6、RTP-7、RTP-8 和 RTP-9（图 8-8）[15]。该类材料在室温下，固态绝对磷光量子效率最高可达 64%。研究人员选取 RTP-6、RTP-7 和 RTP-9 作为发光层，制备了以 ITO/m-MTDATA/EML/TmPyPB/Al 为结构的三种单组分器件。实验结果表明，相比之前纯有机室温磷光电致发光器件，基于 RTP-6、RTP-7 和 RTP-9

的器件具有较低的开启电压，表明载流子的注入效率较高。与此同时，基于 RTP-6 的电致发光器件显示了高达 5.8%的外量子效率，超过了纯荧光有机电致发光器件性能的理论极限。

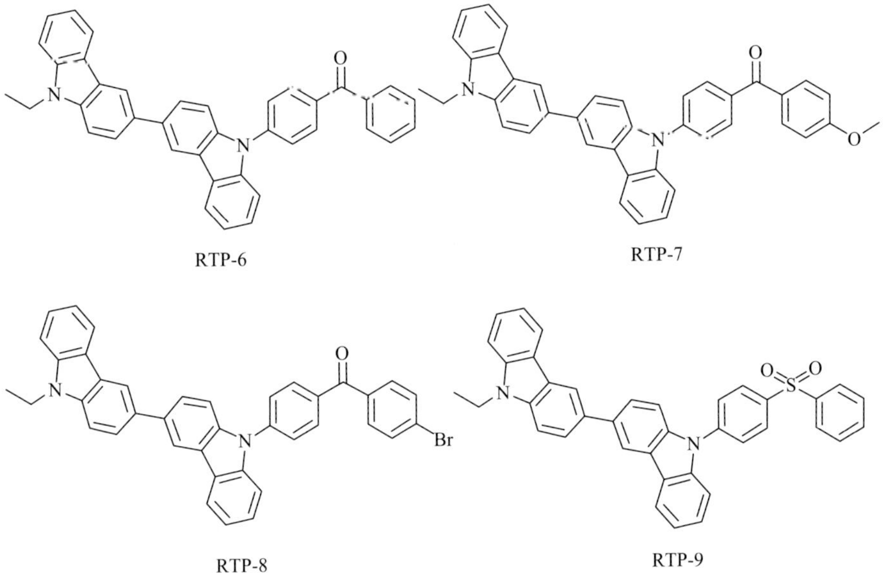

图 8-8　基于双咔唑单元的纯有机室温磷光分子

吉林大学王悦等通过吩噻嗪与萘的巧妙结合制备了 RTP-10（图 8-9）[16]。值得注意的是，RTP-10 在晶体和无定形膜状态下的量子效率仅为 3%，但以 10% 的质量当量与 TRZ-BIM（图 8-7）混合形成的薄膜表现出很强的磷光发射，量子效率可以达到 38%，其内在机制还需后续实验及理论模拟进一步讨论和探索。他们制备了 RTP-10 与 TRZ-BIM 掺杂薄膜的有机电致发光器件，结构为 ITO/NPB/TCTA/RTP-10：TRZ-BIM/TPBi/LiF/Al，该器件展现出 11.5%的外量子效率及较低的效率滚降（在亮度为 1000 cd/m^2 时效率为 9.6%）。以光耦合输出效率为 30%计算，该器件外量子效率已接近理论极限，说明该器件已完全捕获电注入的三线态激子，TCTA 的引入也有利于载流子的平衡及发光层内激子的限制。无独有偶，在 2020 年，Kim 等同样报道了以刚性芴基团为核的化合物 RTP-11，将其掺杂在光学惰性的非晶态聚合物主体中，其光致发光量子效率最高达到 24%[17]。与 CBP 或 mCP（图 8-7）作为主体材料相比，PPT（图 8-7）作为主体材料可以在抑制激态络合物形成的同时，限制分子的运动。采用 ITO/MoO$_3$：mCP/RTP-11/RTP-11：PTT/PTT/LiF/Al 结构构筑的发光器件，展现出明亮的绿色磷光，显示了良好的色纯度和 2.5%的最大外量子效率。电流密度为 100 mA/cm^2 时，器件的发光亮度达到 1430 cd/m²。随后，他们利用非金属重原子效应促进分子自旋轨道耦合，设计了含硒类室温磷光分子 RTP-12、RTP-13、RTP-14（图 8-9）[18]。由于分子在电子转移过程中具有较大的轨道角动量变化及重原子硒的影响，其磷光量子效率最高可达到 0.33±0.1。采用 ITO/PEDOT/TAPC/TCTA/PCZAC/mCP/RTP-12（RTP-13 或 RTP-14）：mCP：TOPO1/TPBi/LiF/Al 的器件结构，器件外量子效率分别为（10.7±0.14）%、（10.0±0.18）% 和（8.1±0.07）%。他们认为，RTP-12（RTP-13 或 RTP-14）：mCP：TOPO1 形成的混合主体具有良好的薄膜效率，mCP（2.9 eV）和 TOPO1（3.3 eV）较高的三线态能量可以有效地收集三线态激子，保持较短的三线态激子寿命，降低三线态激子湮灭的概率，因此获得了很好的器件效率。

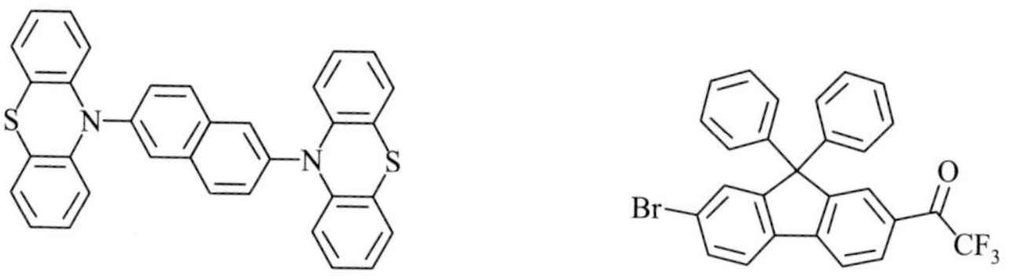

RTP-10

RTP-11

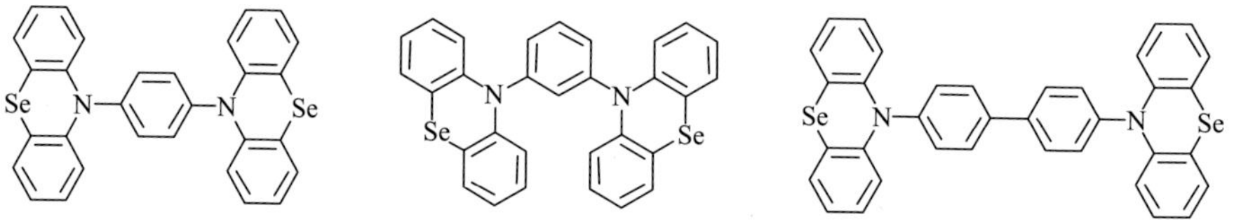

RTP-12

RTP-13

RTP-14

图 8-9　一些用于 OLEDs 的纯有机室温磷光分子

从有机电致发光器件研究伊始，实现白光器件就一直是人们关注的焦点，科学家努力探索通过不同的方式和手段实现白光发射。其中，采用三原色（红色、绿色、蓝色）、两种互补色（蓝色和黄色）、基于荧光与磷光材料进行主体与客体之间的掺杂、利用分子激发态时内部质子转移及激基复合物等方法，是目前实现白光有机电致发光器件比较常见的策略。而且，必须通过合理的设计策略控制器件中不同层间的能量传递，使激子从最高的能量向最低的能量输送，并以最低的能量发射。实际上，这一过程不仅工艺复杂，同时也会导致效率的降低。采用单组分材料作为发光层制备白色电致发光器件是 OLEDs 研究中具有挑战性的课题。Unni 等设计合成了两个咔唑类衍生物 RTP-15 和 RTP-16（图 8-10），利用分子自旋轨道耦合，同时捕获单线态和三线态激子发光，从而实现了室温磷光白光发射[19]。通过溶液法分别制备了 ITO/PEDOT：PSS/NPB/RTP-15/BCP/Alq₃/LiF/Al 和

ITO/PEDOT：PSS/NPB/RTP-16/BCP/Alq_3/LiF/Al 两种器件结构。由于分子具有延迟发射及室温磷光特性，这两个器件均呈现出宽的电致发光光谱。在电压由 5 V 升至 20 V 的过程中，器件保持良好的色稳定性，CIE 坐标分别为（0.31，0.44）和（0.29，0.35）。由于 RTP-16 中强电子受体的存在，非成键轨道促使其具有更强的室温磷光发射，因此相较于 RTP-15，RTP-16 表现出更好的器件性能。

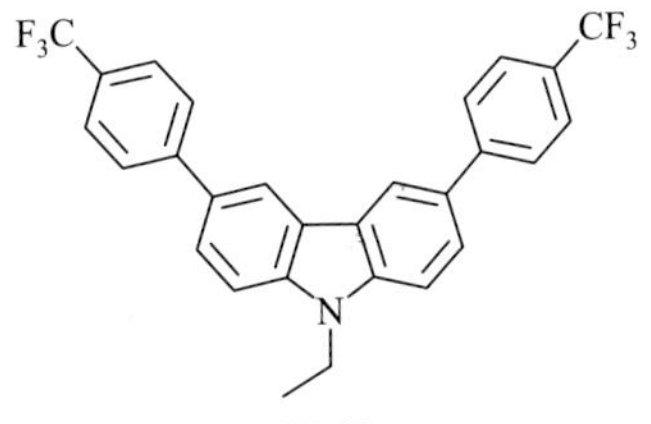

RTP-15

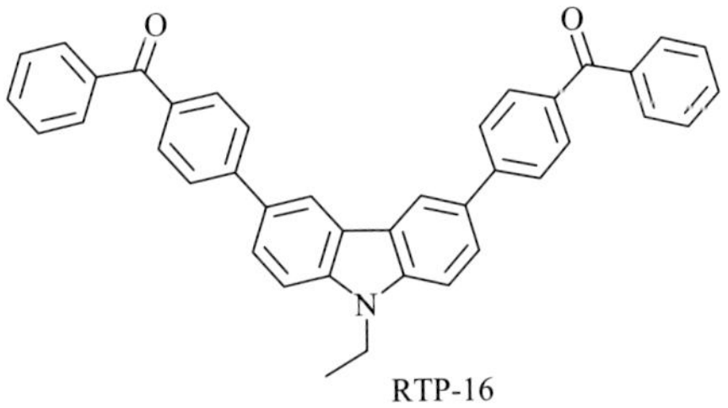

RTP-16

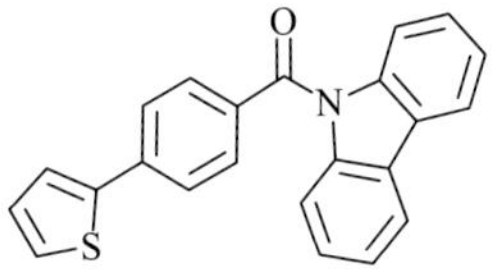

RTP-17

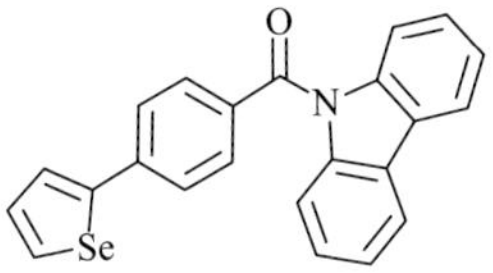

RTP-18

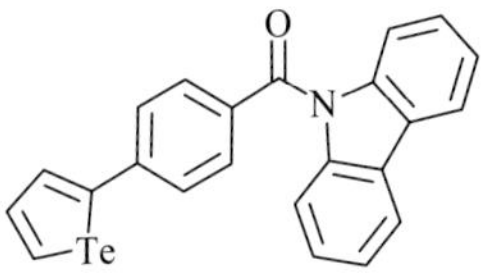

RTP-19

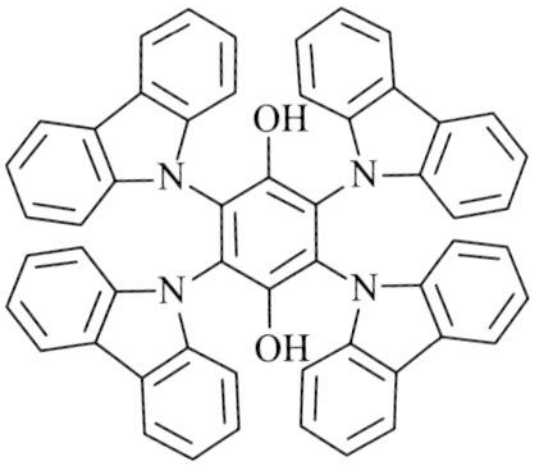

RTP-20

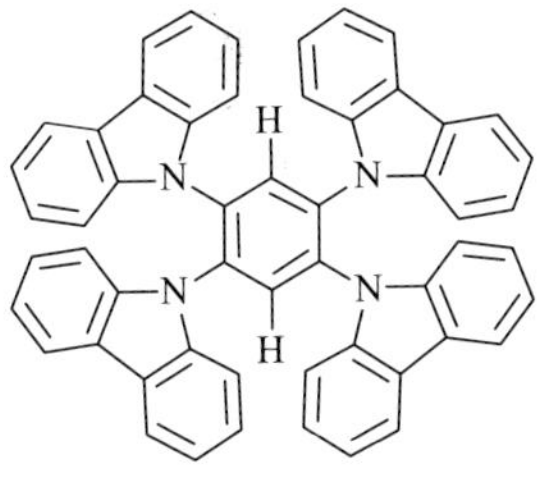

RTP-21

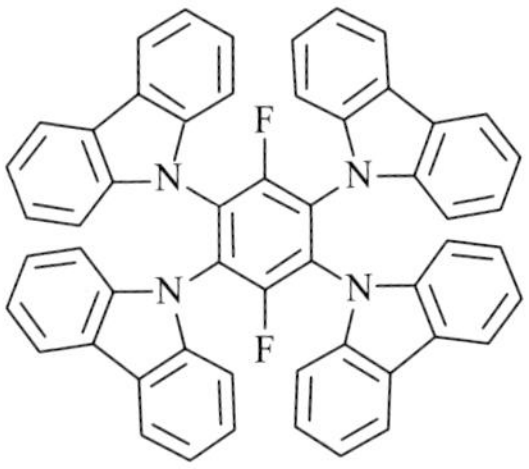

RTP-22

图 8-10　用于白光 OLEDs 器件的纯有机室温磷光分子

黄辉等通过对杂原子的调节，设计合成了三个有机分子 RTP-17、RTP-18 和 RTP-19（图 8-10）[20]。将杂环上 S 替换成 Se、Te，由于重原子效应，RTP-18 和 RTP-19 具有室温磷光发光。理论计算发现，通过调节杂原子（S→Se→Te），重原子效应随着分子带隙的降低而得到了明显的增强，同时分子的自旋轨道耦合系数增大，获得了更多的三线态激子。随后，利用 RTP-18 和 RTP-19 的双发射性能，分别以 PPF 和 CBP 作为主体材料（图 8-7），制备了相应的电致发光器件。利用 RTP-18 单一材料的荧光和磷光双发射峰复合获得 CIE 色度坐标为（0.30，0.29）的白光器件；利用 RTP-19 的荧光和磷光与 CBP 组合获得 CIE 色度坐标为（0.34，

0.33）的白光器件。有趣的是，由于 Te 元素增强了分子的重原子效应，加速了分子从 S 态到 T 态的系间窜越，使三线态激子可以快速地经辐射跃迁回到基态，因此，该器件并不像大多数室温磷光器件那样随着电流密度增加而其磷光峰逐渐降低。此工作为后续制备白光有机电致发光器件提供了一个新的策略。

之后，唐本忠等通过调控苯环上推拉电子基团，成功制备了三个咔唑衍生物 RTP-20、RTP-21 和 RTP-22（图 8-10）[21]。研究发现，分别用氢原子和吸电子氟原子代替 RTP-20 的羟基，RTP-21 和 RTP-22 的发光寿命显著提升，从 TCz-OH、TCz-H 至 TCz-F，其发光逐渐从荧光（TCz-OH）过渡到磷光（TCz-H、TCz-F），获得了室温磷光性能。同时，他们进一步证实，咔唑中少量异构体的存在，一定程度上提高了室温磷光的效率和寿命。选择固态量子效率高的 RTP-22 以不同的掺杂浓度（3%、6% 和 10%）与主体材料 DPEPO（图 8-7）掺杂，器件结构为 ITO/HAT-CN/TAPC/MCP/RTP-22：DPEPO/TmPyPB/LiF/Al，获得了 CIE 色度坐标分别为（0.357，0.317）、（0.338，0.307）和（0.347，0.327）的白光器件。

8.3 有机室温磷光材料在有机激光器件中的应用

自 1960 年美国修斯飞机（Hughes Aircraft）公司首次发明，激光器不仅得到了高速的发展，同时也带来了科学和技术的革命。例如，超快激光、高能激光及无机半导体激光，无论是在学术探索、医疗通信和国防安全等领域，还是在日常生活中均得到了广泛的应用。伴随着激光器件的高速发展，有机材料因其新颖的光电特性、简单的制备工艺及可通过分子设计进行性能调控，逐渐在激光器件中扮演重要的角色。

激光器的工作机制一般包括以下几个部分：①泵浦源为光增益物质提供能量使其形成激发态；②光增益物质在辐射刺激下跃迁到高能级与低能级之间，而此时高能级上的粒子数相较于低能级有明显增加，也就是通常所说的粒子数反转特性；③光增益物质产生的光辐射很好地被限制在光谐振腔中，从而产生相位相同、波长等量、方向一致的辐射光子；④此时光频率与传播方向一定的光子，便可以在光谐振腔的作用下稳定存在，而其他光子直接溢出或损失。这样光束的反复受激发便产生光增益，此时产生的能力如果大于损耗便形成了高单色性、强方向性及高相干性的光束，即激光。图 8-11 为激光器的结构组成示意图。

常见的泵浦源主要包括以下几种：①利用外界光源照射的光泵浦；②以电加载的方式使活性材料处于激发态的电泵浦；③通过化学反应使粒子数实现反转的化学泵浦；④利用辐射离子源产生的高能物质实现活性物质反转的放射源泵浦。活性物质在泵浦源的激发下产生光子，同时与原入射光子具有相同的相位、特别

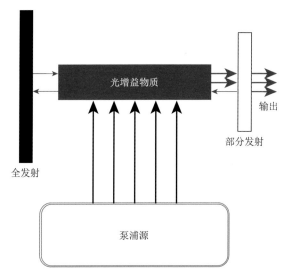

图 8-11　激光器的结构组成

的相干性，在高低能级之间可以形成粒子数反转的特性。一般情况下，将以有机材料为光增益介质制备的激光器称为有机激光器。作为光增益物质的有机材料通常具备共轭 π 电子结构，在具有强的发光特征、优异的光热稳定性的同时，还应具备大的斯托克斯位移。从分子结构的角度，通常将有机激光分为两种：有机染料激光和有机半导体激光。

近些年，有机染料激光器技术已日趋成熟，在生物、医学、光学和通信等诸多领域均得到了广阔的应用。这类材料在光激发下表现出很强的辐射特性，拥有很高的荧光量子效率，同时它们具有良好的可见光吸收，还实现了从紫外到红外范围内的光发射。而且，它们制备器件时工艺简单，成本低廉，同时具有大的光学增益和极大的商用吸引力，但与此同时，液体激光制备该类激光器造成操作、运输及储存方面的困扰也需要大家解决。目前典型的结构主要包括：香豆素、罗丹明、花青素、荧光素等。

与有机染料激光相比，有机半导体激光在具备上述染料激光优点的同时，还具有良好的固态发光效率、可以传输载流子、可制备高质量薄膜等优势，因而受到研究者的青睐[22]。有机半导体激光与无机半导体激光具有明显的差别：①相比于无机半导体，有机半导体在制备时产生无序的薄膜结构会造成较低的迁移率；②无机半导体的激子寿命远长于有机半导体；③有机半导体的种类和数量都远远多于无机半导体，且价格低廉、制作工艺简单；④对比无机半导体材料，有机半导体材料具有相对大的激子结合能，因此基于有机半导体的激光器性能受温度影响远低于无机半导体激光器。

当前，有机室温磷光材料在有机激光器研究中处于初步探索阶段。2017 年，付红兵等设计合成了一种硫代二氟硼化物（RTP-23），由于高效的 S_1（n, π^*）到 T_1（π, π^*）系间窜越及分子内电荷转移作用，RTP-23 具有室温磷光发射，其磷光发光量子效率较高（Φ_P = 10%）。他们采用纳米线 Fabry-Perot 谐振腔，成功实现了磷光有机固态激光器（图 8-12）[23]。研究发现，随着纳米线长度的增加，纳米线的受激辐射光谱中输出激光的模式数增加，相邻模式之间间距（$\Delta\lambda$）变小。此研究为利用有机室温磷光材料实现有机固态激光器应用提供了重要参考。

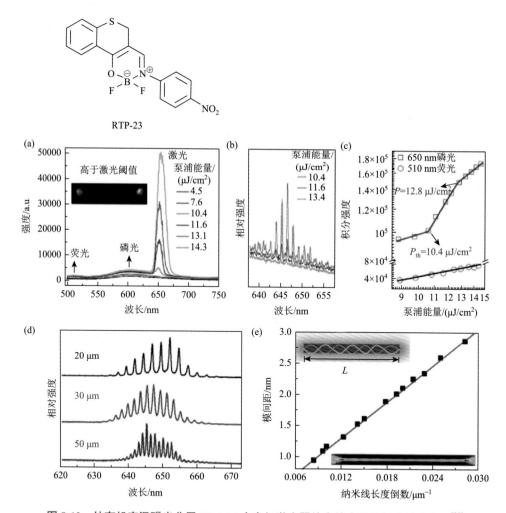

图 8-12 纯有机室温磷光分子 RTP-23 在有机激光器件中的应用及相应性能表征[23]

（a）单根纳米线在不同泵浦强度下的微区发射光谱；（b）不同泵浦强度下，高分辨磷光受激发射光谱（650 nm 左右）；（c）纳米线发光积分强度与泵浦能量之间的关系；（d）不同长度纳米线的高分辨受激发射光谱；（e）波长 650 nm 处的模间距 $\Delta\lambda$ 与纳米线长度的倒数 $1/L$ 的关系图

8.4　总结与展望

　　纯有机室温磷光材料因结构简单、设计灵活、毒性小、成本低、易于大规模生产等诸多特点，广受科研工作者和产业界的关注。近年来，大量纯有机室温磷光材料被报道，光谱发射范围可以覆盖整个可见光区域，但其在有机光电器件中的应用仍然处于初始阶段，原因如下[24-27]：

　　（1）已报道的大部分有机室温磷光材料仅在特殊甚至严格的条件下才能表现出高效的光致磷光，如完美的结晶状态、重原子相互作用、刚性非晶态基质、独特的分子间相互作用模式及异常的分子填充等；大部分纯有机室温磷光材料在晶体或低温下才能表现出较高的磷光量子效率，而在薄膜态下的磷光发光量子效率依然比较低。

　　（2）与传统的磷光配合物相比，纯有机室温磷光材料同样因具有长的激发态寿命会导致严重的三线态-三线态激子的湮灭，从而造成有机电致发光器件产生明显的效率滚降。

　　（3）在纯有机室温磷光发光体系中，三线态激子对大量因素（包括分子结构、构象、堆积方式、分子间相互作用、重原子、基体的刚性和极性、晶态、非晶态等）非常敏感，因此，辐射和无辐射衰变通道受到许多复杂原因的影响；与传统的磷光材料和热活化延迟荧光材料在 OLEDs 中的应用相比，纯有机室温磷光材料在施加电压时受无辐射跃迁的影响依然很大。

　　（4）具有室温磷光特性的有机分子在光电器件中的应用，其相应的器件工艺和工作机制研究仍需进一步探索。

　　近年来，经过科学家的不懈探索，纯有机室温磷光材料在光电器件中的应用已取得突破性进展，高效的 OLEDs 器件、单组分白光 OLEDs 器件及磷光有机固态激光器均得以实现，虽然还存在许多问题有待解决，相信在不久的将来，在广大科研工作者的努力下，基于纯有机室温磷光材料的光电器件一定会取得更加长远的发展。

（李　洁　李立强）

参　考　文　献

[1]　黄维，密保秀，高志强. 有机电子学. 北京：科学出版社，2005.

[2]　樊美公，佟振合，等. 分子光化学. 北京：科学出版社，2013.

[3]　黄春辉，李富友，黄维. 有机电致发光材料与器件导论. 上海：复旦大学出版社，2005.

[4]　Xiao L，Chen Z，Qu B，et al. Recent progresses on materials for electrophosphorescent organic light-emitting

devices. Advanced Materials，2011，23（8）：926-952.

[5] Baldo M，O'Brien D，You Y，et al. Highly efficient phosphorescent emission from organic electroluminescent devices. Nature，1998，395（6698）：151-154.

[6] Im Y，Byun S，Kim J，et al. Recent progress in high-efficiency blue-light-emitting materials for organic light-emitting diodes. Advanced Functional Materials，2017，27（13）：1603007.

[7] 崔铮. 印刷电子学：材料、技术及其应用. 北京：高等教育出版社，2012.

[8] Tang C W，van Slykes A. Organic electroluminescent diodes. Applied Physical Letters，1987，51：913-915.

[9] Zhan G，Liu Z，Bian Z，et al. Recent advances in organic light-emitting diodes based on pure organic room temperature phosphorescence materials. Frontiers in Chemistry，2019，7：305.

[10] Bergamini G，Fermi A，Botta C，et al. A persulfurated benzene molecule exhibits outstanding phosphorescence in rigid environments：from computational study to organic nanocrystals and OLED applications. Journal of Materials Chemistry C，2013，1（15）：2717-2724.

[11] Chaudhuri D，Sigmund E，Meyer A，et al. Metal-free OLED triplet emitters by side-stepping Kasha's rule. Angewandte Chemie International Edition，2013，52（50）：13449-13452.

[12] Ratzke W，Schmitt L，Matsuoka H，et al. Effect of conjugation pathway in metal-free room-temperature dual singlet-triplet emitters for organic light-emitting diodes. Journal of Physical Chemistry Letters，2016，7（22）：4802-4808.

[13] Kabe R，Notsuka N，Yoshida K，et al. Afterglow organic light-emitting diode. Advanced Materials，2016，28（4）：655-660.

[14] Anzenbacher P Jr，Pérez-Bolívar C，Takizawa S，et al. Room-temperature electrophosphorescence from an all-organic material. Journal of Luminescence，2016，180：111-116.

[15] Wang T，Su X，Zhang X，et al. Aggregation-induced dual-phosphorescence from organic molecules for nondoped light-emitting diodes. Advanced Materials，2019，31（51）：e1904273.

[16] Wang J，Liang J，Xu Y，et al. Purely organic phosphorescence emitter-based efficient electroluminescence devices. Journal of Physical Chemistry Letters，2019，10（19）：5983-5988.

[17] Song B，Shao W，Jung J，et al. Organic light-emitting diode employing metal-free organic phosphor. ACS Applied Materials & Interfaces，2020，12（5）：6137-6143.

[18] Lee D R，Lee K H，Shao W，et al. Heavy atom effect of selenium for metal-free phosphorescent light-emitting diodes. Chemistry of Materials，2020，32（6）：2583-2592.

[19] Krishna A，Darshan V，Suresh C H，et al. Solution processable carbazole derivatives for dopant free single molecule white electroluminescence by room temperature phosphorescence. Journal of Photochemistry & Photobiology A：Chemistry，2018，360：249-254.

[20] Chen H，Deng Y，Zhu X，et al. Toward achieving single-molecule white electroluminescence from dual emission of fluorescence and phosphorescence. Chemistry of Materials，2020，32（9）：4038-4040.

[21] Feng H，Zeng J，Yin P，et al. Tuning molecular emission of organic emitters from fluorescence to phosphorescence through push-pull electronic effects. Nature Communications，2020，11（1）：2617.

[22] Jiang Y，Liu Y，Liu X，et al. Organic solid-state lasers: a materials view and future development. Chemical Society Reviews，2020，49（16）：5885-5944.

[23] Yu Z，Wu Y，Xiao L，et al. Organic phosphorescence nanowire lasers. Journal of the American Chemical Society，2017，139（18）：6376-6381.

[24]　Li Q，Li Z. Molecular packing：another key point for the performance of organic and polymeric optoelectronic materials. Accounts of Chemical Research，2020，53：962-973.

[25]　Yang J，Fang M，Li Z. Stimulus-responsive room temperature phosphorescence materials：internal mechanism，design strategy，and potential application. Accounts of Materials Research，2021，2：644-654.

[26]　Huang A，Li Q，Li Z. Molecular uniting set identified characteristic（MUSIC）of organic optoelectronic materials. Chinese Journal of Chemistry，2022，40：2359-2370.

[27]　Gu J，Li Z，Li Q. From single molecule to molecular aggregation science. Coordination Chemistry Reviews，2023，475：214872.

关键词索引